高等职业教育“十三五”规划教材（新能源课程群）

电气安装规划与实施

主　编　李　飞　梁　强

副主编　张媛媛　韩烨华　宋晓鸣

中国水利水电出版社
www.waterpub.com.cn

内 容 提 要

本书全面介绍电气安装规划与实施的基本技能，在基于项目化课程改革的基础上，打破传统的教程模式，采用任务驱动的方式，在每一个学习情境中设计了一个源自实际的学习任务。

本书内容丰富、重点突出、简明易懂、图文并茂，并且包含丰富的能力拓展练习内容，具有很强的实用性。

本书可作为高职高专院校和应用型本科院校新能源及电子相关专业的教材和参考书。

图书在版编目（CIP）数据

电气安装规划与实施 / 李飞，梁强主编. -- 北京 : 中国水利水电出版社，2016.5
高等职业教育“十三五”规划教材. 新能源课程群
ISBN 978-7-5170-4342-3

Ⅰ. ①电… Ⅱ. ①李… ②梁… Ⅲ. ①电气设备－设备安装－高等职业教育－教材 Ⅳ. ①TM05

中国版本图书馆CIP数据核字(2016)第106501号

策划编辑：祝智敏　　责任编辑：张玉玲　　封面设计：李　佳

书　　名	高等职业教育“十三五”规划教材（新能源课程群） 电气安装规划与实施
作　　者	主　编　李　飞　梁　强 副主编　张媛媛　韩烨华　宋晓鸣
出版发行	中国水利水电出版社 （北京市海淀区玉渊潭南路 1 号 D 座　100038） 网址：www.waterpub.com.cn E-mail：mchannel@263.net（万水） sales@waterpub.com.cn 电话：（010）68367658（发行部）、82562819（万水）
经　　售	北京科水图书销售中心（零售） 电话：（010）88383994、63202643、68545874 全国各地新华书店和相关出版物销售网点
排　　版	北京万水电子信息有限公司
印　　刷	三河市铭浩彩色印装有限公司
规　　格	184mm×240mm　16 开本　14.75 印张　330 千字
版　　次	2016 年 5 月第 1 版　2016 年 5 月第 1 次印刷
印　　数	0001—2000 册
定　　价	32.00 元

丛书编委会

I

序　言

第三次科技革命以来，高新技术产业逐渐成为当今世界经济发展的主旋律和各国国民经济的战略性先导产业，各国相继制定了支持和促进高新技术产业发展的方针政策。我国更是把高新技术产业作为推动经济发展方式转变和产业结构调整的重要力量。

新能源产业是高新技术产业的重要组成部分，能源问题甚至关系到国家的安全和经济命脉。随着科技的日益发展，太阳能这一古老又新颖的能源逐渐成为人们利用的焦点。在我国，光伏产业被列入国家战略性新兴产业发展规划，成为我国为数不多的处于国际领先位置，能够在与欧美企业抗衡中保持优势的产业，其技术水平和产品质量得到越来越多国家的认可。新能源技术发展日新月异，新知识、新标准层出不穷，不断挑战着学校专业教学的科学性。这给当前新能源专业技术人才培养提出极大挑战，新教材的编写和新技术的更新也显得日益迫切。

在这样的大背景下，为解决当前高职新能源应用技术专业教材的匮乏，新能源专业建设协作委员会与中国水利水电出版社联合策划、组织来自企业的专业工程师、部分院校一线教师，协同规划和开发了本系列教材。教材以新能源工程实用技术为脉络，依托企业多年积累的工程项目案例，将目前行业发展中最实用、最新的新能源专业技术汇集进专业方案和课程方案，编写入专业教材，传递到教学一线，以期为各高职院校的新能源专业教学提供更多的参考与借鉴。

一、整体规划全面系统，紧贴技术发展和应用要求

新能源应用技术系列教材主要包括光伏技术应用，课程的规划和内容的选择具有体系化、全面化的特征，涉及光电子材料与器件、电气、电力电子、自动化等多个专业学科领域。教材内容紧扣新能源行业和企业工程实际，以新能源技术人才培养为目标，重在提高专业工程实践能力，尽可能吸收企业的新技术、新工艺和案例，按照基础应用到综合的思路进行编写，循序渐进，力求突出高职教材的特点。

二、鼓励工程项目形式教学，知识领域和工程思想同步培养

倡导以工程项目的形式开展教学，按项目、分小组、以团队方式组织实施；倡导各团队成员之间组织技术交流和沟通，共同解决本组工程方案的技术问题，查询相关技术资料，组织小组撰写项目方案等工程资料。把企业的工程项目引入到课堂教学中，针对工程中的实际技能组织教学，让学生在掌握理论体系的同时能熟悉新能源工程实施中的工作技能，缩短学生未来在企业工作岗位上的适应时间。

三、同步开发教学资源，及时有效地更新项目资源

为保证本系列课程在学校的有效实施，丛书编委会还专门投入了大量的人力和物力，为系列课程开发了相应的、专门的教学资源，以有效支撑专业教学实施过程中的备课授课，以及项目资源的更新、疑难问题的解决，详细内容可以访问中国水利水电出版社万水分社的万水书苑网站，以获得更多的资源支持。

本系列教材是出版社、院校和企业联合策划开发的成果。教材主创人员先后多次组织研讨会开展交流、组织修订，以保证专业建设和课程建设具有科学的指向性。来自皇明太阳能集团有限公司、力诺集团、晶科能源有限公司、晶科电力有限公司、越海光通信科技有限公司、山东威特人工环境有限公司、山东奥冠新能科技有限公司的众多专业工程师和产品经理于洪水、彭波、黄小章、姜金国等为教材提供了技术审核和工程项目方案的支持，并承担技术资料整理和企业工程项目审阅工作。山东理工职业技术学院的静国梁、曲道宽，威海职业学院的景悦林，菏泽职业学院的王记生，皇明太阳能职业中专的董兆广等都在教材成稿过程中给予了支持，在此一并表示衷心感谢。

本丛书规划、编写与出版过程历经三年时间，在技术、文字和应用方面历经多次修订，但考虑到前沿技术、新增内容较多，加之作者文字水平有限，错漏之处在所难免，敬请广大读者批评指正。

丛书编委会

II

前　言

“电气安装规划与实施”是电类专业的一门核心课程，同时也是一门重要的入门课程。它是针对电类企业职业岗位应具备的安全用电、触电急救、电路识图、电器线路安装应用、电气设备检修调试等专业能力而设计的一门学习领域课程。

本书在编写过程中重点考虑了以下几个方面：

（1）按照以工作过程为导向，典型工作任务为基点，综合理论知识、操作技能和职业素养为一体的思路设计，力求将理论知识的传授和学生实践能力的培养有机地结合在一起，为学生后续课程的学习乃至今后的工作打下坚实的电路方面的理论与实践基础。

（2）基于工作过程的岗位分析确定课程内容，构建教材体系。全书设计安排了八个项目：项目一 指针式万用表的分析与调试、项目二 惠更斯电桥的分析与使用、项目三 安全用电及触电急救、项目四 白炽灯照明电路的安装与测试、项目五 日光灯照明电路的安装与测试、项目六 吊扇电路的安装与测试、项目七 低压配电盘的安装与调试、项目八 小型三相异步电动机控制线路的安装与调试。

（3）通过对本书学习情境的学习，学生应具备安全用电、直流电路安装与检测、谐振电路、单相交流电路、三相交流电路、低压电器应用、电机的继电控制等专业知识与技能应用能力；具备资料收集整理、制定和实施工作计划、检查和判断、总结和汇报等的方法与能力；具备沟通协作、语言表达、职业道德、安全与自我保护等的社会能力。

（4）力求文字深入浅出、通俗易懂，版面设计图文并茂。

因编者能力所限加之时间仓促，书中定会有疏漏甚至错误之处，还需要在实践过程中不断加以完善，恳请各位老师和同学批评指正。

本书由李飞、梁强任主编，负责全书的统稿、修改、定稿工作，张媛媛、韩烨华、宋晓鸣任副主编，具体编写分工如下：张媛媛编写项目一和项目二，宋晓鸣编写项目三和项目四，韩烨华编写项目五和项目六，李飞、梁强编写项目七和项目八。在此还要感谢李建华教授、殷淑英教授、董圣英教授和张洪宝教授，他们对本书提出了宝贵意见，特别是内容编排、案例选取、文叙风格、难易程度把握等。另外参加本书编写工作的还有：陈婷、陈圣林、王东霞、崔健、刘瑞龙、施秉旭、田晓龙、郑艳丽、华晓峰、邵在虎、裴勇生、李建勇等。

编　者

2016 年 3 月

III

目　录

1

指针式万用表的分析与调试

【项目导读】

本项目通过指针式万用表的分析与调试来学习电路及电路基本元件、直流简单电路参数的计算、万用表的原理与使用等知识，其中涉及的电路基本概念和电路的分析、计算、测试方法是后续项目乃至电路分析与测试的基础。

任务一　元器件的识别与测量

【任务描述】

在现代电气化、信息化的社会里，电得到了广泛的应用，在万用表、收音机、电视机、录像机、DVD 机、音响设备、计算机、手机、通信系统和电力网中可以看到各种各样的电路。那么，在这些电路中所包含的基本元器件都有哪些？又是如何测量与识别的？

【任务分析】

电阻、电感和电容是我们日常生产生活中最为常见的元器件，也是万用表中主要的元器件，本次任务我们主要掌握利用万用表对这三种元器件进行测量和识别的技能。

【任务目标】

- 了解电阻、电感和电容的定义、特点等。
- 掌握电阻、电感和电容的作用。
- 理解电阻、电感和电容的测量、识别与选择。

- 掌握万用表的使用方法。

【相关知识】

一、电阻元件

1. 电阻元件的图形、文字符号

电阻元件是具有一定电阻值的元器件，在电路中用于控制电流、电压和放大了的信号等。电路图中常用电阻元件的符号如图 1-1 所示。

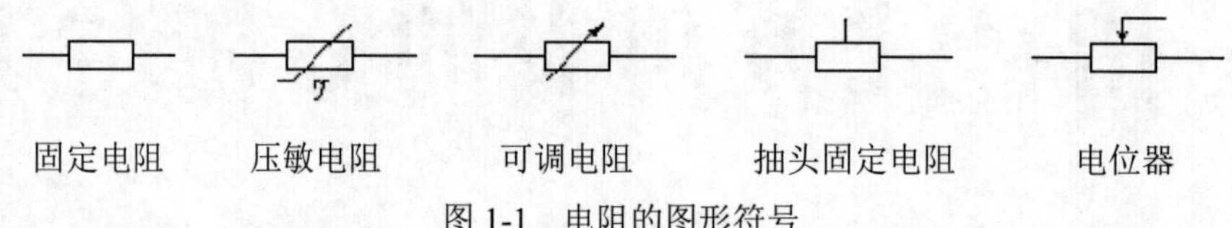

图 1-1 电阻的图形符号

电阻的单位是欧姆（Ω），简称欧。常用的单位还有千欧（kΩ）、兆欧（MΩ）。

电阻元件是从实际电阻器抽象出来的理想化模型，是代表电路中消耗电能这一物理现象的理想二端元件。如电灯泡、电炉、电烙铁等这类实际电阻器，当忽略其电感等作用时，可将它们抽象为仅具有消耗电能作用的电阻元件。

电阻元件的倒数称为电导，用字母 G 表示，即：

$$G = \frac{1}{R}$$

电导的单位为西门子，简称西，通常用符号 s 表示。

2. 电阻元件的特性

当电流 i 通过电阻元件 R 时，R 两端将产生电压 u，电流 i 与电压 u 之间的关系曲线称为电阻元件的伏安特性曲线，如图 1-2 所示。如果这条曲线是通过坐标原点的一条直线（如图 1-2（a）所示），则称为线性电阻元件，简称电阻元件。线性电阻元件在电路图中用图 1-2（b）所示的图形符号表示。

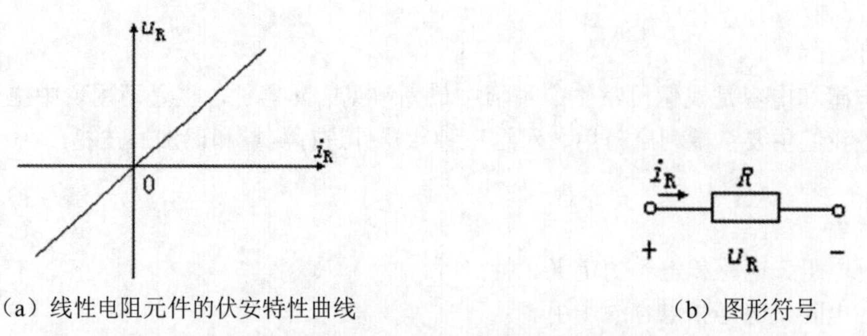

（a）线性电阻元件的伏安特性曲线　　（b）图形符号

图 1-2 线性电阻元件的伏安特性曲线及图形符号

在工程上还有许多电阻元件，其伏安特性曲线是一条过原点的曲线，这样的电阻元件称为非线性电阻元件。如图 1-3 所示是二极管的伏安特性曲线，所以二极管是一个非线性电阻元件。

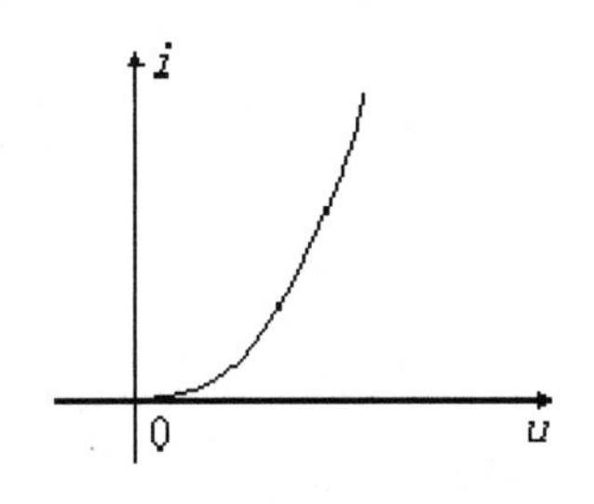

图 1-3　二极管的伏安特性曲线

严格地说，实际电路器件的电阻都是非线性的。如常用的白炽灯，只有在一定的工作范围内才能把白炽灯近似看成线性电阻，而超过此范围就成了非线性电阻。

本书中所有的电阻元件，除非特别指明，都是指线性电阻元件。

3. 欧姆定律

欧姆定律是电路分析中的重要定律之一，它说明线性电阻元件的端电压 u 与通过它的电流 i 成正比，反映了电阻元件的特性。

当电压、电流的参考方向为关联参考方向时，欧姆定律可用下式表示：

$$i=\frac{u}{R}$$

$$I=\frac{U}{R}$$

当选定电压与电流为非关联参考方向时，上面两式前需要加“-”号。

无论电压、电流为关联参考方向还是非关联参考方向，电阻元件的功率为：

$$P=I_R^2R=\frac{U_R^2}{R}$$

上式表明，电阻元件吸收的功率恒为正值，而与电压、电流的参考方向无关。因此，电阻元件又称为耗能元件。

例 1-1　如图 1-4 所示，应用欧姆定律求电阻 R。

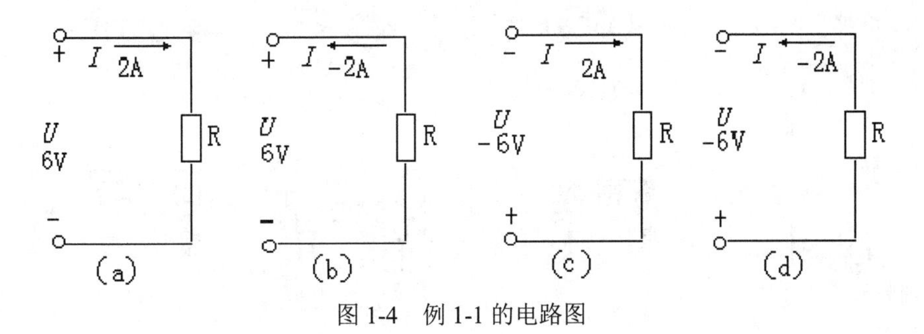

图 1-4　例 1-1 的电路图

解：（a）$R=\frac{U}{I}=\frac{6}{2}\Omega=3\Omega$

（b）$R=-\frac{\mathrm{U}}{I}=-\frac{6}{-2}\Omega=3\Omega$

（c）$R=-\frac{\mathrm{U}}{I}=-\frac{-6}{2}\Omega=3\Omega$

（d）$R=\frac{\mathrm{U}}{I}=\frac{-6}{-2}\Omega=3\Omega$

4. 电阻器常见类型及命名方法

电阻器常见类型如表 1-1 所示。

表 1-1　电阻器常见类型

材料		分类			
第二部分用字母表示		第三部分用数字表示			
T	碳膜	1	普通	D	多圈
H	合成膜	2	普通	R	耐热
S	有机实芯	3	超高频	G	高功率
N	无机实芯	4	高阻	J	精密
J	金属膜	5	高温	T	可调
Y	氧化膜	6	无	X	小型
C	沉淀膜	7	精密	L	测量用
I	玻璃釉膜	8	高压	W	微调
X	线绕	9	特殊	8	特种函数

电阻器命名方法：根据我国部颁标准 ST153-73 规定，国内电阻器和电位器的型号组成部分如图 1-5 所示。

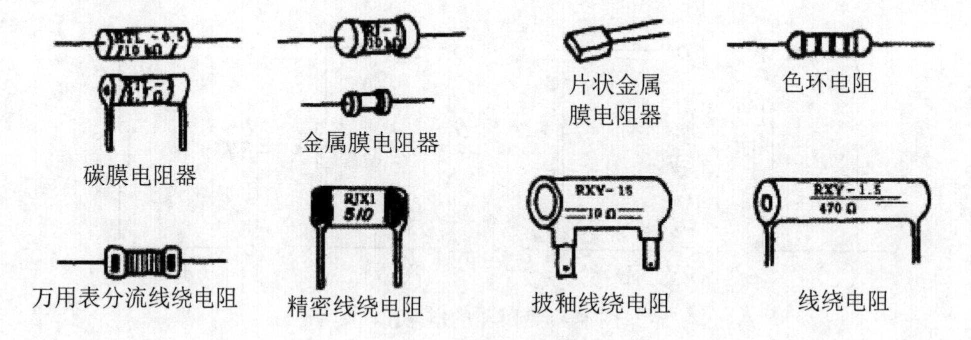

图 1-5　常用电阻元件

可变电阻器

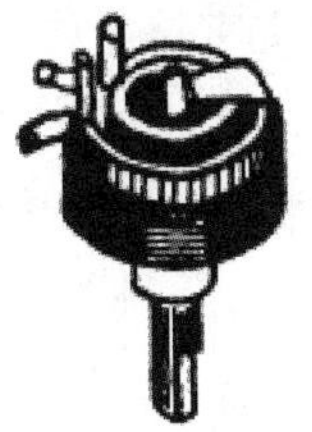

线绕电位器

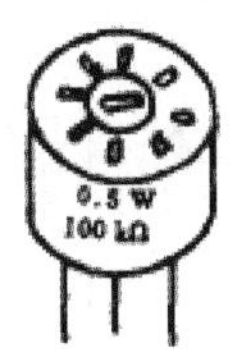

微调电位器

小型碳膜电位器

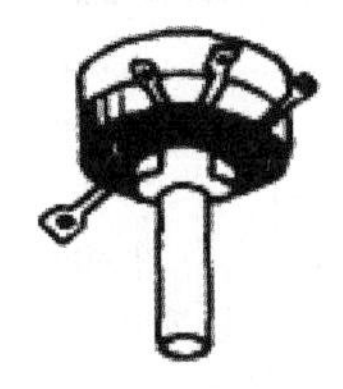

碳膜电位器

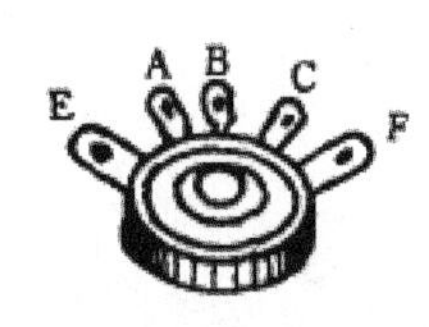

小型带开关电位器

推拉式电位器

旋转式电位器

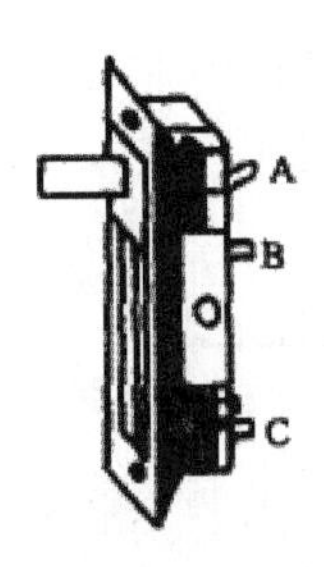

直滑式电位器

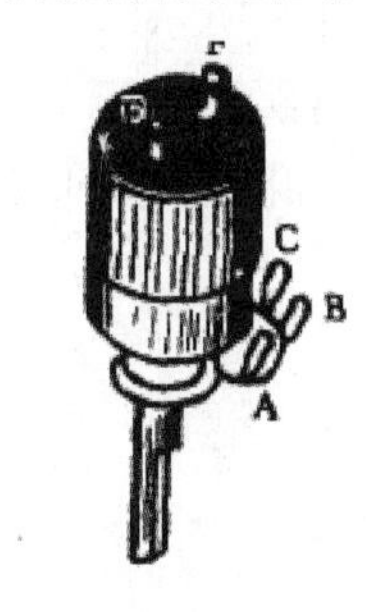

带开关电位器

图 1-5　常用电阻元件（续图）

例如 RJ71 型精密金属膜电阻器如图 1-6 和图 1-7 所示。

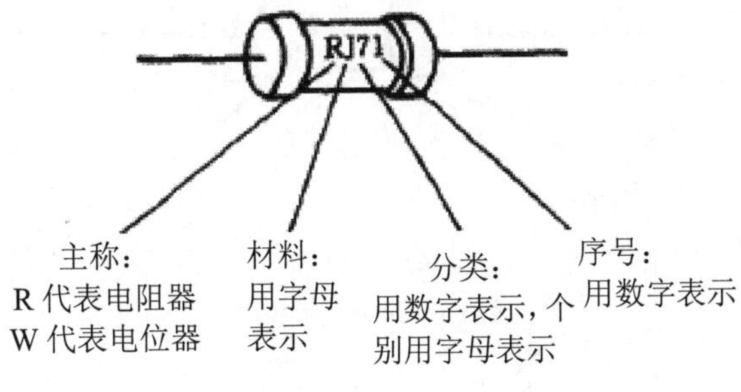

图 1-6　电阻器的命名方法

5. 电阻器的标志方法

电阻器上面有标称阻值，此值就是电阻的标称值。阻值的范围很广，从小到大皆有。电阻阻值的标志方法有 3 种：直标法、文字符号法和色标法。所谓直标法是指在电阻表面直接标志出产品主要参数及技术性能的标志方法。文字符号法一般用阿拉伯数字和文字符号标出。而色标法是指用不同颜色代表不同标称值与偏差，一般用色环形式标出，很显然色标比前两种标志法在实际电路板上更易于读取，因为它不受元件安装方向的限制。

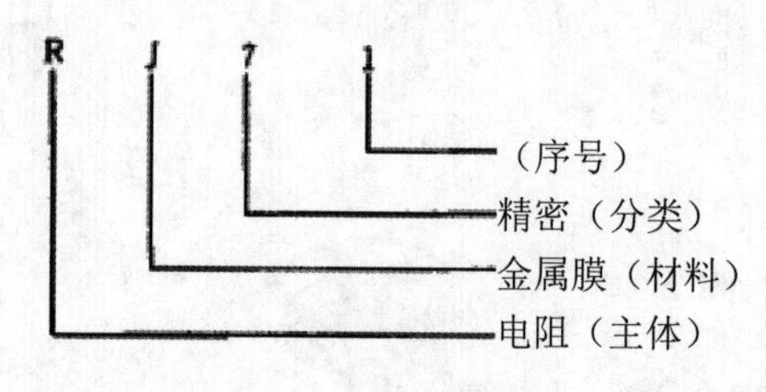

图 1-7 电阻的识读

（1）直标法。

如图 1-8 所示，直标法电阻阻值用数字与文字直接标出：电阻值为 5.1kΩ，偏差±5%。若没有偏差等级则表示偏差为 20%。

注意其电阻值的单位应符合以下规定：欧姆（Ω）、千欧（kΩ）、兆欧（MΩ）。

图 1-8 电阻的直标法

（2）文字符号法。

用文字、数字、数字符号有规律地组合在一起标志在产品表面上，表示电阻阻值，如图 1-9 所示（阻值为 4.7kΩ）。

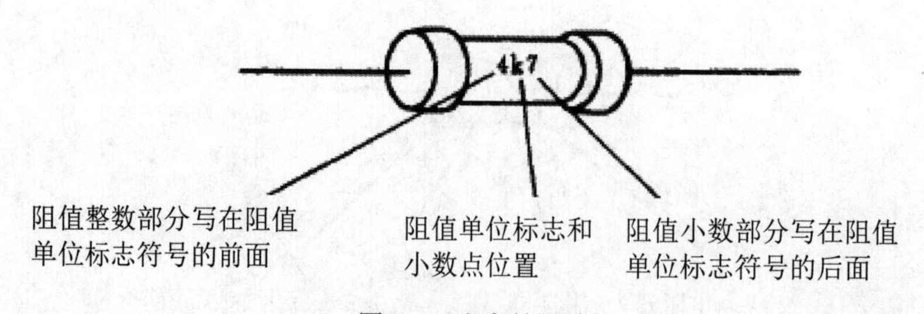

图 1-9 文字符号法

（3）色标法。

前面已经讲到，所谓色标法是指用不同颜色的色环来表示元件不同参数的方法。在电阻上不同的色环代表不同的标称阻值和允许偏差，如表 1-2 所示。

表 1-2 不同颜色所表示的数值和允许偏差

颜色	有效数字	乘数	允许偏差%
银色		10^{-2}	±10
金色		10^{-1}	±5
黑色	0	10^{0}	
棕色	1	10^{1}	±1
红色	2	10^{2}	±2
橙色	3	10^{3}	
黄色	4	10^{4}	
绿色	5	10^{5}	±0.5
蓝色	6	10^{6}	±0.25
紫色	7	10^{7}	±0.1
灰色	8	10^{8}	
白色	9	10^{9}	+50/−20
无色			±20

常见的色环有四条和五条表示法（如图 1-10 所示），色环靠电阻哪一端近就由哪一端开始数环。

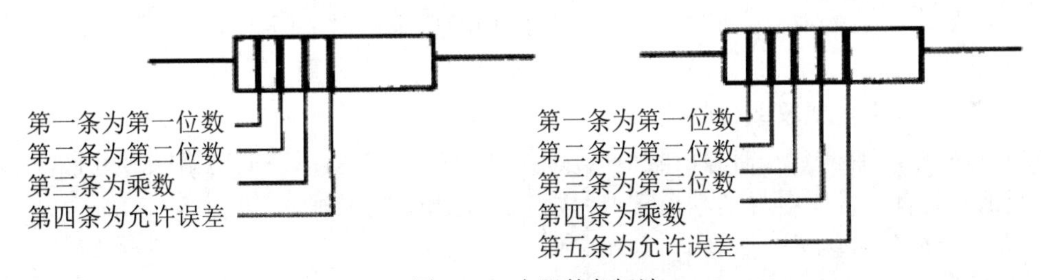

图 1-10 电阻的色标法

普通电阻器通常为四条色环，其中第一、二条色环表示的数即为两位有效数，第三条色环为乘数即$\times 10^{x}$，而此色环表示的数是以 10 为底的指数，第四条色环则表示电阻的允许偏差。

例如色环电阻的色环标志为：红色/紫色/橙色/金色，如图 1-11 所示，即标称阻值为：$27\times 10^{3}=27000\Omega=27k\Omega$，允许偏差为：±5%。

精密电阻器通常为五条色环，其中第一、二、三条色环表示的数即为三位有效数，第四条色环即为乘数即$\times 10^{x}$，而此色环表示的数是以 10 为底的指数，第五条色环则表示电阻的允许偏差。

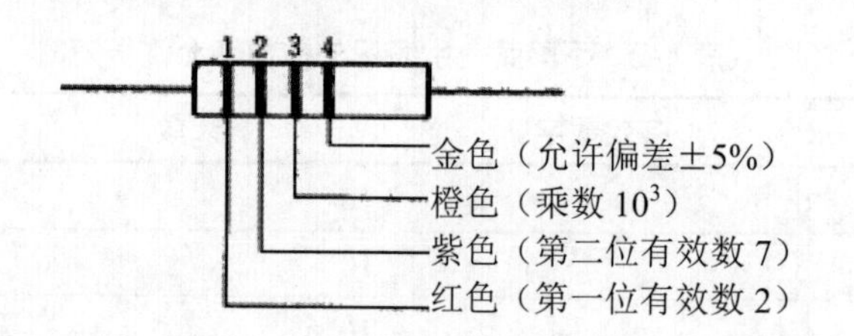

图 1-11　四环电阻的识读

例如色环电阻的色环标志为：棕色/紫色/绿色/银色/棕色，如图 1-12 所示，即标称阻值为：$175\times10^{-2}=1.75\Omega$，允许偏差为：±1%。

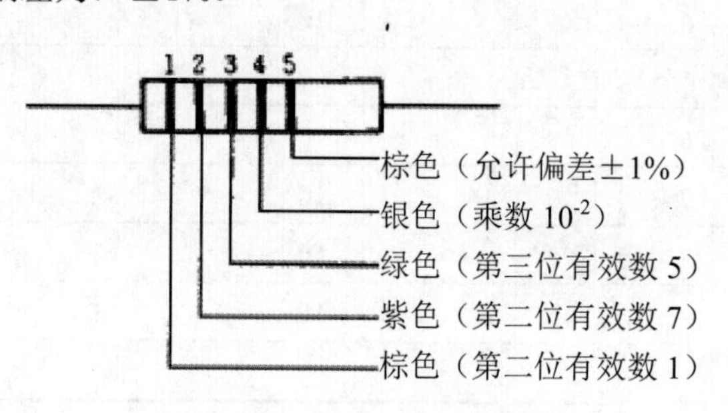

图 1-12　五环电阻的识读

6. 一般电阻的质量判别

电阻阻值变化或内部损坏情况可用万用表 Ω 挡测量来核对，但要注意以下两点：

（1）若电阻内部或引脚有毛病。测量时用表笔拨动电阻引脚，指针摆动范围很大，说明此电阻内部有接触不良现象或引脚松动。

（2）热敏电阻的检查。常温下阻值应接近其标称值，然后用热的电烙铁靠近它，观察其值有无变化。若有，说明电阻基本正常；否则，此电阻性能不好。

7. 电位器的简单挑选

电位器的种类很多，常见的是碳膜电位器，其结构简单、阻值范围大，有带开关和不带开关之分，广泛地用在收音机、电视机、扩音机等电路中。电位器阻值的变化有以下 3 种规律：

- X 型为直线式，其阻值按旋转角度均匀变化。
- Z 型为指数式，其阻值按旋转角度依指数规律变化，此类电位器多用在音量调节电路中，因人耳对声音响度的反应接近指数关系。
- D 型为对数式，其阻值按旋转角度依对数关系变化。

关于电位器的简单挑选，以带开关电位器为例。

（1）利用万用表 R×1 挡测量电位器开关，看开关是否正常，如图 1-13 所示。

将图中旋钮拨到“开”时，万用表指针偏转，即“通”；将图中开关拨到“关”时，如万用表指针不动，即“断”，则说明此开关正常。

（2）用万用表 Ω 挡测量电位器两端焊片（图 1-14 中的 1、3 端），其阻值应与标称值相同。

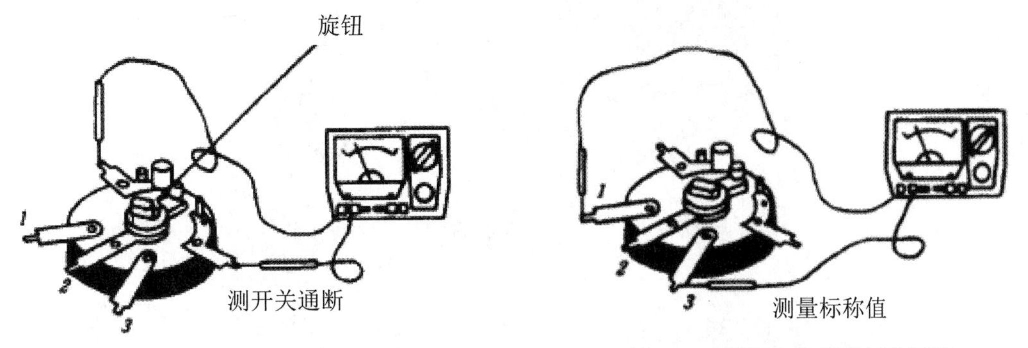

图 1-13　用万用表测电位器开关　　　　图 1-14　测量电位器的标称阻值

（3）将表笔接中心抽头（图 1-15 中的 2 端）及电位器的任一端（图 1-15 中的 1 端或 3 端），缓缓旋动电位器轴柄，如表针徐徐变动而无跌落现象，则说明此电位器正常。

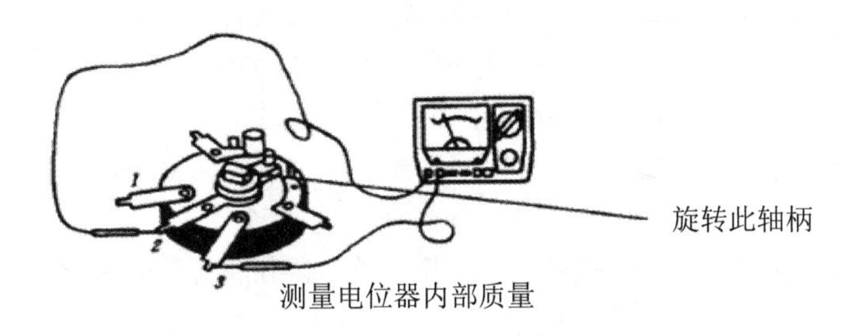

图 1-15　测量电位器内部质量

二、电感元件

1. 电感基本知识

（1）电感的概念。

电感器（电感线圈）和变压器均是用绝缘导线（如漆包线、绕包线等）绕制而成的电磁感应元件，也是电子电路中常用的元器件之一，相关产品如共膜滤波器等。

电感器是用漆包线、纱包线或塑皮线等在绝缘骨架或磁心、铁心上绕制成的一组串联的同轴线匝，它在电路中用字母 L 表示。

（2）电感器的主要构造。

电感器一般由骨架、绕组、屏蔽罩、封装材料、磁心或铁心等组成，如图 1-16 所示。

1）骨架。骨架泛指绕制线圈的支架。一些体积较大的固定式电感器或可调式电感器（如振荡线圈、阻流圈等）大多是将漆包线（或纱包线）环绕在骨架上，再将磁心或铜心、铁心等装入骨架的内腔，以提高其电感量。

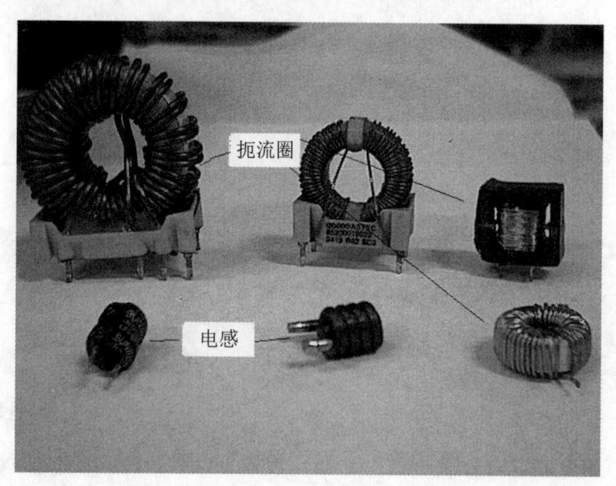

图 1-16　电感器

骨架通常是采用塑料、胶木、陶瓷制成，根据实际需要可以制成不同的形状。

小型电感器（如色码电感器）一般不使用骨架，而是直接将漆包线绕在磁心上。

空心电感器（也称脱胎线圈或空心线圈，多用于高频电路中）不用磁心、骨架和屏蔽罩等，而是先在模具上绕好后再脱去模具，并将线圈各圈之间拉开一定的距离。

2）绕组。绕组是指具有规定功能的一组线圈，它是电感器的基本组成部分。

绕组有单层和多层之分。单层绕组又有密绕（绕制时导线一圈挨一圈）和间绕（绕制时每圈导线之间均隔一定的距离）两种形式；多层绕组有分层平绕、乱绕、蜂房式绕等多种。

3）磁心与磁棒。磁心与磁棒一般采用镍锌铁氧体（NX 系列）或锰锌铁氧体（MX 系列）等材料，它有工字形、柱形、帽形、E 形、罐形等多种形状。

4）铁心。铁心材料主要有硅钢片、坡莫合金等，其外形多为 E 形。

5）屏蔽罩。为避免有些电感器在工作时产生的磁场影响其他电路及元器件正常工作，就为其增加了金属屏蔽罩（如半导体收音机的振荡线圈等）。采用屏蔽罩的电感器会增加线圈的损耗，使 Q 值降低。

6）封装材料。有些电感器（如色码电感器、色环电感器等）绕制好后，用封装材料将线圈和磁心等密封起来。封装材料采用塑料或环氧树脂等。

（3）电感器的主要参数。

电感器的主要参数有电感量、允许偏差、品质因数、分布电容、额定电流等。

1）电感量。

电感量也称自感系数，是表示电感器产生自感应能力的一个物理量。

电感器电感量的大小主要取决于线圈的圈数（匝数）、绕制方式、有无磁心及磁心的材料等。通常，线圈圈数越多、绕制的线圈越密集，电感量就越大。有磁心的线圈比无磁心的线圈电感量大；磁心导磁率越大的线圈，电感量也越大。

在国际单位制里，电感量的基本单位是亨利（简称亨），用字母 H 表示。常用的单位还有毫亨（mH）和微亨（μH），它们之间的关系如下：

1H=1000mH

1mH=1000μH

2）允许偏差。

允许偏差是指电感器上标称的电感量与实际电感的允许误差值。

一般用于振荡或滤波等电路中的电感器要求精度较高，允许偏差为±0.2%～±0.5%；而用于耦合、高频阻流等线圈的精度要求不高，允许偏差为±10%～15%。

3）品质因数。

品质因数也称 Q 值或优值，是衡量电感器质量的主要参数。它是指电感器在某一频率的交流电压下工作时所呈现的感抗与其等效损耗电阻之比。电感器的 Q 值越高，其损耗越小，效率越高。

电感器品质因数的高低与线圈导线的直流电阻、线圈骨架的介质损耗及铁心、屏蔽罩等引起的损耗等有关。

4）分布电容。

分布电容是指线圈的匝与匝之间、线圈与磁心之间存在的电容。电感器的分布电容越小，其稳定性越好。

5）额定电流。

额定电流是指电感器正常工作时允许通过的最大电流值。若工作电流超过额定电流，则电感器会因发热而使性能参数发生改变，甚至还会因过流而烧毁。

（4）电感器的连接（无耦合）。

1）n 个电感器相串联，类似于电阻的串联，即总电感量为这 n 个电感器电感量的和。

$$L = L_1 + L_2 + L_3 + \cdots + L_n$$

2）n 个电感器相并联，类似于电阻的并联，即总电感量的倒数为这 n 个电感器电感量倒数的和。

$$\frac{1}{L} = \frac{1}{L_1} + \frac{1}{L_2} + \ldots + \frac{1}{L_n}$$

（5）电感两端的电压。

$$u = L \times \frac{\mathrm{d}i}{\mathrm{d}t}$$

式中表示了电流对时间的变化率，也就是电流的频率，所以电感两端的电压与通过电感的电流的频率和电感值成正比。

通过电感器的信号频率越高、电感值越大，电感两端的电压就越高。

2. 电感元件的分类和功能应用

电感器的主要作用是对交流信号进行隔离、滤波或与电容器、电阻器等组成谐振电路。

（1）电感器的分类。

1）按结构分类。

电感器按其结构的不同可分为线绕式电感器和非线绕式电感器（多层片状、印刷电感等），还可以分为固定式电感器和可调式电感器。

按贴装方式分有贴片式电感器、插件式电感器。同时对电感器有外部屏蔽的称为屏蔽电感器，线圈裸露的一般称为非屏蔽电感器。

固定式电感器又分为空心电感器、磁心电感器、铁心电感器等，根据其结构外形和引脚方式还可以分为立式同向引脚电感器、卧式轴向引脚电感器、大中型电感器、小巧玲珑型电感器和片状电感器等。

可调式电感器又分为磁心可调电感器、铜心可调电感器、滑动接点可调电感器、串联互感可调电感器和多抽头可调电感器。

2）按工作频率分类。

电感器按工作频率可分为高频电感器、中频电感器和低频电感器。高频电感器技术上差距较大，许多厂商的产品不成熟，常用比较可信的主要是捷比信高频电感器。

空心电感器、磁心电感器和铜心电感器一般为中频或高频电感器，而铁心电感器多数为低频电感器。

3）按用途分类。

电感器按用途可分为振荡电感器、校正电感器、显像管偏转电感器、阻流电感器、滤波电感器、隔离电感器、被偿电感器，同时对需要通过大电流等情况会使用到捷比信功率电感器。

振荡电感器又分为电视机行振荡线圈、东西枕形校正线圈等。

显像管偏转电感器分为行偏转线圈和场偏转线圈。

阻流电感器（又称阻流圈）分为高频阻流圈、低频阻流圈、电子镇流器用阻流圈、电视机行频阻流圈和电视机场频阻流圈等。

滤波电感器分为电源（工频）滤波电感器和高频滤波电感器等。

（2）电感器的主要用途。

1）贴片线圈的用途：广泛使用在共模滤波器、多频变压器、阻抗变压器、平衡及不平衡转换变压器、抑制电子设备 EMI 噪音、个人电脑及外围设备的 USB 线路、液晶显示面板、低压微分信号、汽车遥控式钥匙等。

2）固定电感线圈包括：环型线圈、扼流线圈、共模线圈、铁氧体磁珠、功率电感，有贴片型与引脚型可供选择。广泛使用在网络、电信、计算机、交流电源和外围设备上。

3）闭磁路大电流表面贴装功率电感的特点及用途：理想的 DC-AC 转换电感器，大功率高饱和电感器，直流电阻小，适合于大电流，带装或卷轮包装，以便自动表面安装，应用于录放影机电源供应器、液晶电视机、手提电脑、办公自动化设备、移动通信设备、直流/交流转换器等。

4）射频电感的用途：广泛使用在移动电话、VCO/TCXO 电路和射频收发器模组、全球定位系统、无线网络、蓝牙模组、通信设备、液晶电视、摄影机、笔记本电脑、喷墨打印机、影印机、显示监视器、游戏机、彩色电视、录放影机、光盘机、数码相机、汽车电子产品等中。

3. 电感元件的测量

用一般万用表只能判断其通断，不能测其电感量。一般线圈的直流电阻很小，若 R 为∞，则表明线圈内部或引出线断路；若是局部短路，则不易辨别其短路处。

判断方法：用万用表的🔊处，两表笔并接于被测电感的两端，若 R 为∞，则表明线圈内部或引出线断路。当阻值小于 70Ω 时，蜂鸣器会发出声音。

4. 电感器的参数标注方法

（1）直标法。

电感器一般都采用直标法，就是将标称电感量用数字直接标注在电感器的外壳上，同时还用字母表示电感器的额定电流、允许误差。采用这种数字与符号直接表示其参数的，就称为小型固定电感。

例如电感器外壳上标有 C、II、470μH，表示电感器的电感量为 470μH，最大工作电流为 300mA，允许误差为±10%。

电感器外壳上标有 220μH、II、D，表示电感器的电感量为 220μH，最大工作电流为 700mA，允许误差为±10%。

LG2-C-2μ2-I 表示为高频立式电感器，额定电流为 300mA，电感量为 2.2μH，误差值为±5%。

（2）色标法。

在电感器的外壳上，标注方法同电阻的标注方法一样。第一个色环表示第一位有效数字，第二个色环表示第二位有效数字，第三个色环表示倍乘数，第四个色环表示允许误差。

例如某电感器的色环依次为蓝色、绿色、红色、银色，表明此电感器的电感量为 6500μH，允许误差为±10%。

三、电容元件

1. 电容基本知识

（1）电容的概念。

从物理学上讲，电容是一种静态电荷存储介质（就像一只水桶一样，你可以把电荷充存进去，在没有放电回路的情况下，刨除介质漏电自放电效应/电解电容比较明显，可能电荷会永久存在，这是它的特征），它的用途较广，它是电子、电力领域中不可缺少的电子元件，主要用于电源滤波、信号滤波、信号耦合、谐振、隔直流等电路中。电容的符号是 C。

电容是表征电容器容纳电荷的本领的物理量。我们把电容器的两极板间的电势差增加 1V 所需的电量叫做电容器的电容。

（2）电容的单位。

在国际单位制里，电容的单位是法拉，简称法，符号是 F，常用的电容单位有毫法（mF）、微法（μF）、纳法（nF）和皮法（pF）（皮法又称微微法）等，换算关系如下：

1F=1000mF=1000000μF

1μF=1000nF=1000000pF

（3）电容器的连接。

1）n 个电容器相并联，类似于电阻的串联，即总电容量为这 n 个电容器电容量的和。

$C = C_1 + C_2 + \ldots + C_n$

2）n 个电容器相串联，类似于电阻的并联，即总电容量的倒数为这 n 个电容器电容量倒数的和。

$C = \frac{1}{C_1} + \frac{1}{C_2} + \ldots + \frac{1}{C_n}$

（4）流过电容的电流。

简单地讲，电容器就是两块金属极板中间填充介质，然后分别自两块极板引出两根引线作为电容器对外的两根管脚，这就是一个电容器的基本结构。但是，我们不能认为电容器两个极板间就是断路，流过电容器的电流与加在电容器两端电压之间的关系为：

$$i = C\frac{\mathrm{d}u}{\mathrm{d}t}$$

式中，$\frac{\mathrm{d}u}{\mathrm{d}t}$ 表示的是电压对时间的变化率，也就是电压的频率，C 为电容量。所以，流过电容的电流与加在电容两端电压的频率和电容的电容量成正比。加在电容两端的电压频率越高、电容量越大，流过电容的电流就越大。

2. 电容器的分类和功能应用

（1）电容器的分类。

常见的电容器按外形和制作材料分类可分为：贴片电容、钽电解电容、铝电解电容、OS固体电容、无极电解电容、瓷片电容、云母电容、聚丙烯电容。如图 1-17 所示是几种常用的电容。

国产电容器的型号一般由四部分组成（不适用于压敏、可变、真空电容器），依次分别代表名称、材料、分类和序号。

第一部分：名称，用字母表示，电容器用 C。

第二部分：材料，用字母表示。

第三部分：分类，一般用数字表示，个别用字母表示。

第四部分：序号，用数字表示。

用字母表示产品的材料：A－钽电解、B－聚苯乙烯等非极性薄膜、C－高频陶瓷、D－铝电解、E－其他材料电解、G－合金电解、H－复合介质、I－玻璃釉、J－金属化纸、L－涤纶等极性有机薄膜、N－铌电解、O－玻璃膜、Q－漆膜、T－低频陶瓷、V－云母纸、Y－云母、Z－纸介。

瓷片电容

电解电容

云母电容

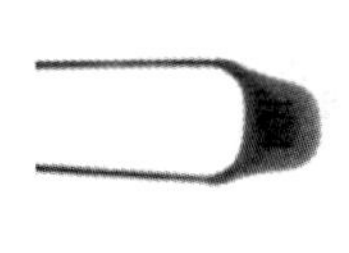

独石电容

图 1-17　各种类型的电容

（2）电容功能分类。

1）名称：聚酯（涤纶）电容

符号：CL

电容量：40pF～4μF

额定电压：63～630V

主要特点：小体积、大容量、耐热耐湿、稳定性差

应用：对稳定性和损耗要求不高的低频电路

2）名称：聚苯乙烯电容

符号：CB

电容量：10pF～1μF

额定电压：100V～30kV

主要特点：稳定、低损耗、体积较大

应用：对稳定性和损耗要求较高的电路

3）名称：聚丙烯电容

符号：CBB

电容量：1000pF～10μF

额定电压：63～2000V

主要特点：性能与聚苯相似但体积小、稳定性略差

应用：代替大部分聚苯或云母电容，用于要求较高的电路

4）名称：云母电容
符号：CY
电容量：10pF～0.1μF
额定电压：100V～7kV
主要特点：高稳定性、高可靠性、温度系数小
应用：高频振荡、脉冲等要求较高的电路
5）名称：高频瓷介电容
符号：CC
电容量：1pF～6800pF
额定电压：63～500V
主要特点：高频损耗小、稳定性好
应用：高频电路
6）名称：低频瓷介电容
符号：CT
电容量：10pF～4.7μF
额定电压：50～100V
主要特点：体积小、价廉、损耗大、稳定性差
应用：要求不高的低频电路
7）名称：玻璃釉电容
符号：CI
电容量：10pF～0.1μF
额定电压：63～400V
主要特点：稳定性较好、损耗小、耐高温（200℃）
应用：脉冲、耦合、旁路等电路
8）名称：铝电解电容
符号：CD
电容量：0.47μF～10000μF
额定电压：6.3～450V
主要特点：体积小、容量大、损耗大、漏电大
应用：电源滤波、低频耦合、去耦、旁路等
9）名称：钽电解电容
符号：CA
电容量：0.1μF～1000μF
额定电压：6.3～125V
主要特点：损耗、漏电小于铝电解电容

应用：在要求高的电路中代替铝电解电容

10）名称：独石电容

容量范围：0.5pF～1MF

耐压：二倍额定电压

应用范围：广泛应用于电子精密仪器，各种小型电子设备作谐振、耦合、滤波、旁路

主要特点：电容量大、体积小、可靠性高、电容量稳定、耐高温、耐湿性好等

缺点：温度系数很高、温漂很高

3. 电容器的测量

（1）用指针式万用表判断固定电容器。

将指针式万用表的功能开关置于电阻挡，两表笔分别并接到电容器的两只管脚，如图1-18所示。

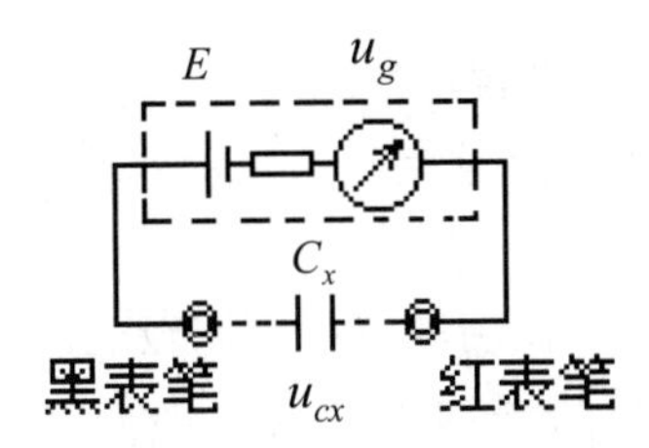

图1-18　固定电容器测量

对于小容量的电容器（小于0.01μF），用高阻挡（10k或1k挡），即使这样，几乎看不到表针摆动；对于大容量的电容器（大于0.01μF），用低阻挡，当表笔刚接触被测电容的两管脚的瞬间，指针突然先向右摆过一个明显的角度，然后又慢慢向左摆回到阻值为∞处。

（2）用指针式万用表判断可变电容器。

可变电容器有瓷片微调电容器、拉线电容器、调谐电容器等。瓷片微调电容器和调谐电容器是靠改变动片和定片的相对面积或位置来改变电容量；拉线电容器是靠改变拉线的圈数来改变电容量。

由于可变电容器一般容量都很小。若用指针式万用表判断，只能用高阻档判别它是否碰片，方法是将两表笔并接在电容器的两管脚上，慢慢旋转动片，指针不动为好；若摆动则为碰片，是坏的。

用指针式万用表判断小电容器可采用图1-19所示的电路，可看到指针的摆动。

4. 电容器的参数标注方法

电容的识别方法与电阻的识别方法基本相同，分直标法、色标法和数标法3种。

容量大的电容其容量值在电容上直接标明，如10μF/16V。

容量小的电容其容量值在电容上用字母或数字表示。

字母表示法：1P2=1.2PF

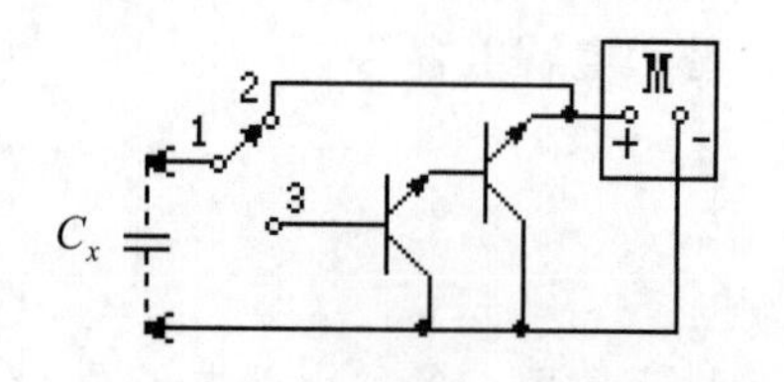

图 1-19 可变电容器测量

数字表示法：三位数字的表示法也称电容量的数码表示法。三位数字的前两位数字为标称容量的有效数字，第三位数字表示有效数字后面 0 的个数，它们的单位都是 pF。

例如 102 表示标称容量为 1000pF，221 表示标称容量为 220pF，224 表示标称容量为 22 $\times 10^4$pF。

在这种表示法中有一个特殊情况就是，当第三位数字用 9 表示时，是用有效数字乘上 10^{-1} 来表示容量大小。

例如 229 表示标称容量为 22×10^{-1}pF=2.2pF。

5. 电容器的选用原则、参数和具体应用

（1）一般选用原则。

低频中使用的范围较宽，如可以使用高频特性比较差的；但是在高频电路中就有了很大的限制，一旦选择不当会影响电路的整体工作状态。

一般的电路里用的有电解电容、瓷片电容，但是在高频中就要使用云母等价格较贵的电容，不可以使用绦纶电容和电解电容，因为它们在高频情况下会形成电感，以致影响电路的工作精度。

（2）电容的参数、具体应用。

很多电子产品中，电容器都是必不可少的电子元器件，它在电子设备中充当整流器的平滑滤波、电源和退耦、交流信号的旁路、交直流电路的交流耦合等。由于电容器的类型和结构种类比较多，因此使用者不仅需要了解各类电容器的性能指标和一般特性，而且还必须了解在给定用途下各种元件的优缺点、机械或环境的限制条件等。下面介绍电容器的主要参数及应用，可供选择电容器种类时用。

1）标称电容量（CR）：电容器产品标出的电容量值。

云母和陶瓷介质电容器的电容量较低（大约在 5000pF 以下）；纸、塑料和一些陶瓷介质形式的电容量居中（大约在 0.005μF～10μF）；通常电解电容器的容量较大。这是一个粗略的分类法。

2）额定电压（UR）：在下限类别温度和额定温度之间的任一温度下，可以连续施加在电容器上的最大直流电压或最大交流电压的有效值或脉冲电压的峰值。

电容器应用在高压场合时，必须注意电晕的影响。电晕是由于在介质/电极层之间存在空隙而产生的，它除了可以产生损坏设备的寄生信号外，还会导致电容器介质击穿。在交流或脉动条件下，电晕特别容易发生。对于所有的电容器，在使用中应保证直流电压与交流峰值电压之和不超过直流电压额定值。

3）损耗角正切（tgδ）：在规定频率的正弦电压下，电容器的损耗功率除以电容器的无功功率。在应用中应注意选择这个参数，避免自身发热过大，以减少设备的失效性。

4）电容器的温度特性：通常是以 20℃基准温度的电容量与有关温度的电容量的百分比表示。

5）使用寿命：电容器的使用寿命随温度的增加而减少，主要原因是温度加速化学反应而使介质随时间退化。

6）绝缘电阻：由于温升引起电子活动增加，因此温度升高将使绝缘电阻降低。

【任务实施】

学习准备：在电工实验室进行学习，碳膜电阻、金属膜电阻、线绕电阻、电位器每人各 1 只，不同阻值色环电阻板每人 1 个，各种电感、电容若干，500 型万用表、数字表各 1 块。

根据讲解要求学生能熟练使用万用表对各种电阻、电感和电容进行测量和判别。课后要求学生完成实验报告。

任务二　指针式万用表电路的分析

【任务描述】

万用表是一种多用途、多量程的综合性电工测量仪表，可以测量直流电压、直流电流、交流电压、电阻和音频电平等电量。万用表具有用途广泛、量程较多、操作简单、携带方便等优点，它是从事电子电器安装、调试和维修的必备仪表。那么，指针式万用表的结构和性能是怎样的？其测量原理是什么？其实际电路如何？

【任务分析】

万用表又称多用表、三用表或复用表，除了上面提到的一般测量功能外，有些万用表还可以测量交流电流、电容量、电感量、晶体管的共发射极直流放大系数 hFE 等电参数。随着数字显示电路的发展，数字式万用表已经大量出现。

本次任务重点学习指针式万用表，将在学习万用表的基本构造和测量原理的基础上进一步以 MF9 型万用表为例对其实际电路进行分析。

【任务目标】

- 了解指针式万用表的结构和性能。
- 掌握指针式万用表的一般测量原理。
- 学会对 MF9 型万用表实际电路进行分析。

【相关知识】

一、万用表的构造

万用表由表头、测量电路、转换开关 3 个主要部分组成。

1. 表头

表头是一只高灵敏度的磁电式直流电流表，作用是指示被测量的数据。表盘具有多条刻线，标有各种不同的单位和量程，以适应各种不同测量的需要。表头是万用表的测量指示机构，经过表头外电路将各种不同的测量转换为表头所需要的直流电流形式，最后由表头指示出来。

2. 测量电路

为了适应测量各种不同项目和选择不同量程的需要，万用表都有一套测量电路。测量电路由电阻、半导体元件及电池组成。它将各种不同的被测电量、不同的量程经过一系列的处理，如整流、分流等，而统一变成一定量限的直流电流后送入表头。它实际上是由多量程的直流电流表、直流电压表、整流式交流电压表和欧姆表等的测量电路组合而成，通过转换开关来选择所需的测量项目和量程。测量种类和量程越多的万用表其测量电路越复杂。

3. 转换开关

转换开关的作用是选择各种不同测量的电路，以满足不同种类和不同量程的测量要求。转换开关为多刀多掷标准开关或专用开关。通过转换开关的变换组合，万用表可变为各种量程不同的直流电压表、直流电流表、直流电阻表、交流电压表等各种不同的电工测量仪表。

二、万用表的电路原理

万用表的表头是一个高灵敏度的磁电式直流电流表，给它并联上不同阻值的电阻组成分流电路，就能实现不同量程的直流电流的测量；串联上不同阻值的分压电阻，就能实现不同量程的直流电压的测量。下面主要介绍万用表的电阻挡和交流电压挡。

1. 电阻挡

给万用表的磁电系表头配上适当的电路可以构成测量电阻的欧姆表。

因为要测量的量是电阻，是无源的，所以为把无源的被测电阻转化为通入测量机构的电流，测量电路中除了要有电阻之外，还要有电源。图 1-20 所示是欧姆挡测量电阻的简单原理图。

根据全电路欧姆定律，当电源电压给定时，电流与回路中的电阻成反比，则有：

$$I = \frac{E}{R_0 + R_x}$$

式中，R_0为R、R_1、R_i组合后的等效电阻。

R_x=0 时，I 最大；$R_x\to\infty$时，I=0。可见欧姆表的刻度与电压表、电流表的刻度不同：测大电阻时指针偏转小，测小电阻时指针偏转大，而且刻度是不均匀的。

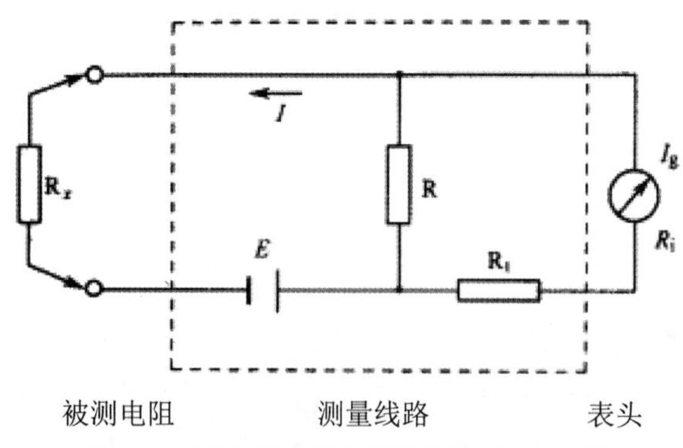

图 1-20　欧姆表测量电阻的简单原理示意图

欧姆表的总电阻 R_0 称为中值电阻。因为，当 R_x=0 时 $I=E/R_0$，这时分配到测量机构中的电流是 I_g；若 $R_x=R_0$，则这时分配到测量机构中的电流按比例减小为 $I_g/2$，仪表指针的偏转为满偏转的一半，指针指在刻度盘的正中，刻在这里的电阻应等于 R_0 的数值，所以 R_0 叫做欧姆表的中值电阻。

由此可见，在刻度盘右半段上刻度的电阻范围是 0～R_0 的数值；左半段是 R_0～∞的数值。左段的电阻值分布甚密，不易读数。所以，用欧姆表测量电阻时，要使指针偏转到容易读数的中段，这就要根据所测电阻的数量级，像改变电流量程那样，去改变欧姆表中值电阻 R_0 的倍率，在图 1-21 所示的电路中，将开关扳到不同位置可把中值电阻的倍率提高 10 倍、100 倍。

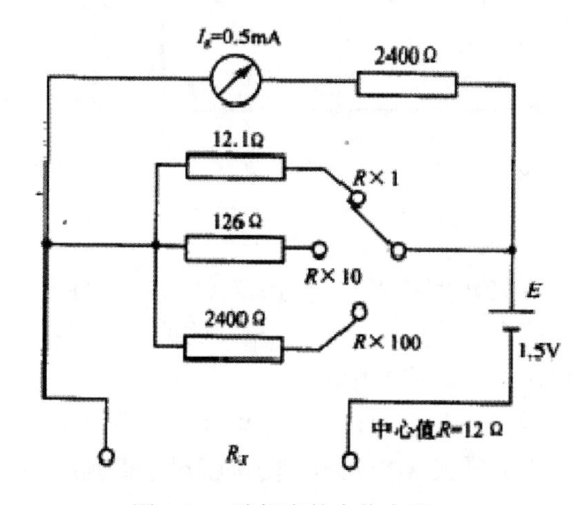

图 1-21　欧姆表的中值电阻

$$I=\frac{E}{R_0-R_x}=\frac{E}{2R_0}=\frac{1}{2}I_g$$

思考：图 1-22 表示欧姆挡的刻度盘，其中间刻度为 10，测 300Ω 的电阻，应放到哪一挡（R×1、R×10、R×100），并在图中大致画出指针的位置。

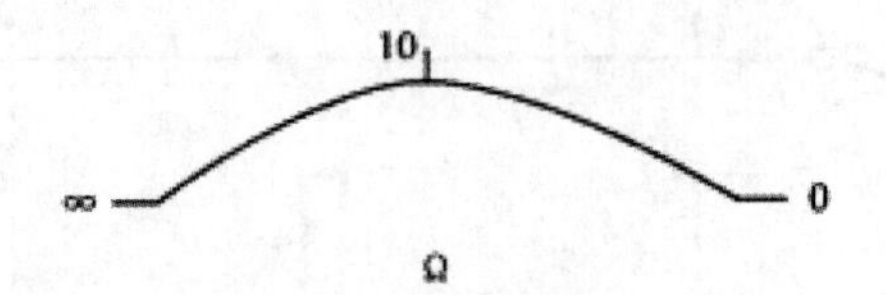

图 1-22　欧姆表刻度盘

此外，由于测量电阻电路中所用电池的电压不是固定不变的，这会影响通过表头的电流大小。实际的万用表上还装有“调零电位器”。当 R_x 等于 0 时，只要电池的电压在容许的范围内，总可以调节“调零电位器”使电表的指针在 0Ω 上，以减少电池电压变动的影响。

2. 交流电压挡

万用表中的表头是磁电系的，指针只能在直流电作用下发生偏转。为了能用万用表测量交流电，必须把被测交流电整流，使之按一定的关系转换为直流电，再输入表头。如图 1-23 所示的电路是半波整流式的，交流电只有半个周期通过表头，因此在表头中流过的电流为单向脉动电流。

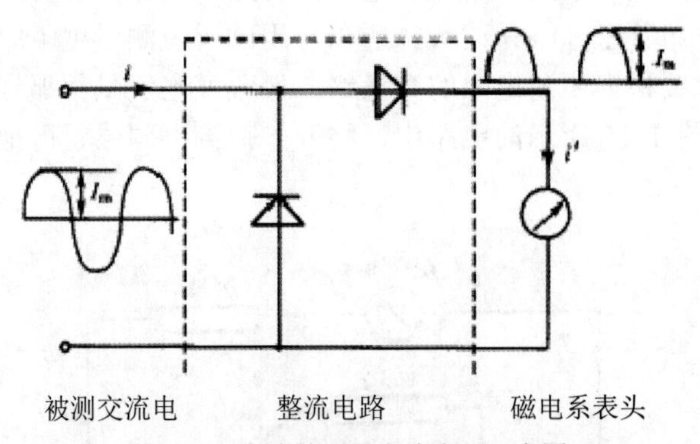

图 1-23　交流挡测量交流电压示意图

由于表头可动部分的偏转角度与表头中的单向脉动电流的平均值成正比，而单向脉动电流的平均值又与交流电压的有效值成正比，所以指针的偏转角度可以指示出交流电压有效值的大小，标尺正是按交流电压的有效值刻度的。

实际的万用表就是把前述测量交直流电压、电流、电阻的电路组合到一起，通过转换开关来实现被测量种类、量程的转换，并从相应的刻度尺上得到所测的读数。

【任务实施】

MF9 型万用表是较为通用的一种万用表，它的技术特性如表 1-4 所示。

表 1-4 MF9 型万用表技术特性

特性 功能	测量范围	灵敏度	基本误差%
直流电流（A）	0～50μA～0.5mA～5 mA～50 mA～500 mA		±2.5
直流电压（V）	0～0.5V～2.5V～10V～50 V～250V～500 V	20kΩ/V	±2.5
交流电压（V）	0～10V～50V～250V～500 V	40kΩ/V	±4
电阻（Ω）	R×1、R×10、R×1K、R×10K（0～400MΩ）		
音频电平（dB）	-10～+56dB		

MF9 型万用表的整机电路如图 1-24 所示。首先介绍 MF9 型万用表所使用的转换开关，然后给出 MF9 型万用表总的原理图，并从中分析出测量电流、电压和电阻的各部分电路图。掌握了各部分的电路图，也就读懂了整机电路图。

1. MF9 型万用表所使用的转换开关

当转换开关处于不同的挡时，可以构成不同的测量电路。MF9 型万用表所使用的转换开关是具有特殊结构的单层三刀十八掷印制电路板转换开关，其结构示意图如图 1-25 所示。它的外缘有 18 个固定的印制触点，图 1-25（a）中用 1～18 的数字标出，开关中间有两排圆弧状的固定连接片，图中用 A、B、C、D、E 表示。在转换开关的转轴上装有一块一端分成三片的活动触点，相当于三“刀”的作用，图中用 a、b、c 标出。图 1-25（b）所示是这个转换开关的平面展开图。在 MF9 型万用表的各电路中的转换开关就是与这个转换开关相对应的。

2. MF9 型万用表测量直流电路的电路分析

从 MF9 型万用表总电路图中分解出的测量直流电流的电路如图 1-26 所示。从图中可以看出，利用转换开关的活动连接片 a 刀、b 刀分别将固定触点 1、2、3、4、5 接到金属片 A 上，可以得到 5 个不同的测量直流电流的量限。0.5～500mA 的 4 个电流量限采用的是闭路式分流器电路，而最小的电流量程 0.05mA 挡除把 0.5～500mA 挡的元件作为表头的分流支路外，另外单独配用了分流电阻以实现分流。

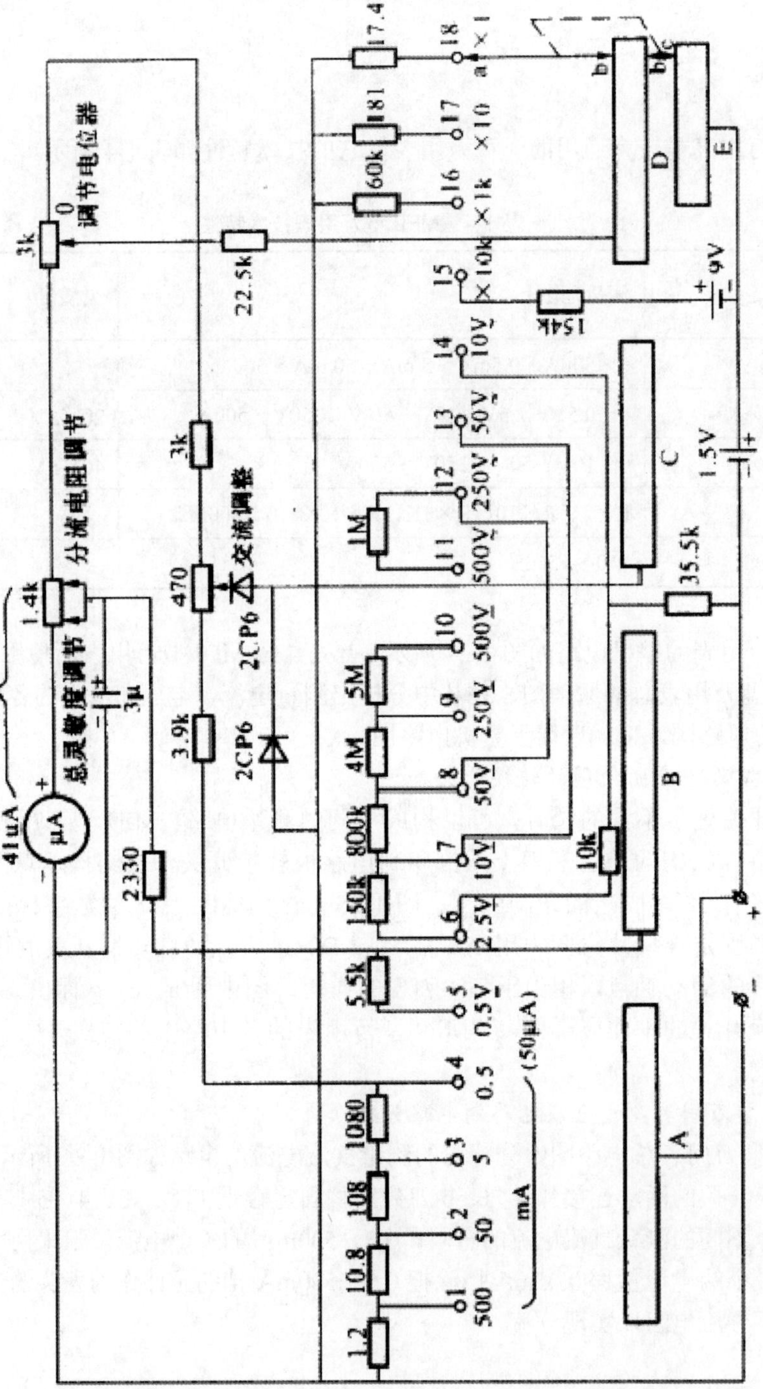

图 1-24　MF9 型万用表的整机电路

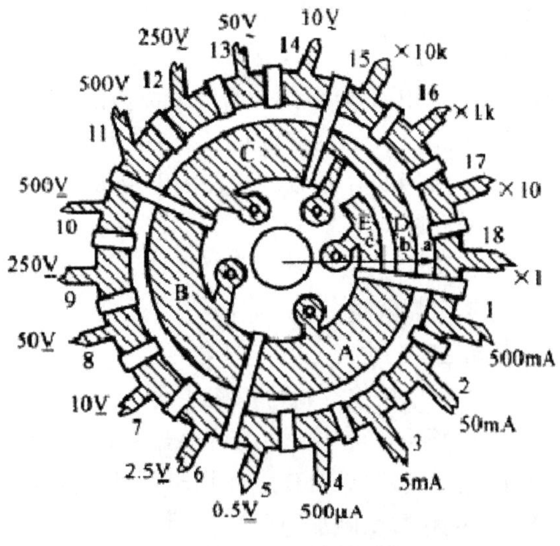

（a）转换开关（印制电路板）

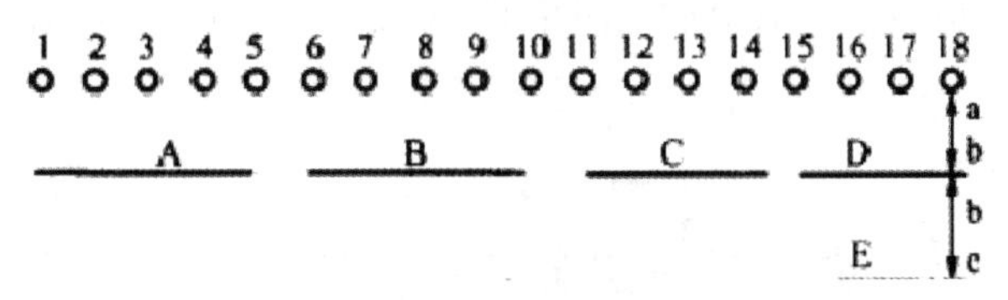

（b）平面展开图

图 1-25　MF9 型万用表转换开关示意图

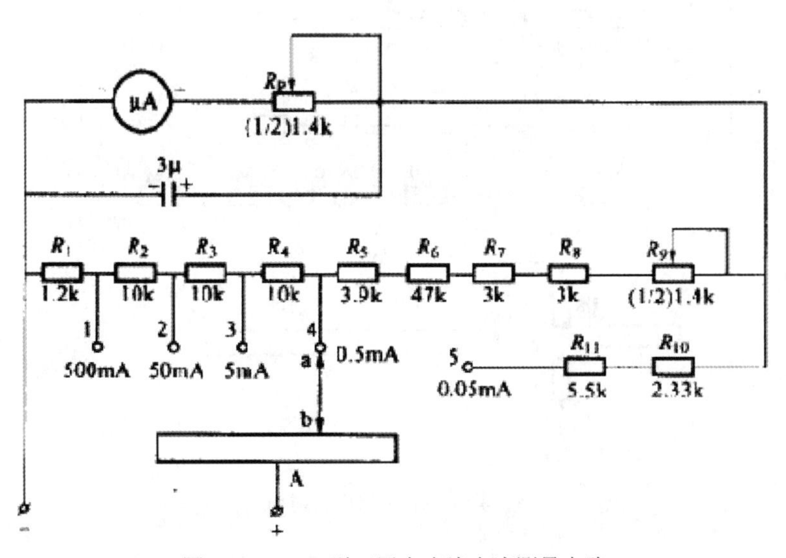

图 1-26　MF9 型万用表直流电流测量电路

例如，当转换开关接通 0.05mA 的触点时，R_1～R_9 与表头电阻 R_p、R_{10}、R_{11} 并联构成分流器，此时分流电阻最大，所以电流就最小；当转换开关接通 0.5mA 的触点时，R_1～R_9 与表头电阻 R_5～R_9、R_p 并联构成分流器，由于与表头并联的分流电阻相对减小，所以量限就变大；当转换开关接到 3 位置时，转换开关 A 的活动连接片 a 刀、b 刀的 3 接通了 5mA 的电流挡，分流电阻 R_1～R_3 构成了 5mA 电流挡的分流器，与表头电阻 R_4～R_9、R_p 并联，此时分流电阻又相对减小，所以电流挡量程增大。

总之，万用表的电流挡是由多个电阻与表头并联构成多量程电流表，量限越大，分流电阻就越小，串到表头支路的电阻个数就越多。

3. MF9 型万用表测量直流电压的电路

将转换开关置于直流电压“—”挡位，就可以构成图 1-27 所示的直流电压测量电路。从 MF9 型万用表测量直流电压的电路可以看出，利用转换开关的活动连接片 a 刀、b 刀分别将固定触点 5、6、7、8、9、10 接到金属片 A 或 B 上，相应可以得到 6 个不同的测量直流电压的量限。只有最低电压挡 0.5V 是单独配用附加电阻，其他各挡则采用共用附加电阻的电路。在这个电路中，表头仍保持与电流挡所用的各分流电阻并联，然后串接附加电阻，这就相当于一个灵敏度较低而内阻较小的表头与附加电阻串联。其好处是，可以使直流电压挡与交流电压挡共用一个附加电阻元件。

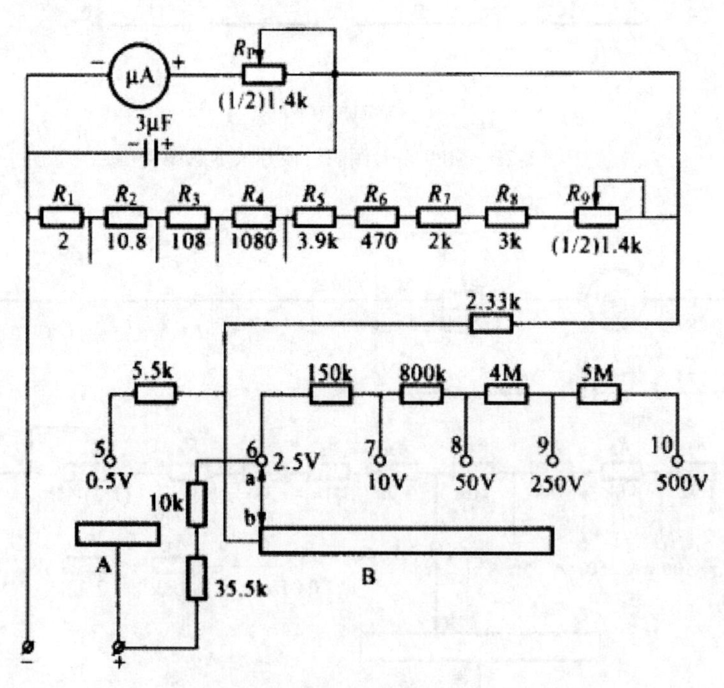

图 1-27　MF9 型万用表测量直流电压的电路

例如，当转换开关 A 的活动连接片 a 刀、b 刀与触点 5 连接时，此时与表头串联的附加电阻只有 5.5kΩ。路径是："+" →A→a→b→5.5kΩ→2.33kΩ→ $\frac{1.4}{2}$ kΩ→μA→ "-"。因为只串联一个 5.5kΩ 的分压电阻，所以量程最小，只能测量 0.5V 及以下的直流电压。

当转换开关 B 的活动连接片 a 刀、b 刀与固定触点 6 连接时，此时与表头串联的附加电阻路径是："+" →35.5kΩ+10kΩ→a→b→2.33kΩ→ $\frac{1.4}{2}$ kΩ→μA→电源→ "-"。由于串联的附加电阻比较小，因此量程比较小，接通的是 2.5V 直流电压挡。

同学们可以自己分析 10V 挡、50V 挡、250V 挡和 500V 挡。

总之，多量程电压挡是靠改变与表头支路串联的附加电阻的阻值而达到改变其量程的目的的，串联的附加电阻个数越多（阻值越大），量程就越大。

4. MF9 型万用表测量交流电压的电路

将转换开关置于交流电压"～"挡位，就可以组成如图 1-28 所示测量交流电压的电路。由 VD2 组成半波整流电路，采用的整流元件是 2CP6 或 2CP11 硅二极管。VD1 起保护作用，它为反向电压提供泄放回路，以防止将 VD2 反向击穿。

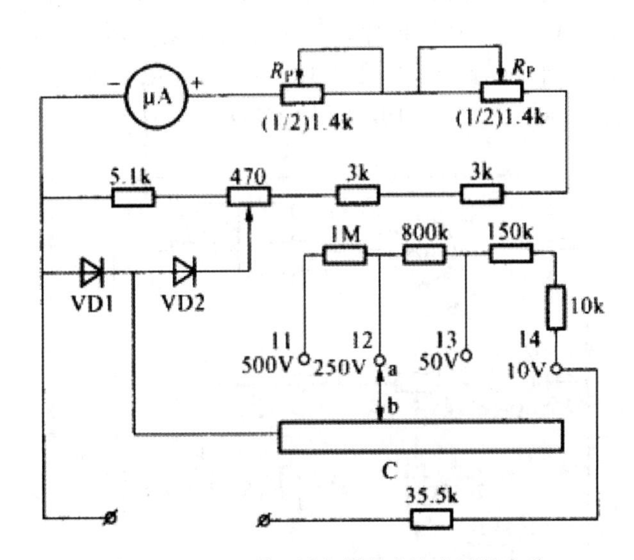

图 1-28 MF9 型万用表测量交流电压的电路

该电路仍然保留着用于直流电流挡的分流电阻，它共有 4 个交流电压量程。通过转换开关的 a 刀、b 刀可以分别得到 4 个不同的测量交流电压的量程。

值得注意的是，测量交流电压挡的附加电阻大部分是共用直流电压挡的附加电阻，从图 1-28 所示的总电路中可以看出，交流 250V 挡的附加电阻就是直流电压 50V 挡的附加电阻。可见，交流电压挡内阻的每伏欧姆数是直流时的 1/5，这是因为采用了整流电路之后，半波整流使效率较低的缘故。

电路中与表头相并联的 3μF 的电解电容是用来平滑整流后的脉动电压的，可使万用表在测量低于 10Hz 的低频电压时指针不至于抖动。

下面给出电路分析。

当转换开关 C 的活动连接片 a 和 b 接通 10V 交流电压挡时，交流电流流经 35.5kΩ 的附加电阻→a→b→经 VD2 整流为直流送给磁电式表头。

当转换开关 C 的活动连接片 a 和 b 接通 50V 交流电压挡时，交流信号经 35.5kΩ+10kΩ+150kΩ 附加电阻→a→b→经 VD2 整流为直流送给磁电式表头。

当转换开关 C 的活动连接片 a 和 b 接通 250V、500V 交流电压挡时，交流信号的流通情况由同学们自己分析。

通过以上分析得知，交流电压挡测量高低不同的电压时，也是以串联不同的附加电阻来实现的，电压越高，串联的附加电阻就越大。本电路采用闭路式，即高量程挡共用了低量程挡的附加电阻。另外，为了使电路尽可能简化，交流电压的附加电阻也共用了直流电压的附加电阻。

5. MF9 型万用表测量电阻的电路

将转换开关置于 Ω 挡位，就构成了如图 1-29 所示的电阻测量电路。电路中 3kΩ 电位器为欧姆调零电位器，22.5kΩ 电阻为表头的限流电阻。该表共有 4 个电阻挡，每一挡的测量电路都是通过转换开关切换构成的，活动连接片 a 刀、b 刀、c 刀分别将固定触点 16、17、18、15 接到金属片 D 和 E 上，就相应得到 R×1、R×10、R×1k、R×10k 四个测量电阻的倍率挡。各挡的欧姆中心值分别为 18Ω、180Ω、18kΩ 和 180kΩ。

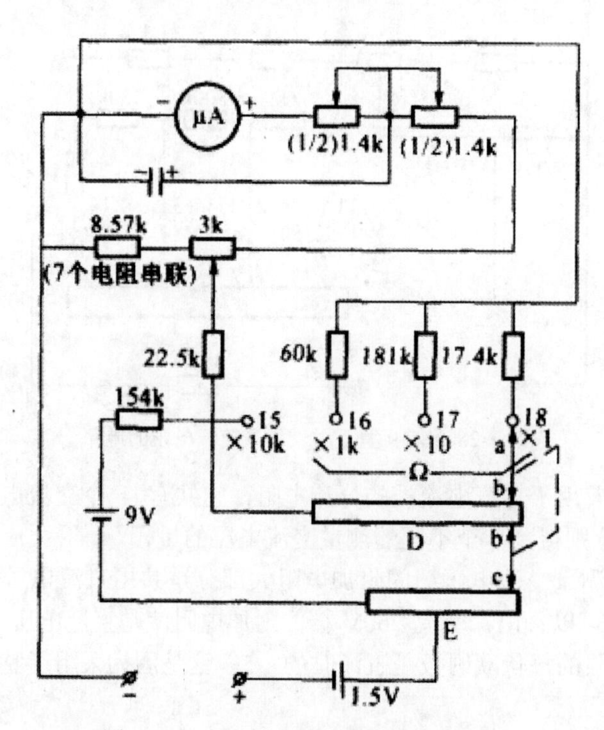

图 1-29　MF9 型万用表测量电阻的电路

任务三　万用表 MF-47A 的组装与调试

【任务描述】

现代生活离不开电，电类和非电类专业的许多学生都有必要掌握一定的用电知识及电工操作技能。本任务是根据万用表原理，用 MF-47A 万用表组合套件进行组装和调试。学生应学会使用一些常用的电工工具及仪表，如尖嘴钳、剥线钳、万用表、电烙铁等；常用开关电器的使用方法及工作原理；印刷电路板的识读、分析；电阻、电感等元器件的识别等能力。通过本次任务的介绍学生能进一步接触到一定的电学知识，实现理论联系实际，为后续课程的学习打下一定的基础。

【任务分析】

万用表是一种多功能、多量程的便携式电工仪表，一般的万用表可以测量直流电流、交直流电压和电阻，有些万用表还可以测量电容、功率、晶体管共射极直流放大系数 H_{fe} 等。MF47 型万用表具有 26 个基本量程和电平、电容、电感、晶体管直流参数等 7 个附加参考量程，是一种量限多、分挡细、灵敏度高、体形轻巧、性能稳定、过载保护可靠、读数清晰、使用方便的万用表。

电子与机械是密不可分的，在万用表的组装中还可以了解电子产品的机械结构、机械原理，这对将来的产品设计开发是非常有帮助的。

万用表是电工必备的仪表之一，每个电气工作者都应该熟练掌握其工作原理和使用方法。通过本次万用表的原理学习与安装实习，要求学生了解万用表的工作原理，掌握锡焊技术的工艺要领及万用表的使用与调试方法。

【任务目标】

- 掌握万用表的工作原理。
- 熟练掌握焊接方法与技巧。
- 掌握万用表的使用与调试方法。
- 进一步掌握电阻、电感和电容元件的测量方法。
- 掌握二极管的测量方法。

【任务实施】

一、清点材料

参考材料配套清单，按材料清单一一对应，记清每个元件的名称与外形。打开时请小心，不要将塑料袋撕破，以免材料丢失。清点材料时请将表箱后盖当作容器，将所有的东西都放在里面。清点完后请将材料放回塑料袋备用。暂时不用的请放在塑料袋里。弹簧和钢珠一定不要丢失。

（1）电阻（如图 1-30 所示）。

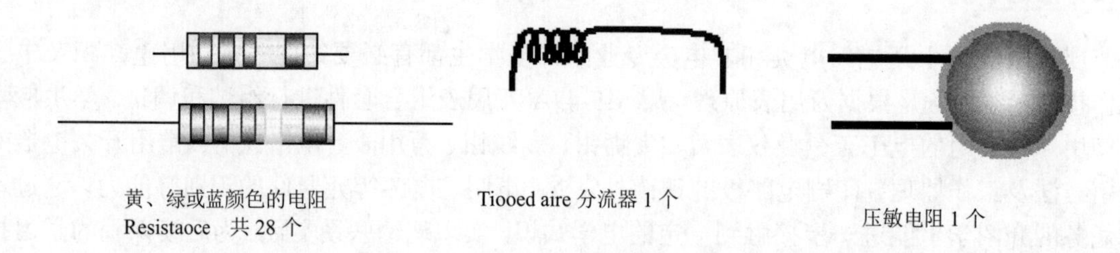

图 1-30 电阻

（2）可调电阻（如图 1-31 所示）。轻轻拧动电位器的黑色旋钮，可以调节电位器的阻值；用十字螺丝刀轻轻拧动可调电阻的橙色旋钮，也可以调节可调电阻的阻值。

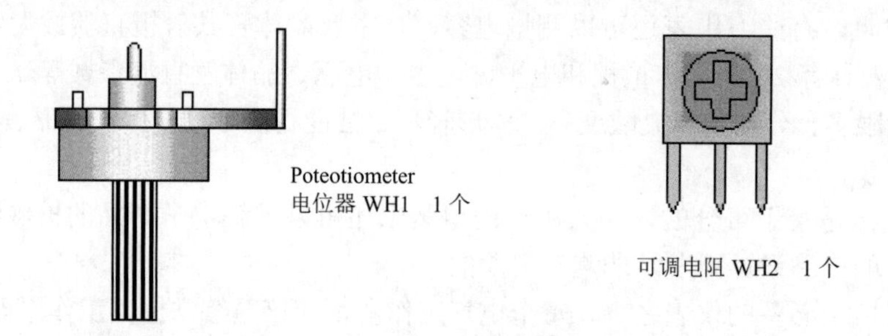

图 1-31 可调电阻

（3）二极管、保险丝夹（如图 1-32 所示）。

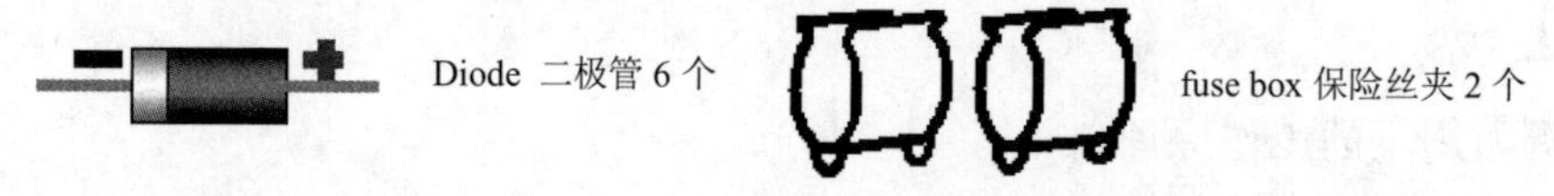

图 1-32 二极管、保险丝夹

（4）电容（如图 1-33 所示）。

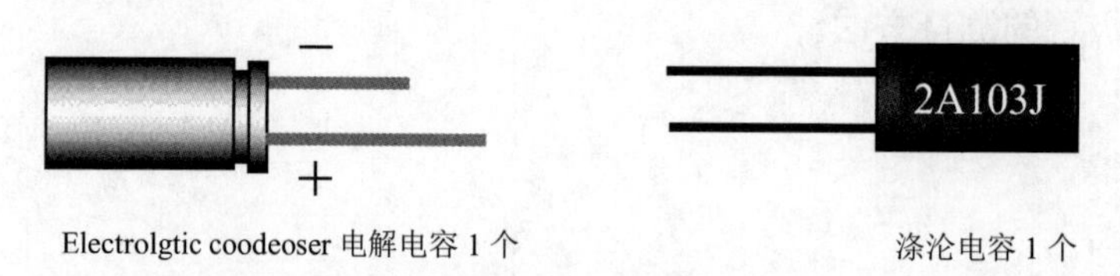

图 1-33 电容

（5）保险丝、连接线、短接线（如图 1-34 所示）。

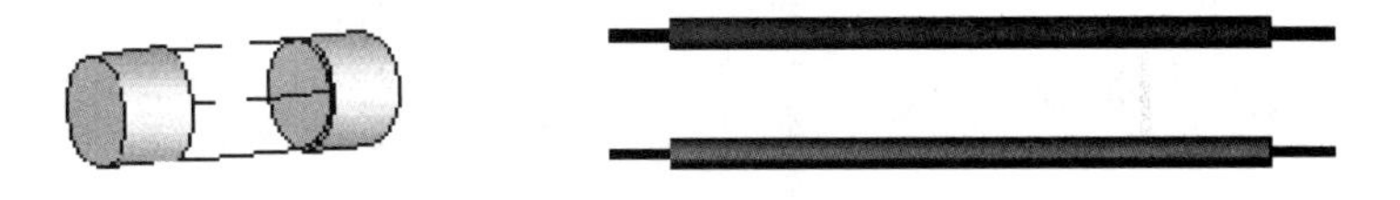

图 1-34 保险丝、连接线、短接线

（6）线路板（如图 1-35 所示）。

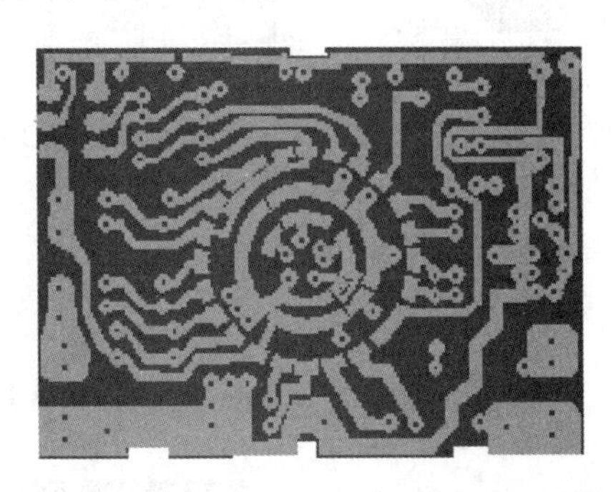

图 1-35 线路板

（7）面板+表头、挡位开关旋钮、电刷旋钮及电池盖板，如图 1-36 所示。

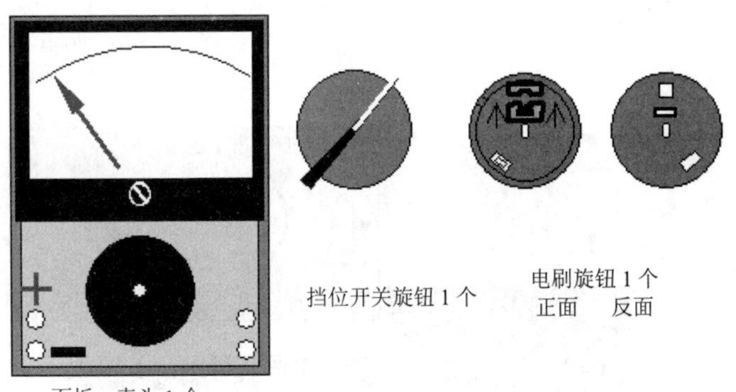

图 1-36 面板+表头、挡位开关旋钮、电刷旋钮

（8）提把、提把铆钉，如图 1-37 所示。

（9）电位器旋钮、晶体管插座、后盖，如图 1-38 所示。

（10）螺钉、弹簧、钢珠、提把橡胶垫圈，如图 1-39 所示。螺钉 M3×6 表示螺钉的螺纹部分直径为 3mm，长度为 6mm。

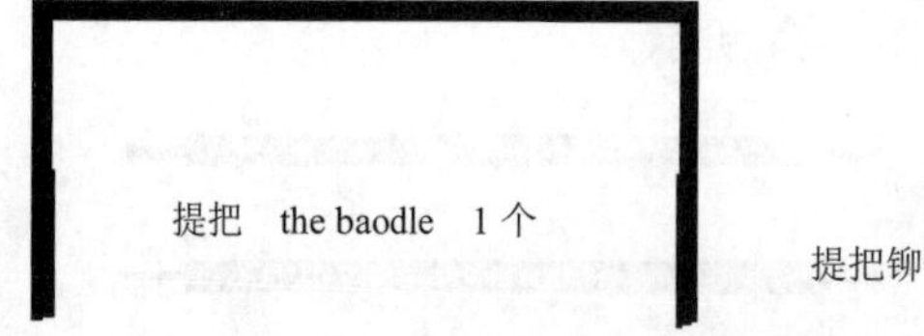

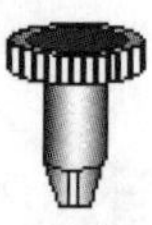

提把铆钉 The pios of the baodle 2个

图 1-37 提把、提把铆钉

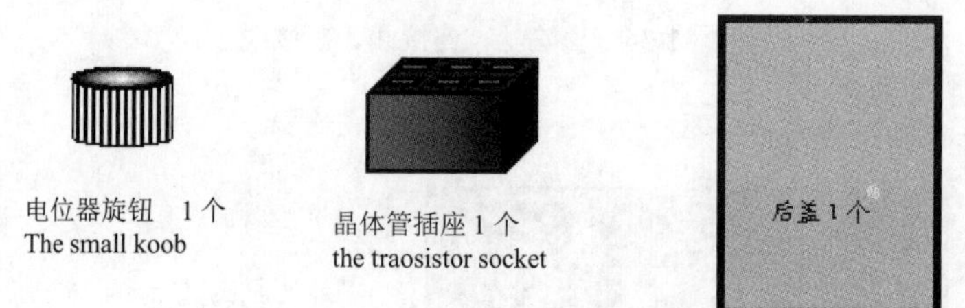

图 1-38 电位器旋钮、晶体管插座、后盖

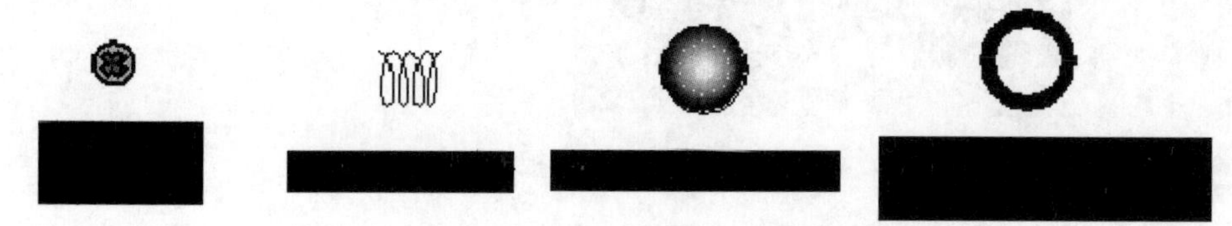

图 1-39 螺钉、弹簧、钢珠、提把橡胶垫圈

（11）电池夹、铭牌、标志，如图 1-40 所示。标志请粘贴好，防止东西掉进表头内部。

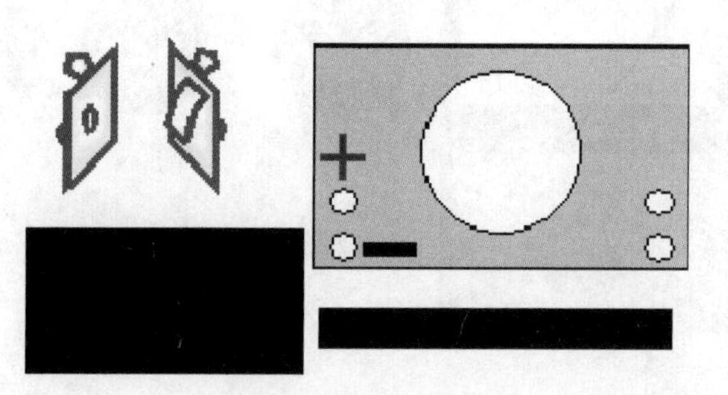

图 1-40 电池夹、铭牌

（12）V 形电刷、晶体管插片、输入插管，如图 1-41 所示。

（13）表棒，如图 1-42 所示。

V 形电刷　1 个

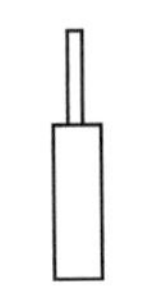

Cootact wafers of the traosistor

输入插管 4 只
the tubes of socket

图 1-41　V 形电刷、晶体管插片、输入插管

图 1-42　表棒

二、认识二极管、电容及电阻

在安装前要求每位学生学会辨别二极管、电容及电阻的不同形状，并学会分辨元件的大小与极性。

1. 二极管极性的判断

判断二极管极性时可用实习室提供的万用表，将红表棒插在＋处，黑表棒插在－处，将二极管搭接在表棒两端（如图 1-43 所示），观察万用表指针的偏转情况，如果指针偏向右边，显示阻值很小，表示二极管与黑表棒连接的为正极，与红表棒连接的为负极，与实物相对照，黑色的一头为正极，白色的一头为负极，也就是说阻值很小时与黑表棒搭接的是二极管的黑头，反之，如果显示阻值很大，那么与红表棒搭接的是二极管的正极。

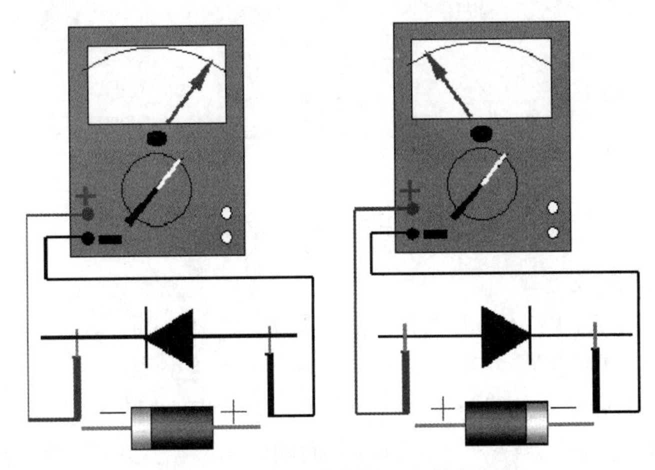

图 1-43　用万用表判断二极管的极性

2. 电解电容极性的判断

注意观察在电解电容侧面有“－”是负极，如果电解电容上没有标明正负极，也可以根据它引脚的长短来判断，长脚为正极，短脚为负极，如图 1-44 所示。

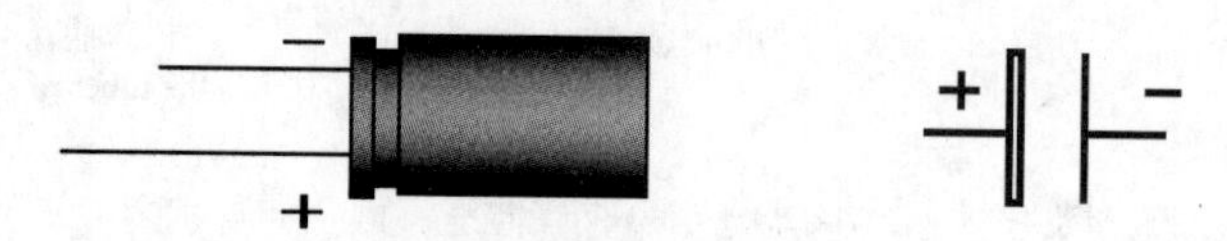

图 1-44　电解电容极性的判断

如果已经把引脚剪短，并且电容上没有标明正负极，那么可以用万用表来判断，判断的方法是正接时漏电流小（阻值大），反接时漏电流大。

3. 色环电阻的读数（相关内容参照教材）

三、实验前的准备工作

1. 清除元件表面的氧化层

元件经过长期存放，会在元件表面形成氧化层，不但使元件难以焊接，而且影响焊接质量，因此当元件表面存在氧化层时，应先清除元件表面的氧化层。注意用力不能过猛，以免使元件引脚受伤或折断。

清除元件表面氧化层的方法是：左手捏住电阻或其他元件的本体，右手用锯条轻刮元件引脚的表面，左手慢慢地转动，直到表面氧化层全部去除，如图 1-45 所示。为了使电池夹易于焊接，要用尖嘴钳前端的齿口部分将电池夹的焊接点锉毛，去除氧化层。

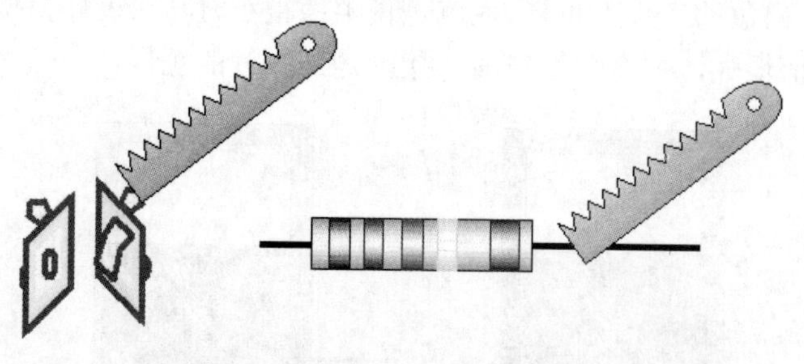

图 1-45　清除元件表面的氧化层

2. 元件引脚的弯制成形

左手用镊子紧靠元件的本体，夹紧元件的引脚（如图 1-46 所示），使引脚的弯折处距离元件的本体有两毫米以上的间隙。左手夹紧镊子，右手食指将引脚弯成直角。注意不能用左手捏住元件本体，右手紧贴元件本体进行弯制，如果那样，引脚的根部在弯制过程中容易受力而损坏，元件弯制后的形状如图 1-47 所示，引脚之间的距离根据线路板孔距而定，引脚修剪后的长度大约为 8mm，如果孔距较小、元件较大，应将引脚往回弯折成形，如图 1-47（c）和（d）

所示。电容的引脚可以弯成直角，将电容水平安装（如图 1-47（e）所示）；或弯成梯形，将电容垂直安装（如图 1-47（h）所示）。

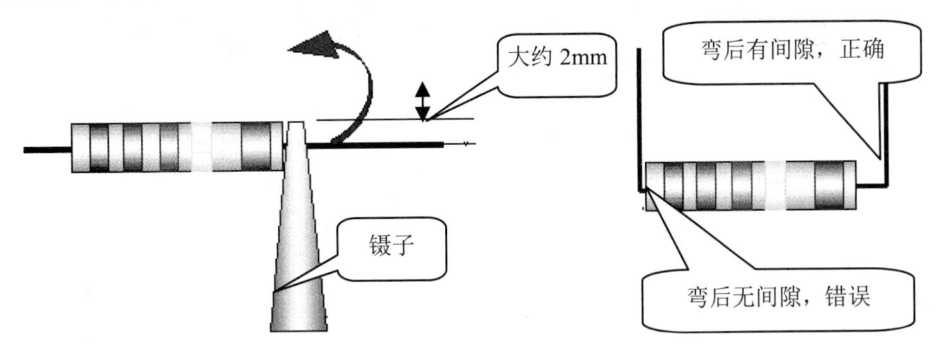

图 1-46　元件引脚的弯制成形

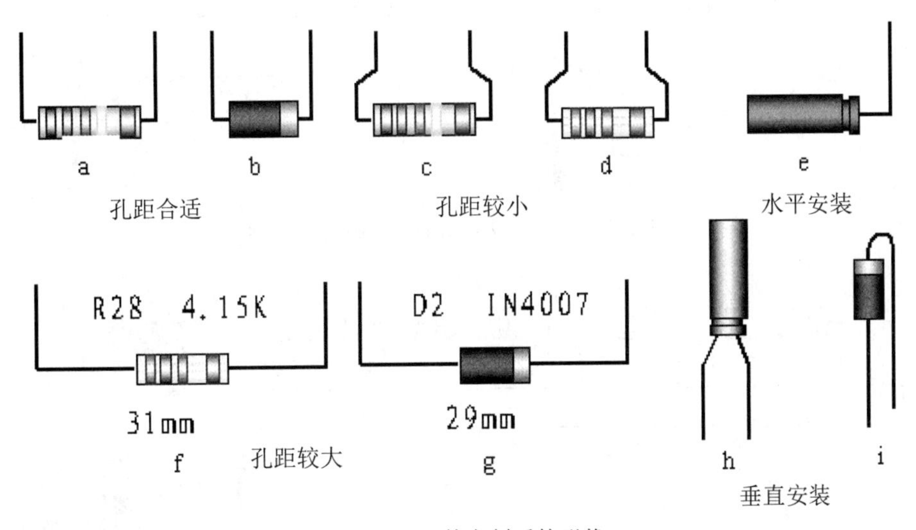

图 1-47　元件弯制后的形状

二极管可以水平安装，当孔距很小时应垂直安装（如图 1-47（i）所示），为了将二极管的引脚弯成美观的圆形，应用螺丝刀辅助弯制，如图 1-48 所示。将螺丝刀紧靠二极管引脚的根部，十字交叉，左手捏紧交叉点，右手食指将引脚向下弯，直到两引脚平行。

有的元件安装孔距离较大，应根据线路板上对应的孔距弯曲成形，如图 1-49 所示。

元器件做好后应按规格型号的标注方法进行读数。将胶带轻轻贴在纸上，把元器件插入，贴牢，写上元器件规格型号值，然后将胶带贴紧，备用，如图 1-50 所示。注意不要把元器件引脚剪太短。

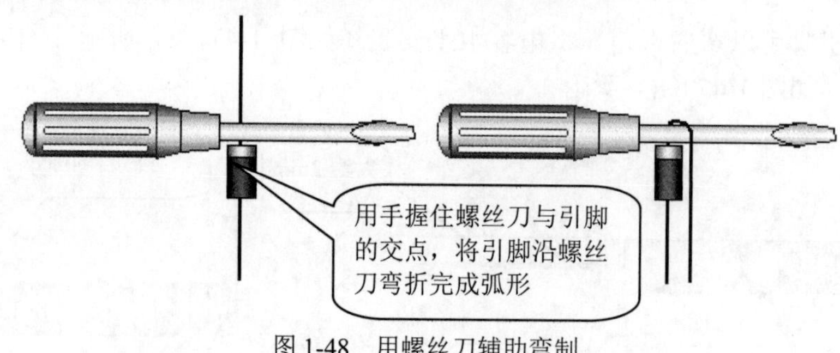

图 1-48　用螺丝刀辅助弯制

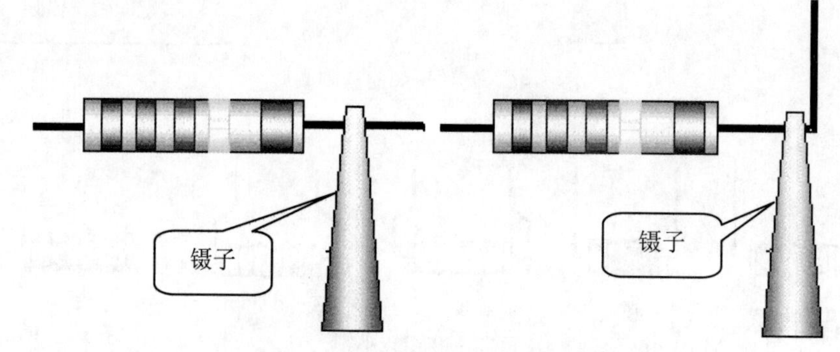

图 1-49　孔距较大时元件引脚的弯制成形

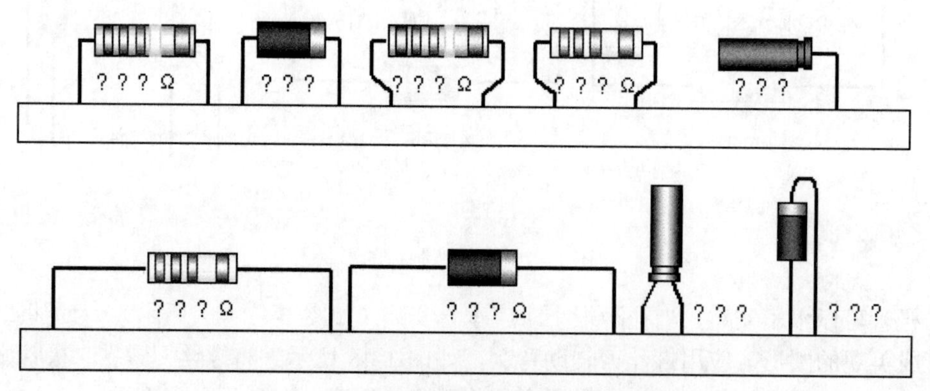

图 1-50　元器件制成后标注规格型号备用

3．焊接练习

焊接前一定要注意，烙铁的插头必须插在靠右手的插座上，不能插在靠左手的插座上；如果是左撇子则插在靠左手的插座上。烙铁通电前应将烙铁的电线拉直并检查电线的绝缘层是否有损坏，不能使电线缠在手上。通电后应将烙铁插在烙铁架中，并检查烙铁头是否会碰到电线、书包或其他易燃物品。

烙铁加热过程中及加热后都不能用手触摸烙铁的发热金属部分，以免烫伤或触电。

烙铁架上的海绵要事先加水。

（1）烙铁头的保护。

为了便于使用，烙铁在每次使用后都要进行维修，将烙铁头上的黑色氧化层锉去，露出铜的本色，在烙铁加热的过程中要注意观察烙铁头表面的颜色变化，随着颜色的变深，烙铁的温度渐渐升高，这时要及时把焊锡丝点到烙铁头上，焊锡丝在一定温度时熔化，将烙铁头镀锡以保护烙铁头，镀锡后的烙铁头为白色。

（2）烙铁头上多余锡的处理。

如果烙铁头上挂有很多锡，则不易焊接，可在烙铁架中带水的海绵上或者在烙铁架的钢丝上抹去多余的锡。不可在工作台或者其他地方抹去。

（3）在练习板上焊接。

焊接练习板是一块焊盘排列整齐的线路板，学生将一根七股多芯电线的线芯剥出，把一股从焊接练习板的小孔中插入，练习板放在焊接木架上，从右上角开始排列整齐，进行焊接，如图 1-51 所示。

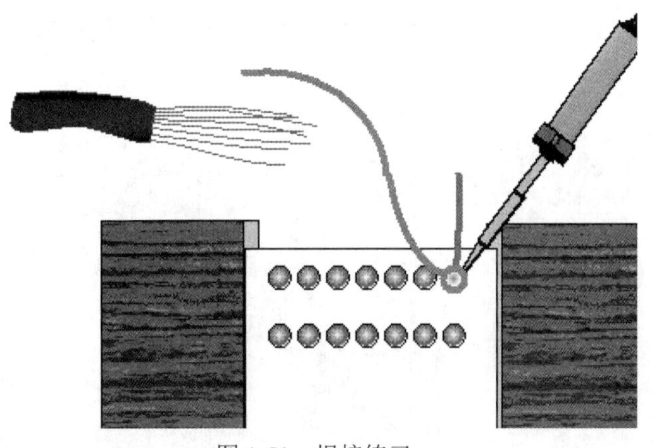

图 1-51　焊接练习

练习时注意不断总结，把握加热时间、送锡多少，不可在一个点加热时间过长，否则会使线路板的焊盘烫坏。注意应尽量排列整齐，以便前后对比，改进不足。

焊接时先将电烙铁在线路板上加热，大约两秒钟后送焊锡丝，观察焊锡量的多少，不能太多，造成堆焊；也不能太少，造成虚焊。当焊锡熔化，发出光泽时焊接温度最佳，应立即将焊锡丝移开，再将电烙铁移开。为了在加热中使加热面积最大，要将烙铁头的斜面靠在元件引脚上（如图 1-52 所示），烙铁头的顶尖抵在线路板的焊盘上。焊点高度一般在 2mm 左右，直径应与焊盘相一致，引脚应高出焊点大约 0.5mm。

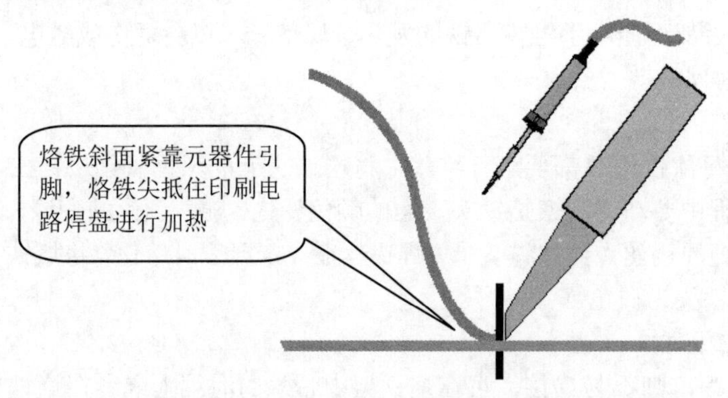

图 1-52　焊接时电烙铁的正确位置

（4）焊点的正确形状。

焊点的正确形状如图 1-53 所示，焊点 a 一般焊接比较牢固；焊点 b 为理想状态，一般不容易焊出这样的形状；焊点 c 焊锡较多，当焊盘较小时可能会出现这种情况，但是往往有虚焊的可能；焊点 d 和 e 焊锡太少；焊点 f 提烙铁时方向不合适，造成焊点形状不规则；焊点 g 烙铁温度不够，焊点呈碎渣状，这种情况多数为虚焊；焊点 h 焊盘与焊点之间有缝隙，为虚焊或接触不良；焊点 i 引脚放置歪斜。一般形状不正确的焊点元件多数没有焊接牢固，一般为虚焊点，应重焊。

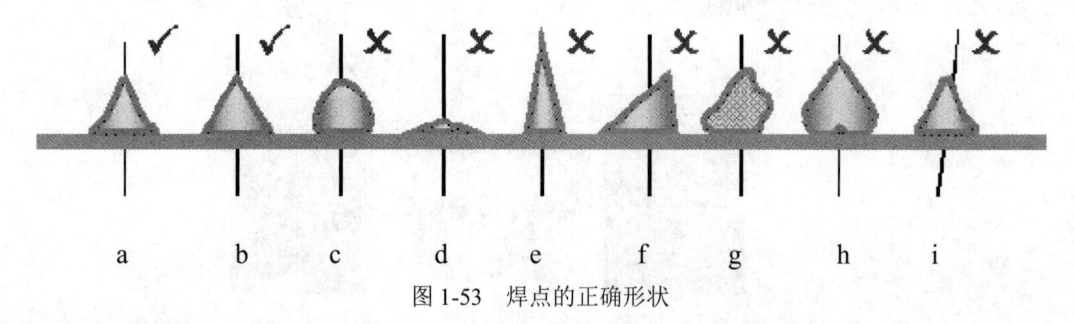

图 1-53　焊点的正确形状

焊点的正确形状俯视如图 1-54 所示，焊点 a、b 形状圆整、有光泽，焊接正确；焊点 c、d 温度不够，或抬烙铁时发生抖动，焊点呈碎渣状；焊点 e、f 焊锡太多，将不该连接的地方焊成短路。

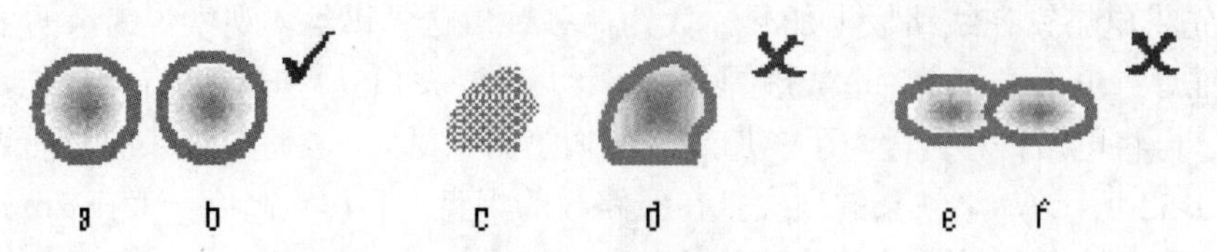

图 1-54　焊点的正确形状（俯视）

焊接时一定要注意尽量把焊点焊得美观牢固。

（5）元器件的插放。

将弯制成形的元器件对照图纸插放到线路板上。

注意：一定不能插错位置；二极管、电解电容要注意极性；电阻插放时要求读数方向排列整齐，横排的必须从左向右读，竖排的从下向上读，保证读数一致，如图 1-55 所示。

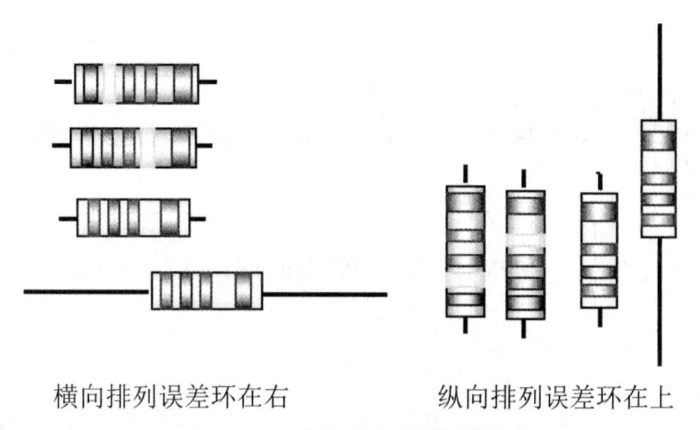

图 1-55　电阻色环的排列方向

（6）元器件参数的检测。

每个元器件在焊接前都要用万用表检测其参数是否在规定的范围内。二极管、电解电容要检查它们的极性，电阻要测量阻值。

四、元器件焊接

1. 元器件的焊接

在焊接练习板上练习合格，对照图纸插放元器件，用万用表校验，检查每个元器件插放是否正确、整齐，二极管、电解电容极性是否正确，电阻读数的方向是否一致，全部合格后方可进行元器件的焊接。

焊接完后的元器件要求排列整齐、高度一致，如图 1-56 所示。为了保证焊接得整齐美观，焊接时应将线路板架在焊接木架上焊接，两边架空的高度要一致，元件插好后要调整位置，使它与桌面相接触，保证每个元件焊接高度一致。焊接时，电阻不能离开线路板太远，也不能紧贴线路板焊接，以免影响电阻散热。

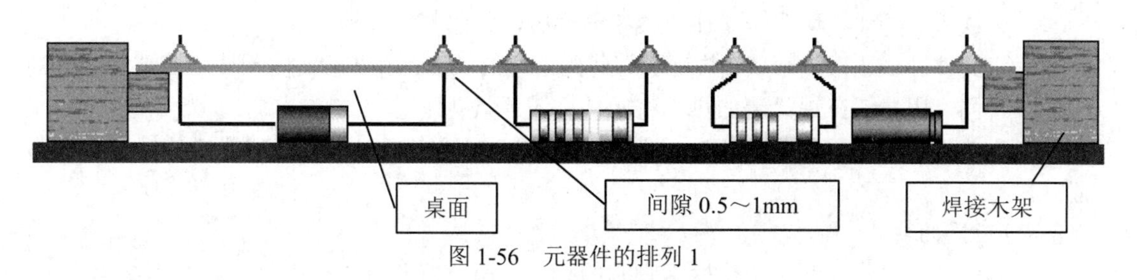

图 1-56　元器件的排列 1

焊接时如果线路板未放水平（如图 1-57 所示），应重新加热调整。图中线路板未放水平，使二极管两端引脚长度不同，离开线路板太远；蓝电阻放置歪斜；电解电容折弯角度大于 90º，容易将引脚弯断。

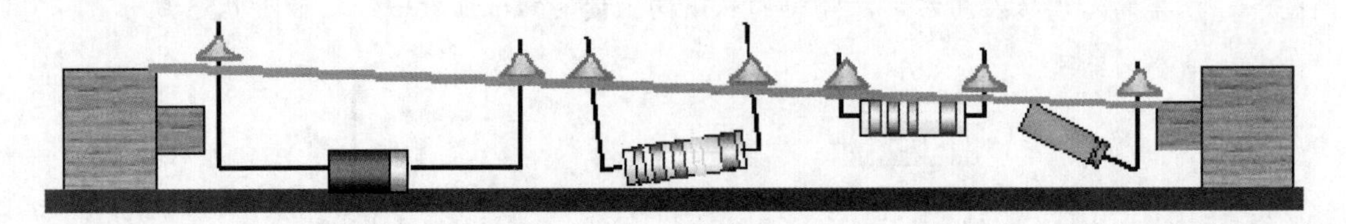

图 1-57　元器件的排列 2

应先焊水平放置的元器件，后焊垂直放置的或体积较大的元器件，如分流器、可调电阻等，如图 1-58 所示。

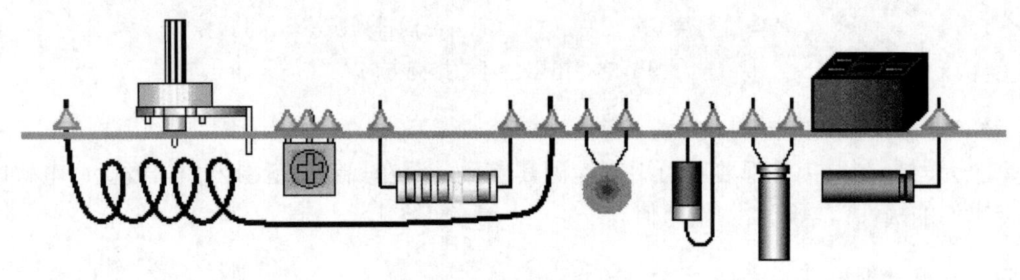

图 1-58　元器件的排列 3

焊接时不允许用电烙铁运载焊锡丝，因为烙铁头的温度很高，焊锡在高温下会使助焊剂分解挥发，易造成虚焊等焊接缺陷。

2．错焊元件的拔除

当元件焊错时，要将错焊的元件拔除。先检查焊错的元件应该焊在什么位置，正确位置的引脚长度是多少，如果引脚较长，为了便于拔除，应先将引脚剪短。在烙铁架上清除烙铁头上的焊锡，将线路板绿色的焊接面朝下，用烙铁将元件脚上的锡尽量刮除，然后将线路板竖直放置，用镊子在黄色的面将元件引脚轻轻夹住，在绿色面用烙铁轻轻烫，同时用镊子将元件向相反方向拔除。拔除后，焊盘孔容易堵塞，有以下两种方法可以解决这一问题：

- 烙铁稍烫焊盘，用镊子夹住一根废元件脚，将堵塞的孔通开。
- 将元件做成正确的形状，并将引脚剪到合适的长度，用镊子夹住元件放在被堵塞孔的背面，用烙铁在焊盘上加热，将元件推入焊盘孔中。

注意用力要轻，不能将焊盘推离线路板，使焊盘与线路板间形成间隙或者使焊盘与线路板脱开。

3．电位器的安装

电位器安装时，应先测量电位器引脚间的阻值，电位器共有 5 个引脚（如图 1-59 所示），其中 3 个并排的引脚中，1、3 两点为固定触点，2 为可动触点，当旋钮转动时，1、2 或者 2、3 间的阻值发生变化。电位器实质上是一个滑线电阻，电位器的两个粗的引脚主要用于固定电位器。安装时应捏住电位器的外壳平稳地插入，不应使某一个引脚受力过大。不能捏住电位器的引脚安装，以免损坏电位器。安装前应用万用表测量电位器的阻值，电位器 1、3 为固定触点，2 为可动触点，1、3 之间的阻值应为 10kΩ，拧动电位器的黑色小旋钮，测量 1 与 2 或者 2 与 3 之间的阻值应在 0～10kΩ 间变化。如果没有阻值或者阻值不改变，说明电位器已经损坏，不能安装，否则 5 个引脚焊接后，再要更换电位器就非常困难了。

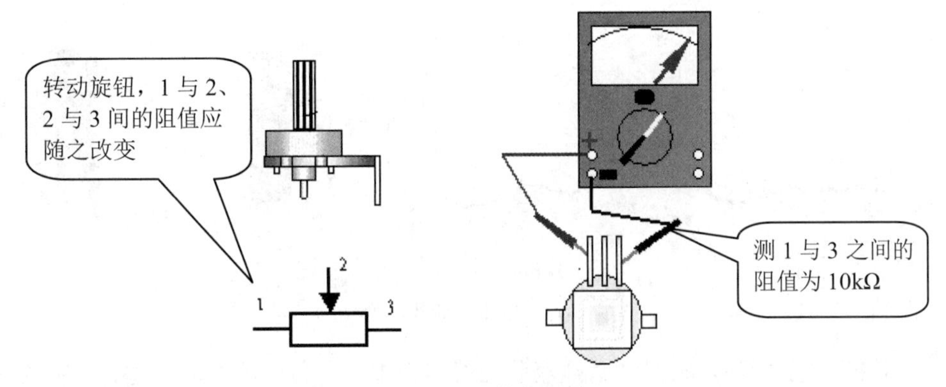

图 1-59　电位器阻值的测量

注意电位器要装在线路板的焊接绿面，不能装在黄色面。

4. 分流器的安装

安装分流器时要注意方向，不能让分流器影响线路板及其余电阻的安装，如图 1-60 所示。

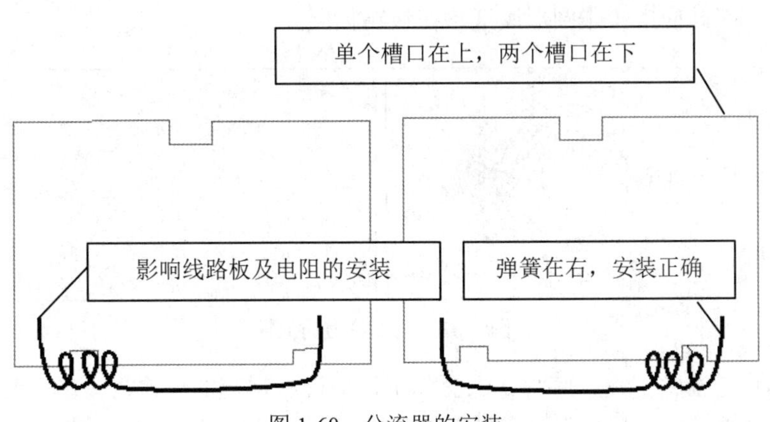

图 1-60　分流器的安装

5. 输入插管的安装

输入插管装在绿面，是用来插表棒的，因此一定要焊接牢固。将其插入线路板中，用尖嘴钳在黄面轻轻捏紧，将其固定，一定要注意垂直，然后将两个固定点焊接牢固。

6. 晶体管插座的安装

晶体管插座装在线路板绿面，用于判断晶体管的极性。在绿面的左上角有 6 个椭圆的焊盘，中间有两个小孔，用于晶体管插座的定位，将其放入小孔中检查是否合适，如果小孔直径小于定位突起物，应用锥子稍微将孔扩大，使定位突起物能够插入。

将晶体管插片（如图 1-61 所示）插入晶体管插座中，检查是否松动，应将其拨出并将其弯成如图 1-61（b）所示的形状，插入晶体管插座中（如图 1-61（c）所示），将其伸出部分折平（如图 1-61（d）所示）。

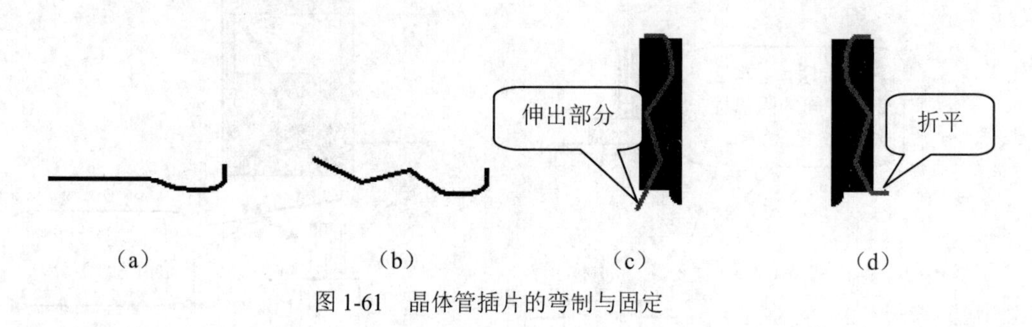

图 1-61　晶体管插片的弯制与固定

晶体管插片装好后，将晶体管插座装在线路板上，定位，检查是否垂直，并将 6 个椭圆的焊盘焊接牢固。

7. 焊接时的注意事项

焊接时要注意电刷轨道上一定不能粘上锡，否则会严重影响电刷的运转，如图 1-62 所示。为了防止电刷轨道粘锡，切忌用烙铁运载焊锡。由于焊接过程中有时会产生气泡，使焊锡飞溅到电刷轨道上，因此应用一张圆形厚纸垫在线路板上。

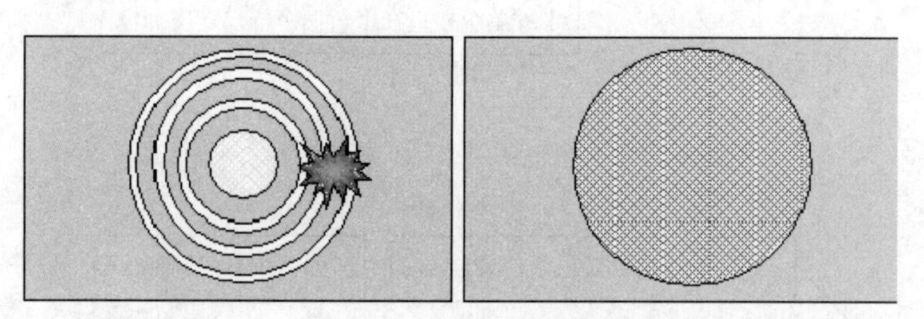

图 1-62　电刷轨道的保护

如果电刷轨道上粘了锡，应将其绿面朝下，用没有焊锡的烙铁将锡尽量刮除。但由于线路板上的金属与焊锡的亲和性强，一般不能刮尽，只能用小刀稍微修平整。

在每一个焊点加热的时间不能过长，否则会使焊盘脱开或脱离线路板。对焊点进行修整时，要让焊点有一定的冷却时间，否则不但会使焊盘脱开或脱离线路板，而且会使元器件温度过高而损坏。

8. 电池极板的焊接

焊接前先要检查电池极板的松紧，如果太紧应将其调整。调整的方法是用尖嘴钳将电池极板侧面的突起物稍微夹平，使它能顺利地插入电池极板插座且不松动，如图 1-63 所示。

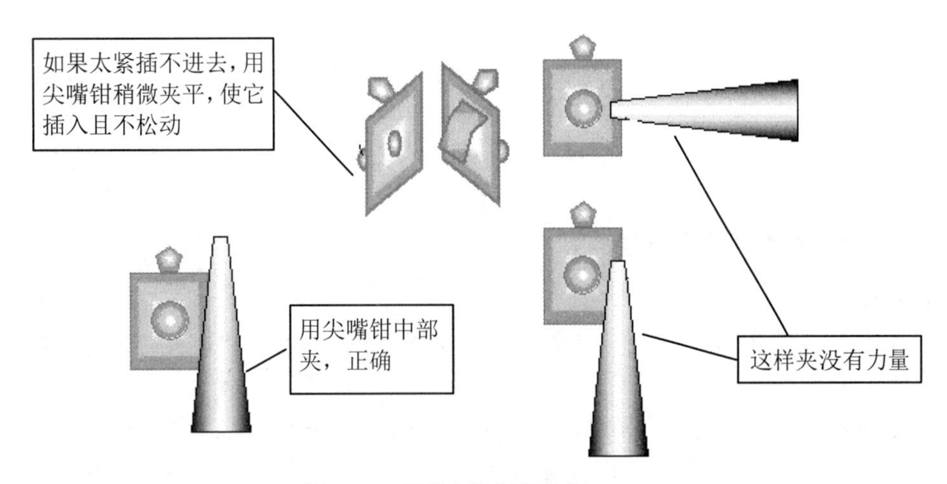

图 1-63　调整电池极板松紧

电池极板安装的位置如图 1-64 所示。平极板与突极板不能对调，否则电路无法接通。

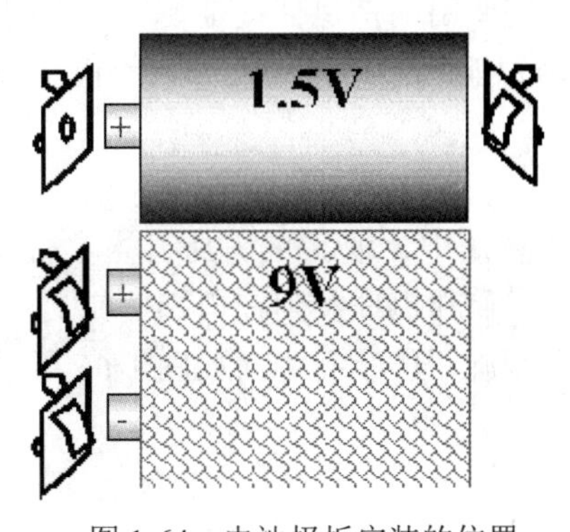

图 1-64　电池极板安装的位置

焊接时应将电池极板拔起，否则高温会把电池极板插座的塑料烫坏。为了便于焊接，应先用尖嘴钳的齿口将其焊接部位锉毛，去除氧化层。用加热的烙铁沾一些松香放在焊接点上，再加焊锡，为其搪锡。

将连接线线头剥出，如果是多股线应立即将其拧紧，然后沾松香并搪锡（提供的连接线已经搪锡）。用烙铁运载少量焊锡，烫开电池极板上已有的锡，迅速将连接线插入并移开烙铁。如果时间稍长将会使连接线的绝缘层烫化，影响其绝缘性。

连接线焊接的方向如图 1-65 所示。连接线焊好后将电池极板压下，安装到位。

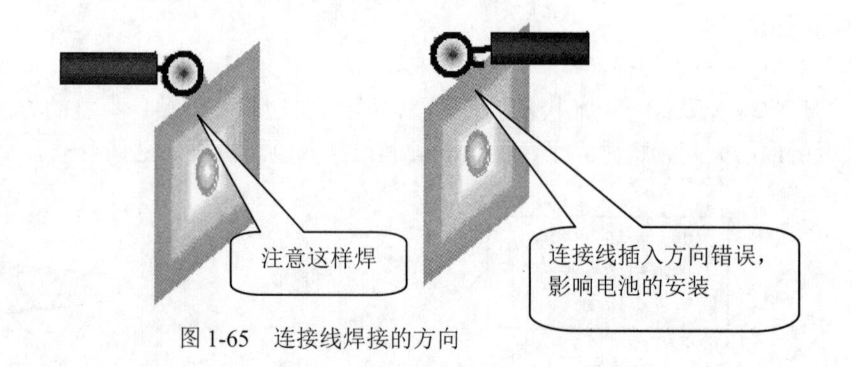

图 1-65　连接线焊接的方向

五、机械部分的安装与调整

1. 提把的安装

后盖侧面有两个“O”小孔，是提把铆钉安装孔。观察其形状，思考如何将其卡入，但注意现在不能卡进去。

提把放在后盖上，将两个黑色的提把橡胶垫圈垫在提把与后盖中间，然后从外向里将提把铆钉按其方向卡入，听到咔嗒声后说明已经安装到位。如果无法听到咔嗒声可能是橡胶垫圈太厚，应更换后重新安装。

大拇指放在后盖内部，四指放在后盖外部，用四指包住提把铆钉，大拇指向外轻推，检查铆钉是否已安装牢固。注意一定要用四指包住提把铆钉，否则会使其丢失。

将提把转向朝下，检查其是否能起支撑作用，如果不能支撑，说明橡胶垫圈太薄，应更换后重新安装。

2. 电刷旋钮的安装

取出弹簧和钢珠并放入凡士林油中，使其粘满凡士林。加油有两个作用：使电刷旋钮润滑，旋转灵活；起黏附作用，将弹簧和钢珠黏附在电刷旋钮上，防止其丢失。

将加上润滑油的弹簧放入电刷旋钮的小孔中（如图 1-66 所示），钢珠黏附在弹簧的上方，注意切勿丢失。

图 1-66　弹簧、钢珠的安装

观察面板背面的电刷旋钮安装部位（如图 1-67 所示），它由 3 个电刷旋钮固定卡、2 个电刷旋钮定位弧、1 个钢珠安装槽和 1 个花瓣形钢珠滚动槽组成。

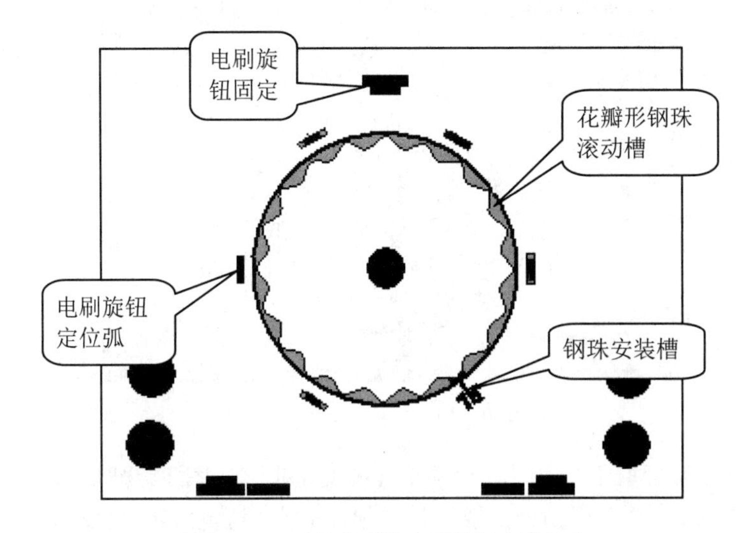

图 1-67　面板背面的电刷旋钮安装部位

将电刷旋钮平放在面板上（如图 1-68 所示），注意电刷放置的方向。用起子轻轻顶，使钢珠卡入花瓣槽内，小心滚掉，然后手指均匀用力将电刷旋钮卡入固定卡。

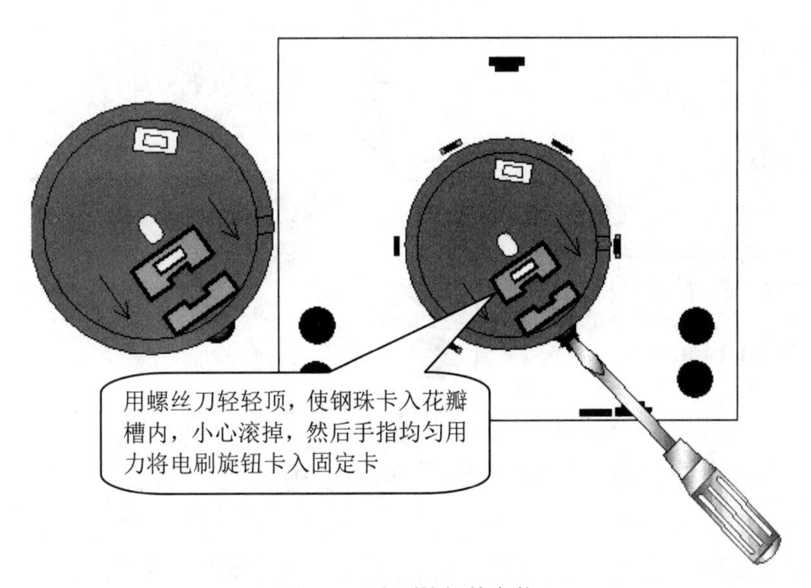

图 1-68　电刷旋钮的安装

将面板翻到正面，挡位开关旋钮轻轻套在从圆孔中伸出的小手柄上，慢慢转动旋钮，检查电刷旋钮是否安装正确，应能听到咔嗒、咔嗒的定位声，如果听不到则可能钢珠丢失或掉进电刷旋钮与面板间的缝隙，这时档位开关无法定位，应拆除重装。

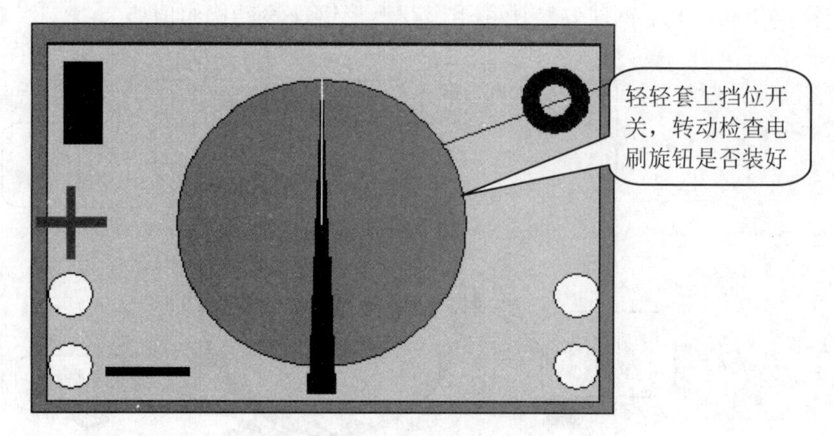

图 1-69　检查电刷旋钮是否装好

将挡位开关旋钮轻轻取下，用手轻轻顶小孔中的手柄（如图 1-70 所示），同时反面用手依次轻轻扳动三个定位卡，注意用力一定要轻且均匀，否则会把定位卡扳断。小心钢珠不能滚掉。

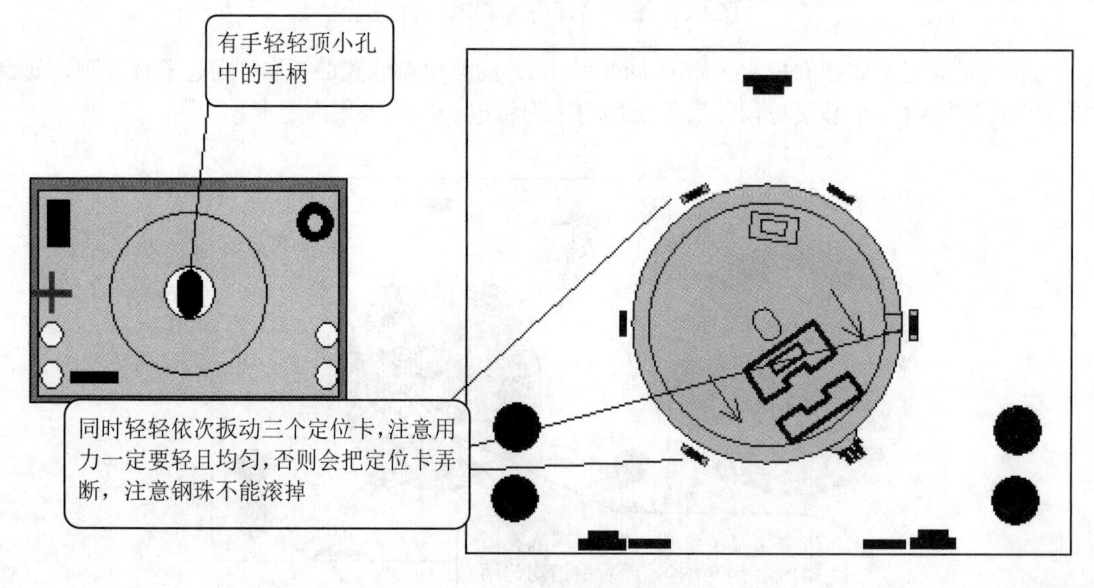

图 1-70　电刷旋钮的拆除

3. 挡位开关旋钮的安装

电刷旋钮安装正确后，将它转到电刷安装卡向上位置（如图 1-71 所示），将挡位开关旋钮白线向上套在正面电刷旋钮的小手柄上，向下压紧即可。

如果白线与电刷安装卡方向相反，必须拆下重装。拆除时用平口起子对称地轻轻撬动，依次按左、右、上、下的顺序将其撬下。注意用力要轻且对称，否则容易撬坏，如图 1-72 所示。

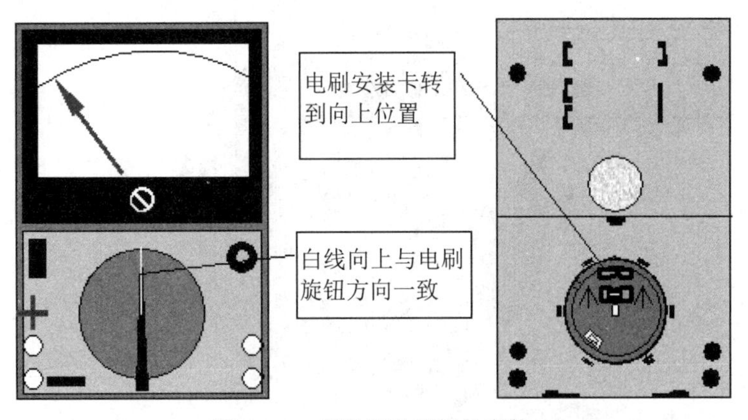

图 1-71　挡位开关旋钮的安装

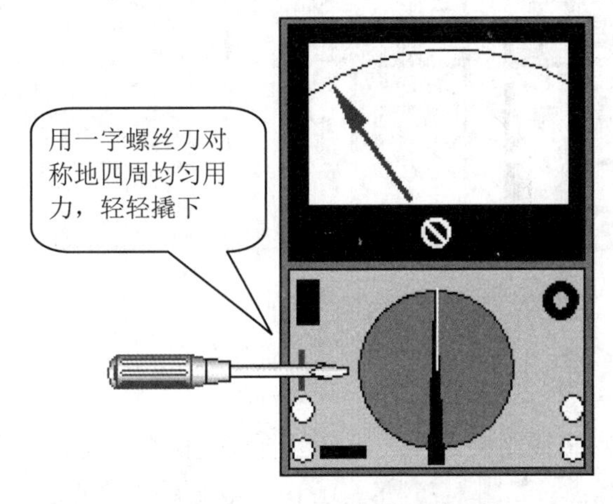

图 1-72　挡位开关旋钮的拆除

4. 电刷的安装

将电刷旋钮的电刷安装卡转向朝上，V 形电刷有一个缺口，应该放在左下角，因为线路板的三条电刷轨道中间两条间隙较小，外侧两条间隙较大，与电刷相对应，当缺口在左下角时电刷接触点上面两个相距较远，下面两个相距较近，一定不能放错，如图 1-73 所示。电刷四周都要卡入电刷安装槽内，用手轻轻按，看是否有弹性并能自动复位。

如果电刷安装的方向不对，将使万用表失效或损坏，如图 1-74 所示。图（a）中开口在右上角，电刷中间的触点无法与电刷轨道接触，使万用表无法正常工作，且外侧的两圈轨道中间有焊点，使中间的电刷触点与之相摩擦，易使电刷受损；图（b）和图（c）中使开口在左上角或在右下角，三个电刷触点均无法与轨道正常接触，电刷在转动过程中与外侧两圈轨道中的焊点相刮，会使电刷很快折断，电刷损坏。

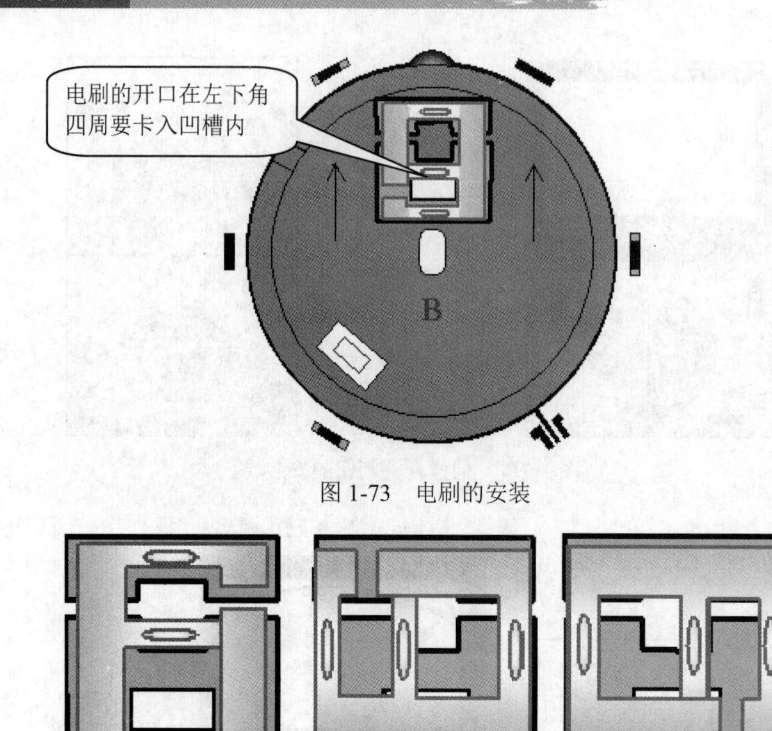

图 1-73　电刷的安装

（a）　　（b）　　（c）

图 1-74　电刷的错误安装方法

5．线路板的安装

电刷安装正确后方可安装线路板。安装线路板前应先检查线路板焊点的质量及高度，特别是在外侧两圈轨道中的焊点（如图 1-75 所示），由于电刷要从中通过，安装前一定要检查焊点高度，不能超过 2mm，直径不能太大，如果焊点太高会影响电刷的正常转动甚至刮断电刷。

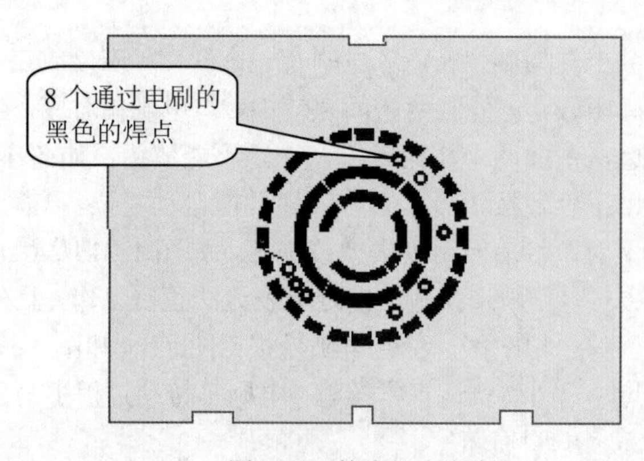

图 1-75　检查焊点高度

线路板用三个固定卡固定在面板背面，将线路板水平放在固定卡上，依次卡入即可。如果要拆下重装，依次轻轻扳动固定卡。注意在安装线路板前应先将表头连接线焊上。

最后是装电池和后盖，装后盖时左手拿面板，稍高，右手拿后盖，稍低，将后盖向上推入面板，拧上螺丝，注意拧螺丝时用力不可太大或太猛，以免将螺孔拧坏。

MF-47A 印制板正面图如图 1-76 所示。

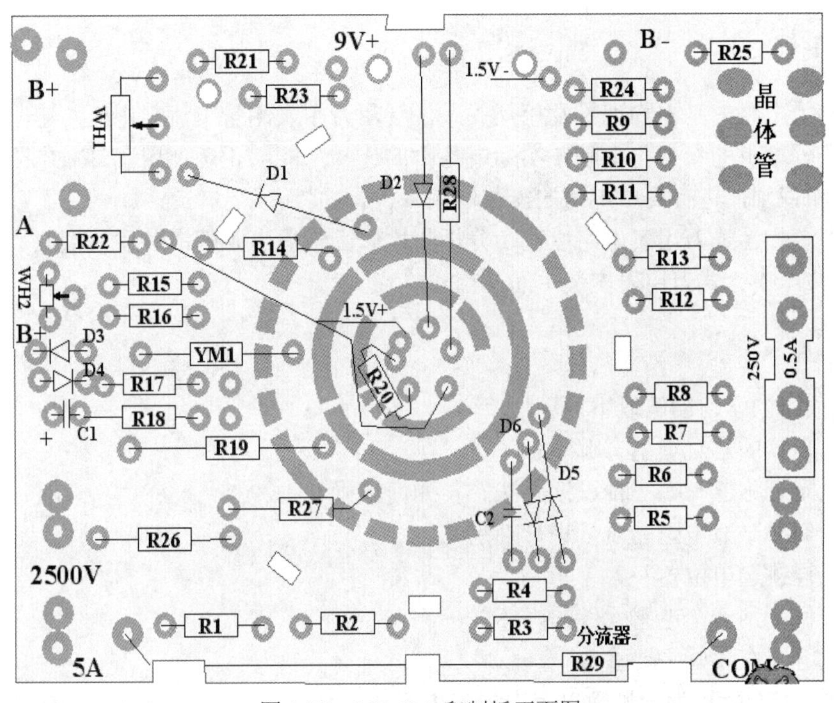

图 1-76　MF-47A 印制板正面图

六、调试及故障的排除

故障现象、原因及排除方法如表 1-5 所示。

表 1-5　故障现象、原因及排除方法

序号	故障现象	原因及排除方法
1	表针没有任何反应	表头、表棒损坏
		接线错误
		保险丝没装或损坏
		电刷装错
		电池极板装错，如果将两种电池极板装反位置，电池两极无法与电池极板接触，电阻挡就无法工作

续表

序号	故障现象	原因及排除方法
2	电压指针反偏	一般是表头引线极性接反。如果 DCA、DCV 正常，ACV 指针反偏，则为二极管 D1 接反
3	测电压示值不准	一般是焊接有问题，应对被怀疑的焊点重新处理

【项目总结】

（1）熟悉电路的基本物理量及相互关系，会用万用表测量电流、电压、电阻等电参量。

（2）了解电阻的参数与电阻在实际电路中的选择，能够正确使用工具对电阻、电感和电容进行检测和识别，进行简单电路的安装。

（3）理解指针式万用表电路原理、分析与检修，掌握电阻的串并联与混联、欧姆定律等知识在 MF-47A 指针式万用表安装中的应用。

【项目训练】

通过本项目的学习回答以下问题：

（1）电阻器的常见类型有哪些？

（2）电阻标称值有哪三种识读方法？各如何识读？

（3）如何对一般电阻的质量进行判别？

（4）怎样挑选电位器？

（5）如何判别一个电感元件的好坏？

（6）电容器有哪些主要参数？

（7）图 1-77 所示为一种简单万用表的电路图。其中，K_1 为测量选择转换开关，用来选择不同的测量种类和量程，K_2 用来选择测量种类。在测量电压和电流时，开关 K_2 置于位置 1，测量电阻时置于位置 2。试分析该万用表测量直流电流、直流电压、交流电压、电阻的原理。

（8）为什么电阻用色环表示阻值？黑、棕、红、绿分别代表的阻值的数字是几？

（9）二极管、电解电容的极性如何判断？

（10）挡位开关旋钮、电刷旋钮如何安装？

（11）元件焊接前要做哪些准备工作，焊接的要求是什么？

（12）电位器的作用是什么？

（13）如何正确使用万用表？

（14）电位器的安装步骤是什么？

（15）二极管的焊接要注意什么？

（16）如何调整、安装电池极板？

（17）万用表的种类有哪些？

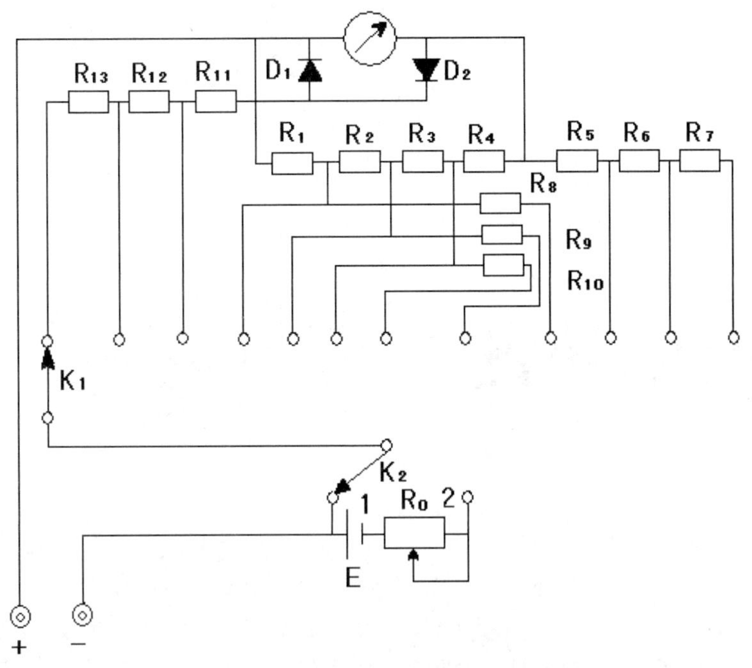

图 1-77　一种简单万用表的电路图

2 惠更斯电桥的分析与使用

【项目导读】

在各种电子设备中，电路板是一个非常重要的部件，对一名电工而言，掌握基本的电路分析方法、分析典型的电路，对设备的安装和维护是非常有必要的。

在本项目中，将学习基尔霍夫定律以及基本的电路分析方法，并用这些方法对电桥电路进行分析，还会学习一种工程上用于电工测量的常用设备——惠更斯电桥的原理与应用。

任务一　基尔霍夫定律及其应用

【任务描述】

前面我们讨论的电路都可以用串并联等效变换的方法化简为单回路，我们称之为简单电路。对于这种电路，利用欧姆定律就可以进行计算，并根据分压和分流公式计算出各支路的电压和电流。然而，我们在实际中所遇到的电路比上述电路要复杂得多，它既不是串联，也不是并联，为了解决这些复杂电路的计算，需要掌握电路普遍的规律和分析方法。那么，复杂电路的分析和运算的基本依据是什么呢？

【任务分析】

通过前面的学习我们已经掌握了电阻元件的性质以及对其电压和电流所形成的约束——部分电路的欧姆定律，电路作为一些元件互联的整体，还有其互联的规律——基尔霍夫定律，它阐述了电路中各支路电流间和回路中各部分电压间所遵循的规律。

基尔霍夫定律是电路理论的核心，是分析电路的依据。它反映的是所有电路的基本规律，具有广泛的适用性，不仅对直流电路适用，也适用于交流电路和非线性电路。本任务我们将学习基尔霍夫定律及其初步应用，为解决复杂电路问题打下良好的基础。

【任务目标】

- 了解复杂电路的基本术语。
- 掌握基尔霍夫电流定律及其应用。
- 掌握基尔霍夫电压定律及其应用。
- 学会求电路中某点电位的方法。

【相关知识】

基尔霍夫定律是说明任意电路中各支路电流和回路电压之间基本关系的定律，定律包括两条：基尔霍夫电流定律（又称第一定律）和基尔霍夫电压定律（又称第二定律）。下面先就图 2-1 所示的电路介绍几个术语。

一、复杂电路的几个术语

支路：电路中一段无分支且电流相等的电路。图 2-1 所示的电路中 abc、adc、aec 均为支路。注意 ae 不是支路，因为其上无元件。

节点：电路中三条或三条以上支路的连接点。图 2-1 所示的电路中 a、e 是节点，提醒学生 b、d 不是节点。

回路：电路中的任意一个闭合路径叫做回路。图 2-1 所示的电路中共有三个回路。

网孔：电路中不含有支路的回路，即单孔回路叫网孔。图 2-1 所示的电路中共有两个网孔。

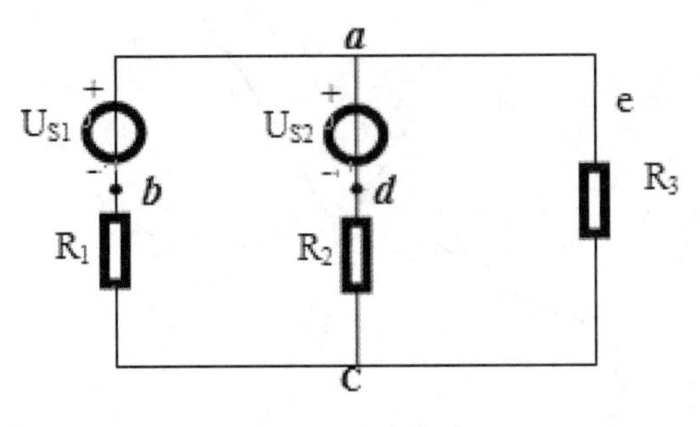

图 2-1　复杂电路

思考：图 2-2 所示的电路叫做电桥电路，它是一种用途很广的复杂电路，特别是在测量仪表中，电桥电路是最常见的电路之一。请分析一下电路中有几条支路、几个节点、几个回路和网孔。

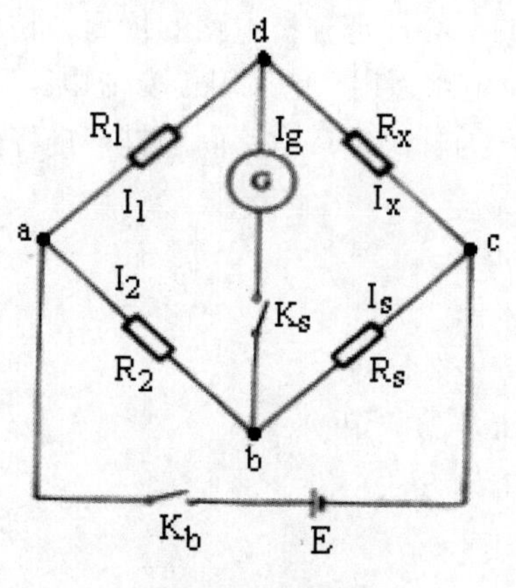

图 2-2　电桥电路

二、基尔霍夫电流定律

流进某处某一电荷量的电荷，必须同时从该处流出同一电荷量的电荷，这一结论称为电流的连续性原理。根据这一原理，对电路中的任一节点，在任一瞬间，流出节点的电流之和必定等于流入节点的电流之和。

例如，对图 2-3 所示电路中的节点 a，连接在 a 点的支路共有 5 个，按各支路电流的参考方向，流出节点的电流为i_2和i_5，流入节点的电流为i_1、i_3和i_4，则：

$$i_2 + i_5 = i_1 + i_3 + i_4$$

上式可以写成：

$$-i_1 + i_2 - i_3 - i_4 + i_5 = 0$$

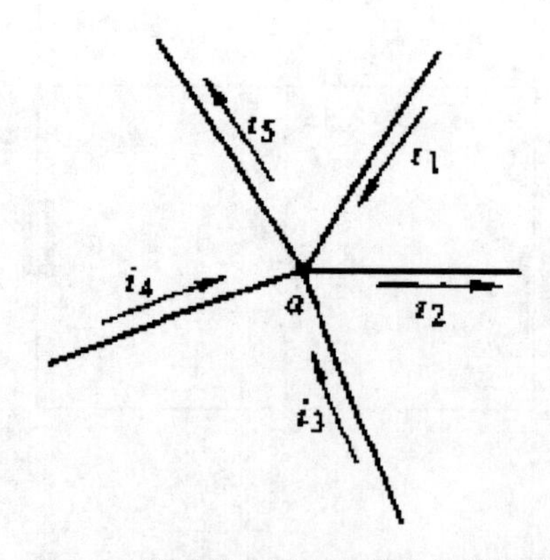

图 2-3　说明基尔霍夫电流定律的电路

对于任意一个节点：

$\sum i=0$ 或 $\sum I=0$

上式称为基尔霍夫第一定律，也叫电流定律，简称 KCL。它表明，汇集于任意一个节点的电流的代数和等于零。

规定：流出节点的电流为正，流入节点的电流为负。

在实际运用中，任意一个节点的电流方程也可以用下式来表示：

$\sum i_{入}=\sum i_{出}$ 或 $\sum I_{入}=\sum I_{出}$

根据 KCL，每一个节点可以列出一个电流方程，但不是所有方程都是独立的。如果电路共有 n 个节点，则只能列出 n-1 个独立方程。

KCL 适用于电路的节点，根据电流连续性原理，也可以推广应用于电路中的任一假设的封闭面：通过电路中任一封闭面的电流的代数和为零。

如图 2-4 所示，对虚线封闭面包围的电路，有：

$$I_1+I_2=I_3$$

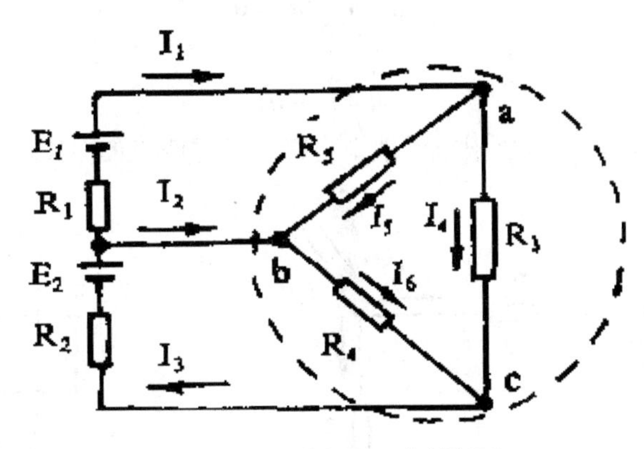

图 2-4　KCL 应用于一个封闭面

对于图 2-5，两部分电路之间只有一条导线相连接，根据 KCL，流过该导线的电流 i 必为零。

图 2-5　两部分电路之间只有一条导线相连

三、基尔霍夫电压定律

电荷在电场中从一点移动到另一点时，它所具有的能量的改变量只与这两点的位置有关，与移动的路径无关。基尔霍夫电压定律是电压与路径无关这一性质在电路中的体现。

基尔霍夫电压定律指出：从回路中任一点出发绕行一周回到出发点，电位不变，电位差为零。在闭合回路绕行一周的过程中，电压有升有降，规定电压降为正，电压升为负，电路各段电压升降的代数和等于零。其公式为：

$$\sum u=0 \text{ 或 } \sum U=0$$

即电路中的任一瞬间，任一回路的各支路电压的代数和为零，这就是基尔霍夫第二定律，又称为回路电压定律，简称 KVL。

应用基尔霍夫电压定律列电压方程时，需要先选定回路的绕行方向，凡电压的参考方向与绕行方向一致时，在该电压前面取正号；凡电压的参考方向与绕行方向相反时，在该电压前面取负号。

如图 2-6 所示的电路，若选定回路的绕行方向为顺时针方向，则可列出电压方程为：

$$-I_4R_4+U_{S2}-I_2R_2+I_3R_3+I_1R_1-U_{S1}=0$$

KVL 也可以推广应用于假想回路，例如在图 2-7 中，可以假想有回路 abca，其中 ab 段未画出支路。对于这个假想回路，如从 a 出发，顺时针方向绕行一周，按图中规定的参考方向，有：

$$u+u_2-u_1=0$$

则：

$$u=u_1-u_2$$

有了 KVL 这个推论，就可以很方便地求电路中任意两点的电压。

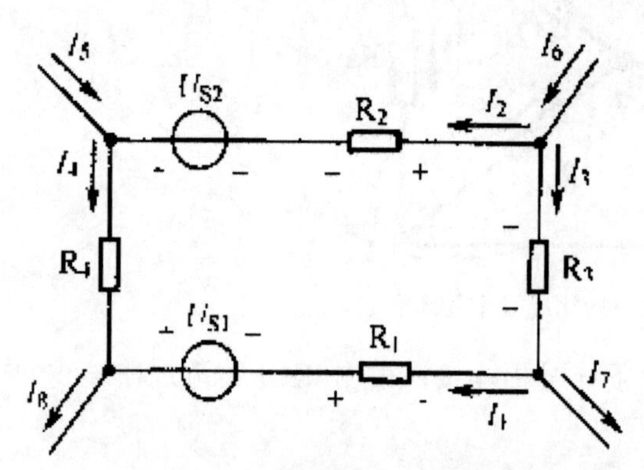

图 2-6　任一电路中的一个回路

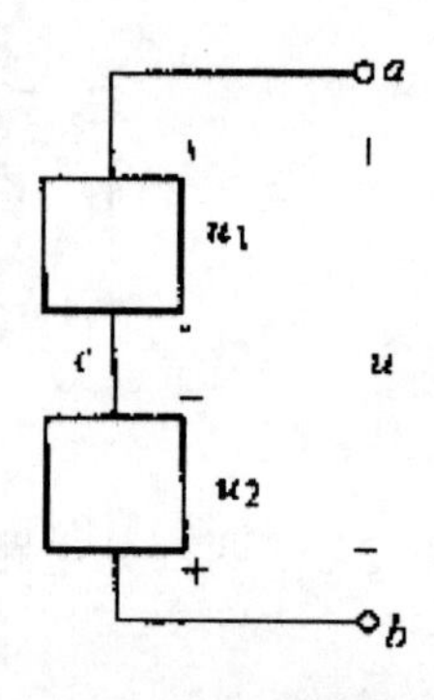

图 2-7　KVL 应用于假想回路

KVL 规定了电路中任一回路内电压必须服从的约束关系，至于回路内是些什么元件与定律无关。因此，不论是线性电路还是非线性电路，定律都是适用的。

【任务实施】

例 2-1　电路如图 2-8 所示，求开路电压 U_{ab}。

解：回路绕行方向和各支路参考方向如图 2-8 所示。

对网孔 1 列 KVL 方程：$-2+5I+10+3I=0$

$$I=-1\text{A}$$

对假想回路网孔 2 列 KVL 方程：$-3I-10+U_{ab}=0$

$$U_{ab}=7V$$

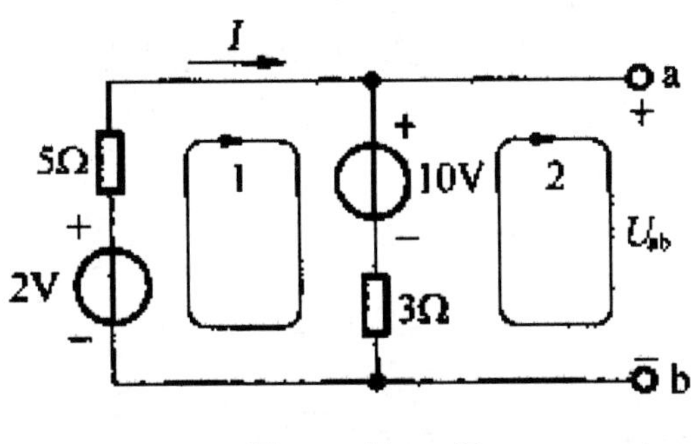

图 2-8　例 2-1 图

例 2-2　电路如图 2-9 所示，求通过两电压源的电流 I_{s1} 和 I_{s2} 以及两电流源的端电压 U_{s1} 和 U_{s2}。

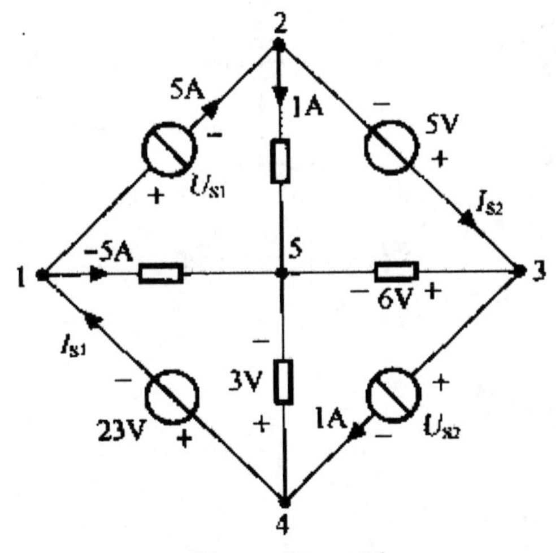

图 2-9　例 2-2 图

解：对节点 1 运用 KCL 得：

$$I_{S1}=5+(-5)=0A$$

再对节点 2 运用 KCL 得：

$$I_{S2}=5-1=4A$$

对回路 3453 运用 KVL 得：

$$U_{S2}=U_{34}=U_{35}+U_{54}=6+(-3)=3V$$

再对回路 14321 运用 KVL 得：

$$U_{S1}=U_{12}=U_{14}+U_{43}+U_{32}=-23-3+5=-21V$$

例 2-3 求图 2-10 所示 a 点的电位。

分析：为了简化电路图，在电子电路中人们习惯上并不把电源直接画出，如图 2-10（a）所示，称为“电子习惯电路”。此时我们可以把电源补画上，即为我们所熟悉的一般性电路。

解：将图 2-10（a）所示的电子习惯电路改画成如图 2-10（b）所示的一般性电路。

根据图 2-10（b）所示电路得：

$$I=\frac{10+6}{1+3}=4\text{A}$$

$$U_{\text{a}}=3I-6=3\times4-6=6\text{V}$$

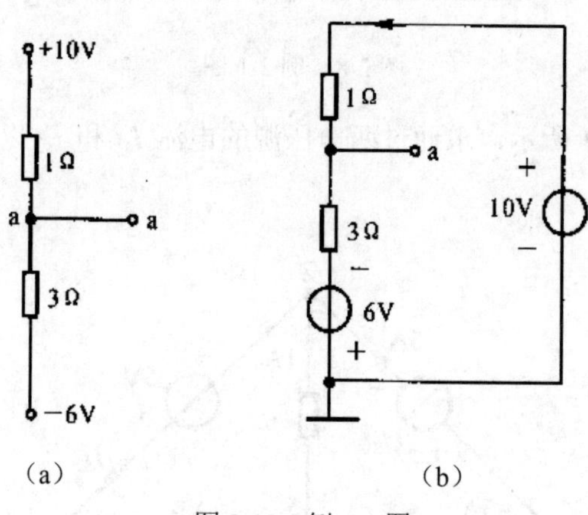

图 2-10 例 2-3 图

任务二 电桥电路的分析

【任务描述】

在各种电子设备中，电路板是一个非常重要的部件，掌握基本的电路分析方法对寻找突破口、分析各种复杂的电路是非常有帮助的。

【任务分析】

根据电信号的传导特点，我们概括出了很多分析方法，对于不同的电路结构，如能选用合适的分析方法，可以使分析更加简便快捷。本任务将学习很多种电路的分析方法，在学习的过程中，要注意不同的方法在什么条件下运用最为简便。

【任务目标】

- 掌握支路电流法、回路电流法、节点电压法等电路的分析方法。
- 掌握戴维南定理、叠加定理的应用。
- 掌握电阻的 Y↔△变换。
- 掌握电桥电路的分析方法。

【相关知识】

一、支路电流法

以支路电流为未知量，借助 KCL 和 KVL 列写方程求解电路未知量的方法称为支路电流法。电路中有几条支路就需要列写几个方程求出各支路的电流，从而求出其他物理量。下面以图 2-11 所示电路为例进行介绍。

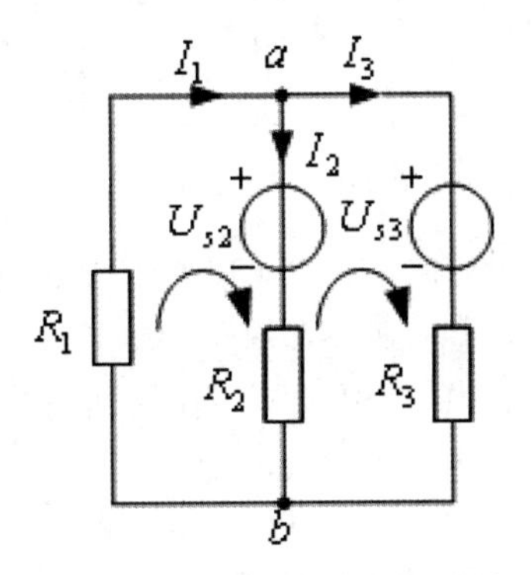

图 2-11　支路电流法分析用图

图中有 3 条支路、2 个节点、2 个网孔，要求解支路电流，就需要列写 3 个方程。观察图中的节点 a 和节点 b，流入节点 a 的电流从节点 b 流出，因此两个节点列写的 KCL 方程不是独立的，只能列出一个独立方程。电路中有 3 个回路，根据 KVL 列写的回路方程也不是互相独立的，只有两个是独立的，通常直接选用网孔列写 KVL 方程。在列写方程之前，首先要在电路上标出各支路电流的参考方向和回路的绕行方向，如图 2-11 所示。根据上面的分析，可以根据基尔霍夫定律直接列出 3 个方程：

$$\begin{cases} I_1 - I_2 - I_3 = 0 \\ R_1 I_1 + U_{S2} + R_2 I_2 = 0 \\ -R_2 I_2 - U_{S2} + U_{S3} + R_3 I_3 = 0 \end{cases}$$

联立方程求解即可得到各支路电流的值，进而求出其他物理量。在求解方程组的时候，可以用消元代入法，也可以采用行列式或其他方法求解。

在具有 m 条支路、n 个节点的电路中，应用支路电流法求解电路的一般步骤可以总结为如下 4 步：

（1）确定已知电路的支路数 m，并在电路图上标示出各支路电流的参考方向。

（2）应用 KCL 列写 n-1 个独立节点电流方程。

（3）应用 KVL 定律根据选择的网孔绕行方向列写 m-(n-1)个独立电压方程。

（4）联立求解方程，求出 m 个支路电流，进而求解其他物理量。

支路电流法分析电路时，所设的未知数是各支路电流，因此求解结果一目了然。该方法原则上适用于各种复杂电路，但当支路数很多时，方程数增加，计算量加大。因此，适用于支路数较少的电路。

例 2-4　电路如图 2-12 所示，求各支路电流。

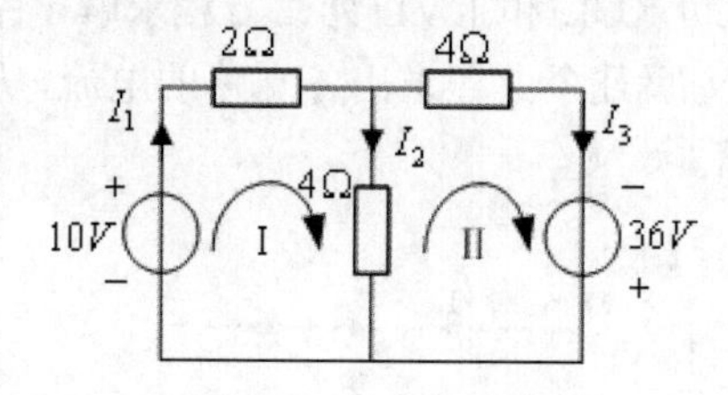

图 2-12　例 2-4 用图

解：设电路中各支路电流参考方向如图 2-12 所示，根据 KCL 列节点方程：

$$I_1 - I_2 - I_3 = 0$$

在选择的绕行方向下，根据 KVL 列出两个网孔的回路方程：

$$2I_1 + 4I_2 - 10 = 0$$

$$-4I_2 + 4I_3 - 36 = 0$$

联立求解得：

$$I_1 = 3\text{A}\,,\quad I_2 = 1\text{A}\,,\quad I_3 = 10\text{A}$$

二、回路电流法

当电路中的独立回路数少于独立节点数时，用回路电流法比较方便，方程个数较少。

步骤如下：

（1）选取独立回路。

（2）选取独立回路的绕行方向。

（3）根据 KVL 列写回路电流方程，方程的左边是无源元件的电压降的代数和，自阻上的压降恒为“+”，互阻上的压降可“+”可“-”，符号的选择取决于回路电流和绕行方向；方程右边为独立电压源的电压的代数和，当电压源的正方向与绕行方向相反时取“+”，反之取“-”。

例 2-5　已知如图 2-13 所示的电路结构，其中电阻的单位为 Ω，求：R_4 中的电流 I=?

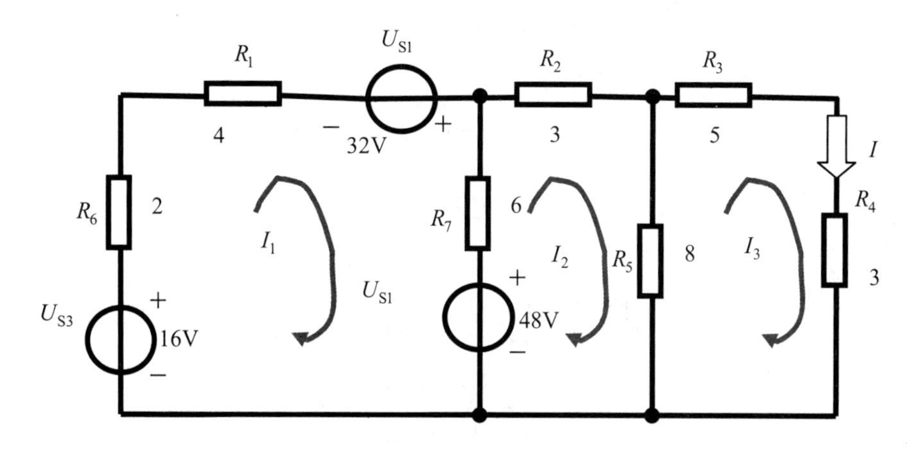

图 2-13　例 2-5 用图

解：该电路是具有 3 个独立回路的电路，无电流源和受控电源，可在选取独立回路的基础上直接列出标准的回路方程求解，方程左、右的规律由 KVL 决定，选独立回路的方法不限。本题可选取网孔为独立回路：

$$(2+4+6)I_1-6I_2=16-48+32$$
$$-6I_1+(6+3+8)I_2-8I_3=48$$
$$-8I_2+(8+5+3)I_3=0$$

求解得：$I=2.4\text{A}$

三、节点电压法

在电路中任意选择一个节点为非独立节点，称此节点为参考点。其他独立节点与参考点之间的电压称为该节点的节点电压。

节点电压法是以节点电压为求解电路的未知量，利用基尔霍夫电流定律和欧姆定律导出$(n\text{-}1)$个独立节点电压为未知量的方程，联立求解，得出各节点电压。然后进一步求出各待求量。

节点电压法适用于结构复杂、非平面电路、独立回路选择麻烦、节点少、回路多的电路的分析求解。对于 n 个节点、m 条支路的电路，节点电压法仅需$(n\text{-}1)$个独立方程，比支路电流法少$[m\text{-}(n\text{-}1)]$个方程。

图 2-14 所示是具有三个节点的电路，下面以该图为例说明用节点电压法进行电路分析的方法和求解步骤，导出节点电压方程的一般形式。

选择节点③为参考节点，则 u_3=0。设节点①的电压为 u_1、节点②的电压为 u_2，各支路电流及参考方向见图 2-14 中的标示。应用基尔霍夫电流定律，对节点①、节点②分别列出节点电流方程：

节点①：$$-i_{S1}-i_{S2}+i_1+i_2=0$$

节点②：$$i_{S2}-i_{S3}-i_2+i_3=0$$

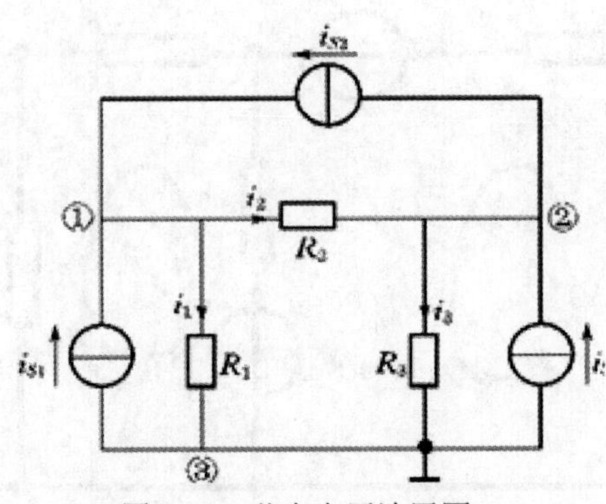

图 2-14　节点电压法用图

用节点电压表示支路电流：

$$i_1=\frac{u_1}{R_1}=G_1u_1$$

$$i_2=\frac{u_1-u_2}{R_2}=G_2\left(u_1-u_2\right)$$

$$i_3=\frac{u_2}{R_3}=G_3u_2$$

代入节点①、节点②电流方程，得到：

$$-i_{S1}-i_{S2}+\frac{u_1}{R_1}+\frac{u_1-u_2}{R_2}=0$$

$$i_{S2}-i_{S3}-\frac{u_1-u_2}{R_2}+\frac{u_2}{R_3}=0$$

整理后可得：

$$\left(\frac{1}{R_1}+\frac{1}{R_2}\right)u_1-\frac{1}{R_2}u_2=i_{S1}+i_{S1}$$

$$-\frac{1}{R_2}u_1+\left(\frac{1}{R_2}+\frac{1}{R_3}\right)u_2=i_{S3}-i_{S2}$$

分析上述节点方程，可知：节点①方程中的(G_1+G_2)是与节点①相连接的各支路的电导之和，称为节点①的自电导，用 G_{11} 表示。由于(G_1+G_2)取正值，故 $G_{11}=(G_1+G_2)$也取正值。

节点①方程中的$-G_2$ 是连接节点①和节点②之间支路的电导之和，称为节点①和节点②之间的互电导，用 G_{12} 表示。$G_{12}= -G_2$，故 G_{12} 取负值。

节点②方程中的(G_2+G_3)是与节点②相连接的各支路的电导之和，称为节点②的自电导，用 G_{22} 表示。由于(G_2+G_3)取正值，故 $G_{22}=(G_2+G_3)$也取正值。

节点②方程中的 G_2 是连接节点②和节点①之间各支路的电导之和，称为节点②和节点①之间的互电导，用 G_{21} 表示。$G_{12}=G_{21}$，故 G_{21} 取负值。

$i_{S1}+i_{S2}$ 是流向节点①的理想电流源电流的代数和，用 i_{S11} 表示。流入节点的电流取“+”，流出节点电流的取“–”。

$i_{S3}-i_{S2}$ 是流向节点②的理想电流源电流的代数和，用 i_{S22} 表示。i_{S3}、i_{S2} 前的符号取向同上。

根据以上分析，节点电压方程可以写成：

$$G_{11}u_1+G_{12}u_2=i_{S11}$$
$$G_{21}u_1+G_{22}u_2=i_{S22}$$

这是具有两个独立节点的电路的节点电压方程的一般形式。也可以将其推广到具有 n 个节点（独立节点为 n–1 个）的电路，具有 n 个节点的节点电压方程的一般形式为：

$$G_{11}u_1+G_{12}u_2+\ldots+G_{1(n-1)}u_{(n-1)}=i_{S11}$$
$$G_{21}u_1+G_{22}u_2+\ldots+G_{2(n-1)}u_{(n-1)}=i_{S22}$$
$$\vdots$$
$$G_{(n-1)1}u_1+G_{(n-1)2}u_2+\ldots+G_{(n-1)(n-1)}u_{(n-1)}=i_{S(n-1)(n-1)}$$

综合以上分析，采用节点电压法对电路进行求解，可以根据节点电压方程的一般形式直接写出电路的节点电压方程。其步骤归纳如下：

（1）指定电路中某一节点为参考点，标出各独立节点电位（符号）。

（2）按照节点电压方程的一般形式，根据实际电路直接列出各节点的电压方程。

列写第 K 个节点电压方程时，与 K 节点相连接的支路上电阻元件的电导之和（自电导）一律取“+”号；与 K 节点相关联支路的电阻元件的电导（互电导）一律取“–”号。流入 K 节点的理想电流源的电流取“+”号，流出的则取“–”号。

四、叠加定理

叠加定理指出：在线性电路中，当有多个电源作用时，电路中任何一个支路的电流（或电压）是电路中各个电源单独作用时在该支路上产生的电流（或电压）的代数和。当某一电源单独作用时，应将其他不作用的电源置为零，即电压源短路，将电流源开路。

例 2-6　如图 2-15（a）所示的电路，试用叠加定理计算电流 I 。

解题思路：

（1）计算电压源 U_{s1} 单独作用于电路时产生的电流 I'，如图 2-15（b）所示。

$$I'=\frac{U_{S1}}{R_1+\dfrac{R_2R_3}{R_2+R_3}}\times\frac{R_2}{R_2+R_3}$$

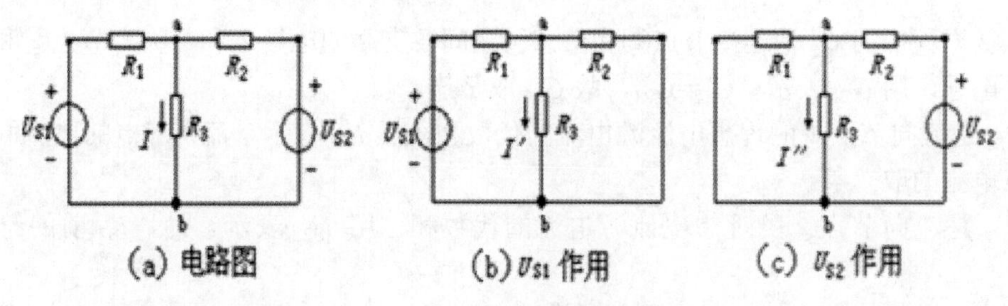

图 2-15　叠加原理例题用图

（2）计算电压源 U_{S2} 单独作用于电路时产生的电流 I''，如图 2-15（c）所示。

$$I''=\frac{U_{S2}}{R_2+\dfrac{R_1R_3}{R_1+R_3}}\times\frac{R_1}{R_1+R_3}$$

（3）由叠加定理，计算电压源 U_{S1}、U_{S2} 共同作用于电路时产生的电流 I 。

$$I=I'+I''=\frac{U_{S1}}{R_1+\dfrac{R_2R_3}{R_2+R_3}}\times\frac{R_2}{R_2+R_3}+\frac{U_{S2}}{R_2+\dfrac{R_1R_3}{R_1+R_3}}\times\frac{R_1}{R_1+R_3}$$

叠加定理分析电路的一般步骤如下：

（1）将复杂电路分解为含有一个（或几个）独立源单独（或共同）作用的分解电路。

（2）分析各分解电路，分别求得各电流或电压分量。

（3）叠加得最后结果。

用叠加定理分析电路时，应注意以下几点：

- 叠加定理仅适用于线性电路，不适用于非线性电路；仅适用于电压、电流的计算，不适用于功率的计算。
- 当某一独立源单独作用时，其他独立源的参数都应置为零，即电压源代之以短路，电流源代之以开路。
- 应用叠加定理求电压、电流时，应特别注意各分量的符号。若分量的参考方向与原电路中的参考方向一致，则该分量取正号；反之取负号。
- 叠加的方式是任意的，可以一次使一个独立源单独作用，也可以一次使几个独立源同时作用，方式的选择取决于对分析计算问题的简便与否。

五、戴维南定理

戴维南定理指出：对于任意一个线性有源二端网络（如图 2-16（a）所示），可用一个电压源及其内阻 R_s 的串联组合来代替（如图 2-16（b）所示）。电压源的电压为该网络 N 的开路电压 u_{oc}（如图 2-16（c）所示），内阻 R_s 等于该网络 N 中所有理想电源为零时从网络两端看进去的电阻（如图 2-16（d）所示）。

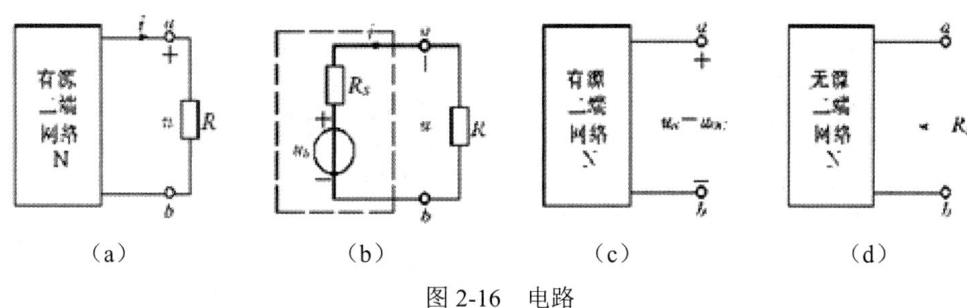

（a）　（b）　（c）　（d）

图 2-16　电路

网络 N 的开路电压 u_{oc} 的计算方法可根据网络 N 的实际情况适当地选用所学的电阻性网络分析的方法及电源等效变换、叠加原理等进行。

内阻 R_s 的计算，除了可用无源二端网络的等效变换方法求出其等效电阻，还可以采用以下两种方法：

- 开路/短路法。分别求出有源二端网络的开路电压 u_{oc} 和短路电流 i_{sc}，如图 2-16（a）和（b）所示，再根据戴维南等效电路求出入端电阻，如图 2-16（c）所示。

$$R_S = \frac{u_{oc}}{i_{sc}}$$

- 外加电源法。令网络 N 中所有理想电源为零，在所得到的无源二端网络两端之间外加一个电压源 u_S（或 i_S），如图 2-17（a）所示，求出电压源提供的电流 i_S（或电流源两端的电压 u_S），再根据图 2-17（b）求出入端电阻：

$$R_S = \frac{u_S}{i_S}$$

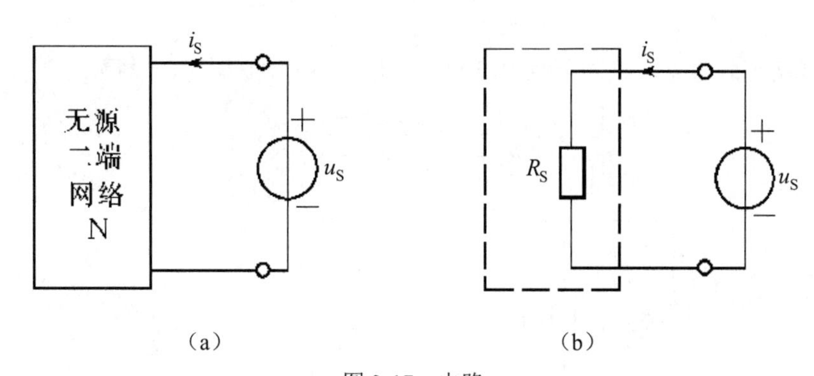

（a）　（b）

图 2-17　电路

例 2-7　用戴维南定理求图 2-18 所示电路中的电流 I。

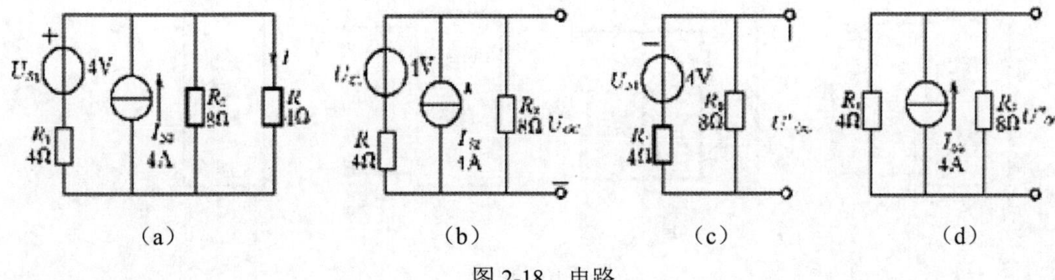

图 2-18　电路

解：（1）将待求支路电阻 R 作为负载断开，电路的剩余部分构成有源二端网络，如图 2-18（b）所示。

（2）求解网络的开路电压 U_{oc}。该例用叠加定理求解较为简便，电源单独作用时的电路如图 2-18（c）和（d）所示。

$$U'_{oc}=\frac{U_{S1}}{R_1+R_2}\times R_2=\frac{4}{4+8}\times 8=2.667\text{V}$$

$$U''_{oc}=\frac{R_1\times R_2}{R_1+R_2}\times I_{S2}=\frac{4\times 8}{4+8}\times 4=10.667\text{V}$$

得开路电压：

$$U_S=U_{oc}=U'_{oc}+U''_{oc}=2.667+10.667=13.334\text{V}$$

（3）求等效电压源内阻 R_s。将图 2-18（b）电路中的电压源短路、电流源开路，得到如图 2-19（a）所示的无源二端网络，其等效电阻为：

$$R_S=\frac{R_1\times R_2}{R_1+R_2}=\frac{4\times 8}{4+8}=2.667\Omega$$

画出戴维南等效电路，接入负载 R 支路，如图 2-19（b）所示，求得：

$$I=\frac{U_S}{R_S+R}=\frac{13.334}{2.667+4}=2\text{A}$$

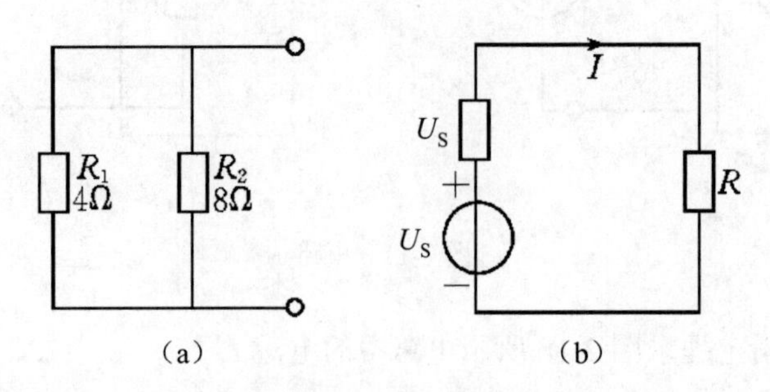

图 2-19　电路

六、电阻的 Y↔△变换

3 个电阻的一端汇集于一个电路节点，另一端分别连接于 3 个不同的电路端钮上，这样构成的电路称为电阻的 Y 型网络，如图 2-20（a）所示；如果 3 个电阻连接成一个闭环，由 3 个连接点分别引出 3 个接线端钮所构成的电路称为电阻电路的△型网络，如图 2-20（b）所示。

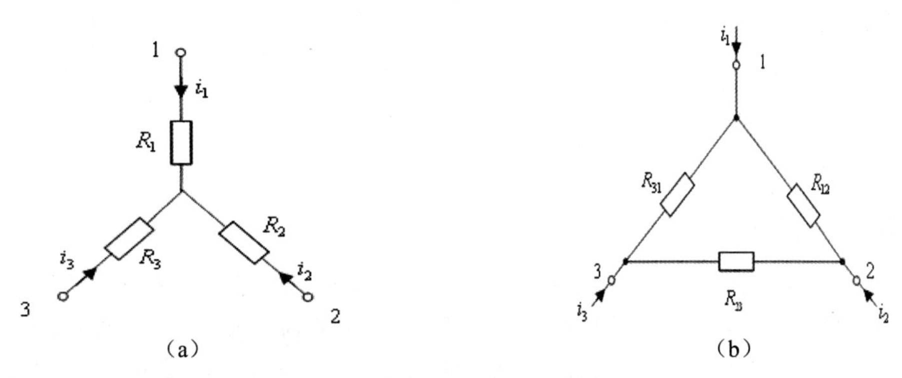

图 2-20 电阻 Y 型和△型连接

这两个电路之间可以互相等效，具体的推导过程不再给出，这里只给出结论。当一个 Y 型电阻网络等效变换为△型网络时：

$$R_{12}=\frac{R_1R_2+R_2R_3+R_3R_1}{R_3}$$

$$R_{23}=\frac{R_1R_2+R_2R_3+R_3R_1}{R_1}$$

$$R_{31}=\frac{R_1R_2+R_2R_3+R_3R_1}{R_2}$$

当一个△型网络变换为 Y 型电阻网络时：

$$R_1=\frac{R_{12}R_{31}}{R_{12}+R_{23}+R_{31}}$$

$$R_2=\frac{R_{23}R_{12}}{R_{12}+R_{23}+R_{31}}$$

$$R_3=\frac{R_{31}R_{23}}{R_{12}+R_{23}+R_{31}}$$

例 2-8 求图 2-21 所示电桥电路中的电流 I。

解：利用 $Y-\Delta$ 等效变换公式可得最后等效电路如图 2-21（c）所示，则：

$$I=\frac{10}{3.5\,||\,5.5+0.25}\times\frac{3.5}{3.5+5.5}=\frac{70}{43}\text{A}$$

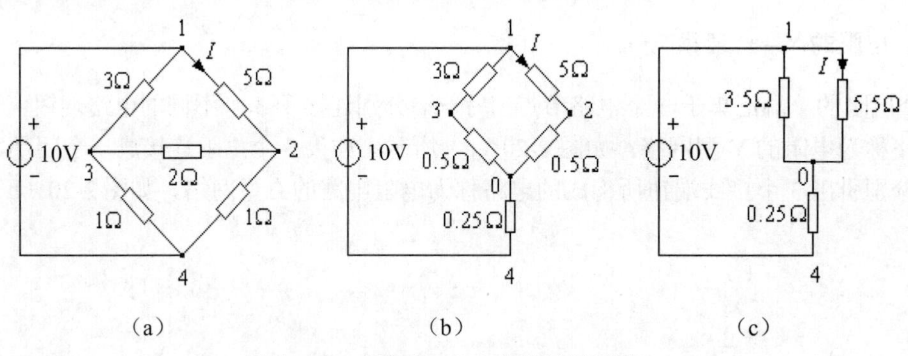

图 2-21 电阻的 Y↔△变换例题用图

【任务实施】

如图 2-21(a)所示的电路叫做电桥电路。图中 3Ω、5Ω、1Ω、1Ω 电阻联成一四边形“1234”，每条边称为电桥的一个桥臂，在四边形对角 1 和 4 之间有直流电源 E，好比河上架桥，可以说电桥的“桥”就是指 2→3 这条对角线。电桥电路是一种用途很广的复杂电路，特别是在测量仪表中，电桥电路是最常见的电路之一。

下面用我们学过的电路分析方法分析电桥电路。

利用电阻的 Y↔△变换方法分析：电阻的 Y↔△变换如例 2-8 所述，这种方法的关键在于要掌握电阻的变换公式，即 Y↔△变换电阻的对应关系，并且哪个电阻和哪个电阻相对应，解题过程中思路要清晰。

下面分别用支路电流法、网孔电流法、节点电位法分析电桥电路。

我们把图 2-21（a）所示电桥电路画成图 2-22（a）所示电路图，此时 AC 之间接了 28V 电源，四个桥臂分别为 AB、BC、CD、DA，BD 为“桥”。

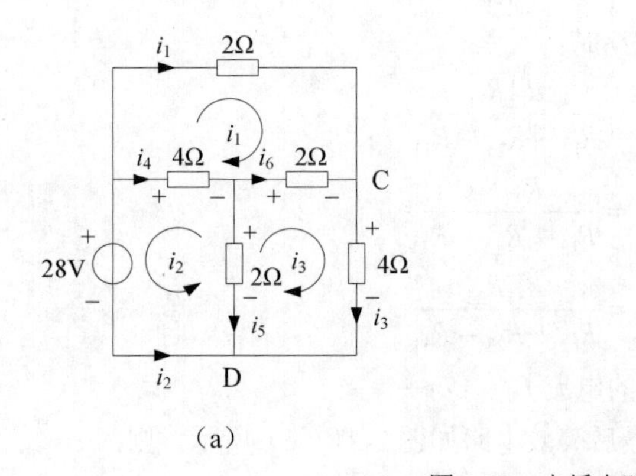

i_1 2Ω III A i_4 4Ω i_6 2Ω B C 28V 2Ω 4Ω I II i_5 i_3 i_2 D

(b)

图 2-22 电桥电路

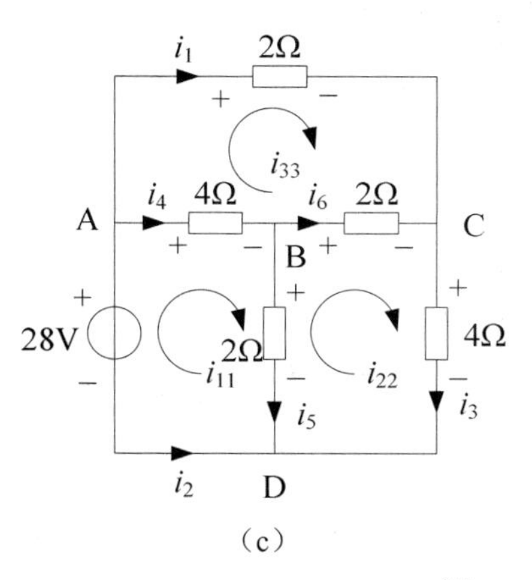

（c）

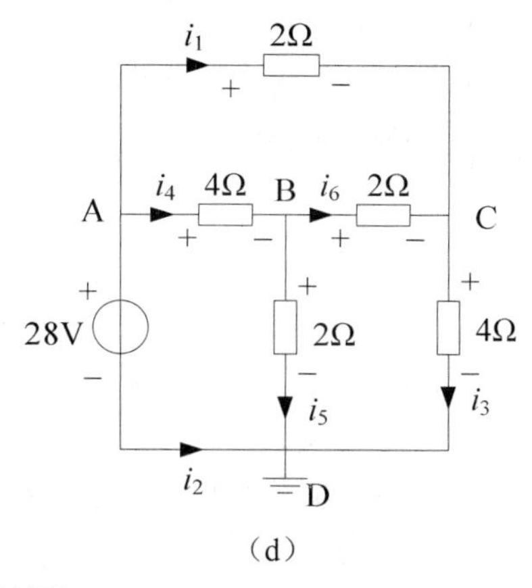

（d）

图 2-22　电桥电路（续图）

分析：（1）支路电流法。

如图 2-22（b）所示，因为此电路有 4 个节点、3 个网孔，可列写任意 3 个节点的电流方程和 3 个网孔电压方程：

$$\begin{cases} i_1 + i_2 + i_4 = 0 & \text{节点A} \\ i_6 + i_5 = i_4 & \text{节点B} \\ i_1 + i_6 = i_3 & \text{节点C} \\ 4i_4 + 2i_6 = 28 & \text{网孔I} \\ 2i_6 + 4i_3 = 2i_5 & \text{网孔II} \\ 4i_4 + 2i_6 = 2i_1 & \text{网孔III} \end{cases}$$

（2）网孔电流法。

标出电路图参考方向，如图 2-22（c）所示。

$$\text{方程 1}\begin{cases} i_1 = i_{33} \\ i_2 = -i_{11} \\ i_3 = i_{22} \\ i_4 = i_{11} - i_{33} \\ i_5 = i_{11} - i_{22} \\ i_6 = i_{22} - i_{33} \end{cases}$$

$$\text{方程 2}\begin{cases} i_{11}R_{11} + i_{22}R_{12} + i_{33}R_{13} = U_{S11} \\ i_{11}R_{21} + i_{22}R_{22} + i_{33}R_{23} = U_{S22} \\ i_{11}R_{31} + i_{22}R_{32} + i_{33}R_{33} = U_{S33} \end{cases}$$

因为 $R_{11} = 4 + 2 = 6\Omega$　$R_{12} = -2\Omega$　$R_{13} = -4\Omega$　$U_{S11} = 28\text{V}$

$R_{21}=-2\Omega \quad R_{22}=4+2+2=8\Omega \quad R_{23}=-2\Omega \quad U_{S22}=0V$

$R_{31}=-4\Omega \quad R_{32}=-2\Omega \quad R_{33}=4+2+2=8\Omega \quad U_{S33}=0V$

所以此电路的网孔电压方程为：

$$\begin{cases} i_{11}6+i_{22}(-2)+i_{33}(-4)=28 \\ i_{11}(-2)+i_{22}8+i_{33}(-2)=0 \\ i_{11}(-4)+i_{22}(-2)+i_{33}8=0 \end{cases}$$

求出 i_{11}、i_{22}、i_{33}，代入方程 1 即可求得 i_1、i_2、i_3、i_4、i_5、i_6。

（3）节点电位法。

将电路图中的 D 点接地，如图 2-22（d）所示。

$$\text{方程 1}\begin{cases} i_1=\dfrac{U_A-U_C}{2} \\ i_3=\dfrac{U_C}{4} \\ i_4=\dfrac{U_A-U_B}{2} \\ i_5=\dfrac{U_B}{2} \\ i_6=\dfrac{U_B-U_C}{2} \\ i_2=-(i_5+i_S) \end{cases}$$

方程 2　节点电位方程：

$$\begin{cases} U_A=20V \\ G_{21}U_A+G_{22}U_B+G_{23}U_C=0 \\ G_{31}U_A+G_{32}U_B+G_{33}U_C=0 \end{cases}$$

$$\text{其中：}\begin{cases} G_{21}=-\dfrac{1}{4}S \\ G_{22}=\left(\dfrac{1}{4}+\dfrac{1}{2}+\dfrac{1}{2}\right)S \\ G_{23}=-\dfrac{1}{2}S \\ G_{32}=-\dfrac{1}{2}S \\ G_{33}=\left(\dfrac{1}{4}+\dfrac{1}{2}+\dfrac{1}{2}\right)S \\ G_{31}=-\dfrac{1}{2}S \end{cases}$$

则：$\begin{cases} U_A = 20\text{V} \\ -\frac{1}{4}U_A + \frac{5}{4}U_B - \frac{1}{2}U_C = 0 \\ -\frac{1}{2}U_A - \frac{1}{2}U_B + \frac{5}{4}U_C = 0 \end{cases}$

求出 U_A、U_B、U_C，代入方程 1 即可求出 i_1、i_2、i_3、i_4、i_5、i_6。

按以上三种方法求解得：

$$\begin{cases} i_1 = 6\text{A} \\ i_2 = -10\text{A} \\ i_3 = 4\text{A} \\ i_4 = 4\text{A} \\ i_5 = 6\text{A} \\ i_6 = -2\text{A} \end{cases}$$

比较以上三种解法，网孔电流法和节点电位法方程数较少、运算量小，但不易列方程；支路电流法易列方程，但不易求解。

任务三　惠更斯电桥的原理与使用

【任务描述】

电桥广泛应用于工程技术中的测量，惠更斯电桥属直流平衡单臂电桥，它是学习掌握电桥原理和使用的基础。

【任务分析】

什么是惠更斯电桥？惠更斯电桥是用来做什么的？本任务我们将学习惠更斯电桥的原理以及用惠更斯电桥测电阻的具体操作。

【任务目标】

- 掌握电桥的构造。
- 掌握惠更斯电桥测电阻的原理。
- 掌握惠更斯电桥测电阻的方法。

【相关知识】

一、电桥测电阻原理

电桥广泛应用于工程技术中的测量。电桥从结构来分，有单臂电桥和双臂电桥；从指示状态来分，有平衡电桥和不平衡电桥；从使用电源性质来分，有直流电桥和交流电桥。

惠更斯电桥属直流平衡单臂电桥，它是学习掌握电桥原理和使用的基础。

图 2-23 中 R_1、R_2、R_0、R_x 联成一个四边形，每条边称为电桥的一个桥臂，在四边形对角 A 和 B 之间有直流电源 E，称之为电源对角线；在另一组对角线之间接上检流计 G，称之为测量对角线。好比河上架桥，可以说电桥的“桥”就是指这条测量对角线，其作用是对“桥”的两端 C 和 D 的电位进行比较。

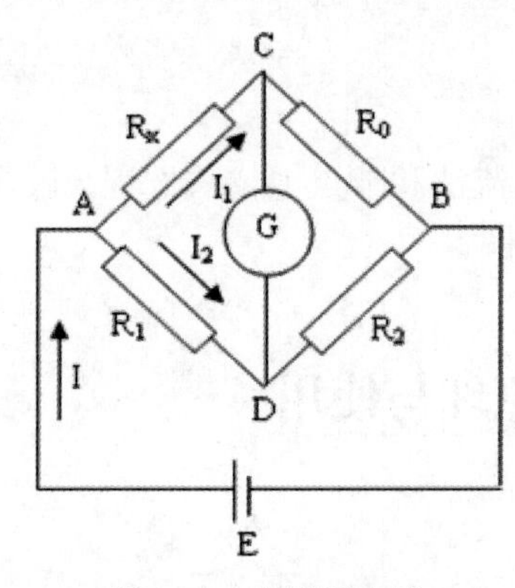

图 2-23 惠更斯电桥

在测量过程中调节 R_1、R_2、R_0 使检流计中没有电流通过，即“桥”的两端 C 和 D 两点电位相等，这时称为桥平衡。此时，显然 $R_0/R_2=R_x/R_1$，即在盒式惠更斯电桥中 R_0/R_2 是一些固定的比率，如 0.01、0.1、1、10 等，称其为比率臂；R_1 则是用来与 R_x 进行比较的电阻，故称其为比较臂，所用电桥法测电阻实际上是用比较法进行测量。惠更斯电桥测量的电阻范围一般为 $1\sim10^6\Omega$，在确保检流计灵敏度的情况下，仪器的准确度与直流电源电压有关，与测量电阻阻值范围有关。

二、电桥的灵敏度

我们会发现在电桥平衡后，若微小改变被测电阻值，检流计的指针并不发生偏转，显然这时它没有反映被测电阻的这一改变，那么改变多大的阻值时它才能反映呢？这与具体的电桥有关，为了定量地确定电桥灵敏程度，我们引用灵敏度的概念，用 S 来表示，其定义为：

$$S=\frac{\Delta n}{\Delta R_x/R_x}=\frac{\Delta n}{\Delta R/R}$$

式中 Δn 为 R_x 发生变化时检流计偏转的格数。由于$(\Delta R_x/R_x)$或 $\Delta R/R$ 为相对改变的值，故上式又有相对灵敏度之称。S 越大，说明电桥越灵敏，误差越小，如 S=100，则电桥平衡后如果 R_x 的值改变 1%，检流计就会有 1 格偏转。一般来说，检流计指针偏转 1/10 格时就可以被觉察，也就是说，此灵敏度的电桥，在它平衡后，n 值只要改变 0.1 格，我们就能够觉察出来，这样由于电桥灵敏度的限制所导致的误差肯定不会大于 0.1 格，这也正是我们测定电桥灵敏度的目的。

三、电桥的分类

电桥分为两类：模拟式电桥和数字式电桥，如图 2-24 和图 2-25 所示。

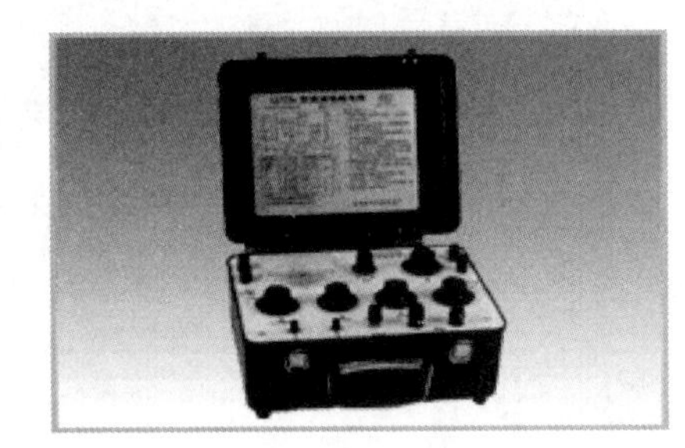

图 2-24　模拟式电桥

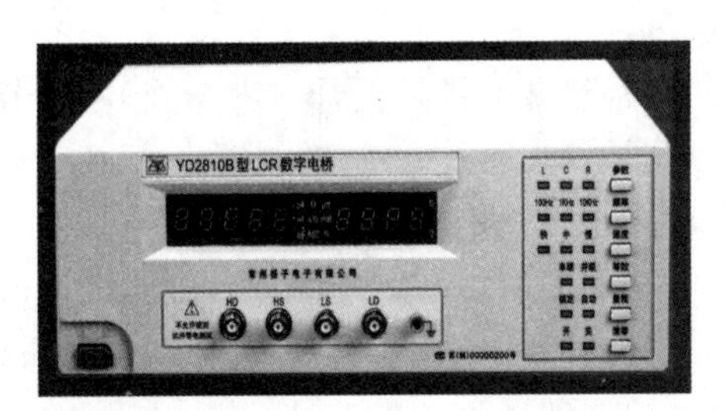

图 2-25　数字式电桥

四、QJ23 型直流单臂电桥的使用

1. 构造

QJ23 型直流单臂电桥构成如图 2-26 所示。

比率臂：有 7 个挡，即×0.001、×0.01、×0.1、×1、×10、×100 和×1000。

比较臂：4 个挡位，每个转盘由 9 个完全相同的电阻组成，分别构成可调电阻的个位、十位、百位和千位，总电阻从 0 到 9999Ω 变化，所以电桥的测量范围为 1～9999000Ω。

检流计 G（调零）：根据指针偏转调节电桥平衡。

按钮：电源按钮 B（可以锁定）、检流计按扭 G（点接）。

接线端子 R_x：用于接被测电阻。

内、外接线柱：内接——锁检流计指针，外接——可以测量。

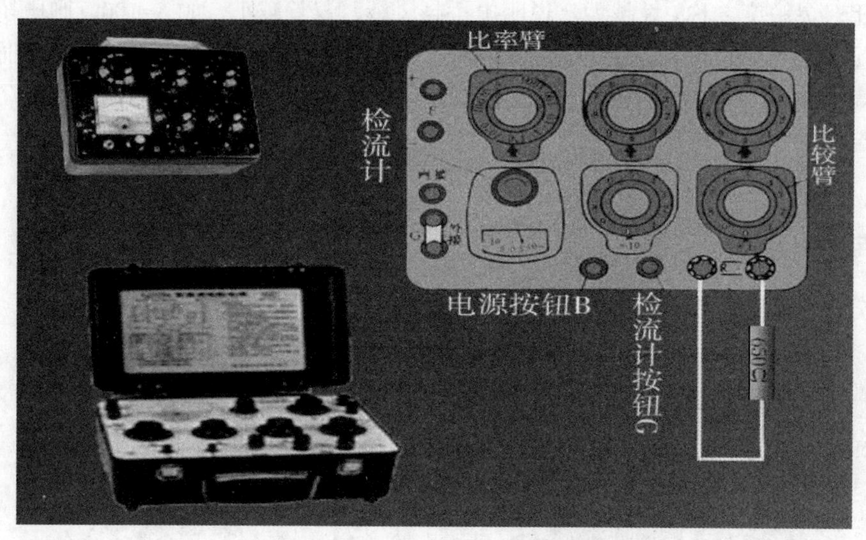

图 2-26　QJ23 型直流单臂电桥

2. 测量原理

被测电阻=比率臂×比较臂

3. 使用方法

（1）将检流计的锁扣打开（内→外），调节调零器把指针调到零位。

（2）把被测电阻接在 R_x 的位置上。

要求用较粗较短的连接导线，并将漆膜刮净。接头拧紧，避免采用线夹。因为接头接触不良将使电桥的平衡不稳定，严重时可能损坏检流计。

（3）估计被测电阻的大小，选择适当的桥臂比率，使比较臂的 4 挡都能被充分利用。这样容易把电桥调到平衡，并能保证测量结果的 4 位有效数字。

（4）先按下电源按钮 B（锁定），再按下检流计的按钮 G（点接）。

（5）调整比较臂电阻使检流计指向零位，电桥平衡。若指针指“+”，则需要增加比较臂电阻；若指针指向“-”，则需要减小比较臂电阻。

（6）读取数据：比较臂×比率臂=被测电阻

（7）测量完毕，先断开检流计按钮，再断开电源按钮，然后拆除被测电阻，再将检流计锁扣锁上，以防搬动过程中损坏检流计。

（8）发现电池电压不足时应更换，否则将影响电桥的灵敏度。

【任务实施】

（1）带领学生到实训室观察电桥的具体构造，查看产品的说明书，理解内部电路。

（2）在熟悉了具体操作规程后利用惠更斯电桥测量给定电阻的阻值。

【项目总结】

（1）掌握基尔霍夫定律及其应用。
（2）掌握电桥电路的基本使用方法。
（3）掌握惠更斯电桥的原理与具体使用方法。

【项目训练】

通过本项目的学习回答以下问题：
（1）求图 2-27 所示各电路中的未知电流。

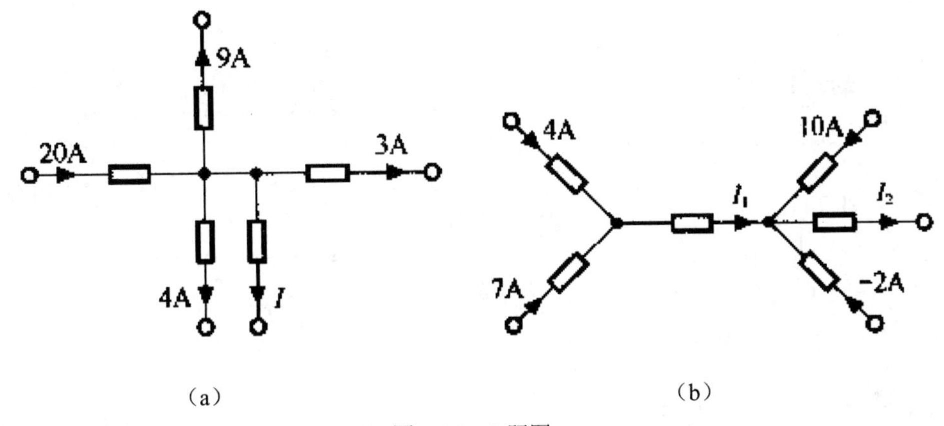

图 2-27　1 题图

（2）求图 2-28 所示电路中的 U_1、U_2、U_3。

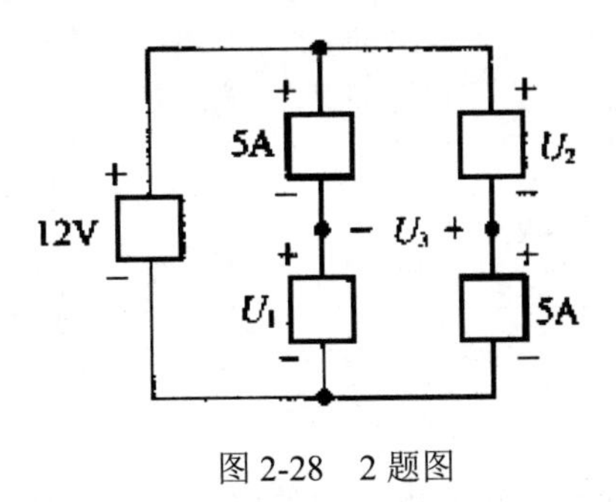

图 2-28　2 题图

（3）求图 2-29 所示电路中的 i_1 和 U_{ad}。

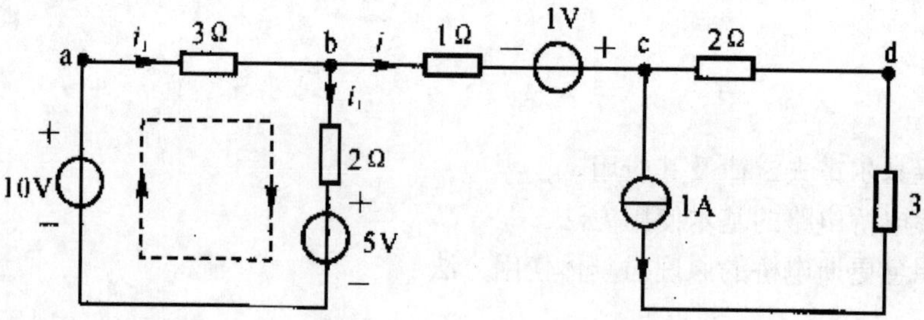

图 2-29　3 题图

（4）电路如图 2-30 所示，求 a 点电位。

（5）试用节点分析法求图 2-31 所示电路中的电流 I_1 和 I_2。

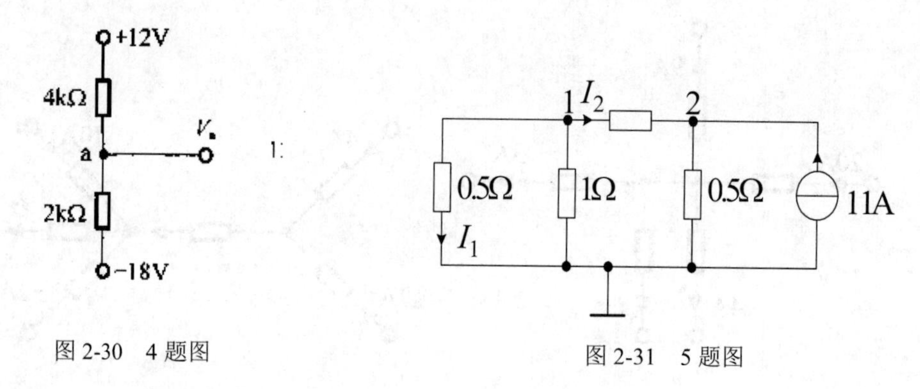

图 2-30　4 题图

图 2-31　5 题图

（6）图 2-32 所示的电路中，欲使 $\dfrac{P_1}{P_2}=2$，试求 U_S 值。P_1、P_2 分别为 R_1、R_2 的功率，已知 $R_1=R_3=2\Omega$，$R_2=1\Omega$。

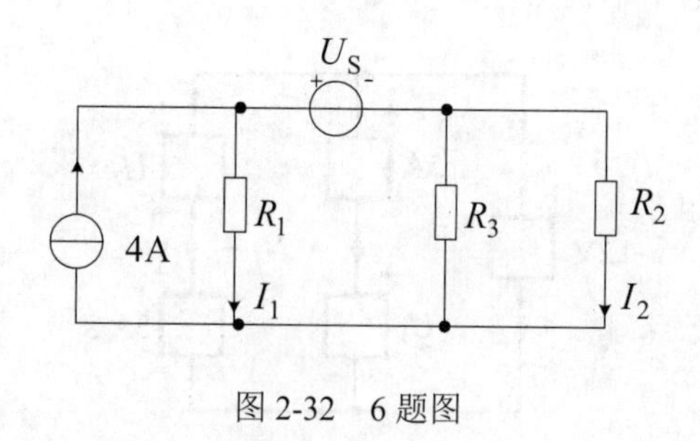

图 2-32　6 题图

（7）试用戴维南定理求图 2-33 所示电路中的电压 U。

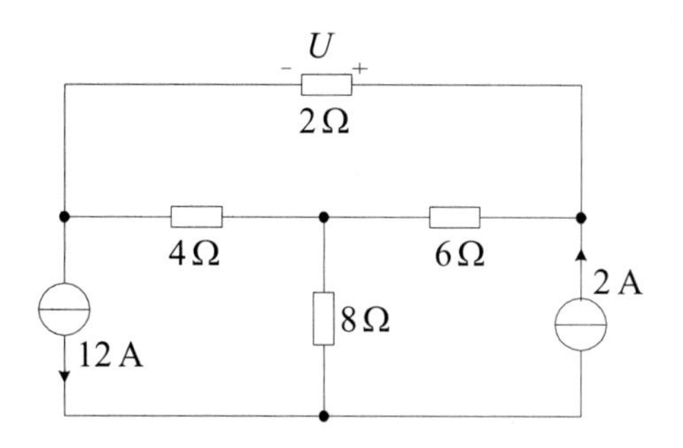

图 2-33　7 题图

（8）根据说明书上电桥的内部电路理解惠更斯电桥测量电阻阻值的原理。

（9）根据灵敏度定义测量惠更斯电桥的灵敏度。

3

安全用电及触电急救

【项目导读】

安全用电包括供电系统的安全、用电设备的安全和人身安全三个方面，它们之间又是紧密联系的。供电系统的故障可能导致用电设备的损坏或人身伤亡事故，而用电事故也可能导致局部或大范围停电，甚至造成严重的社会灾难。

本项目将学习安全用电基本常识及触电急救的方法与技巧。

任务一 安全用电基本知识

【任务描述】

某年 3 月 28 日下午，某厂运输车间运水泥构件，不慎将汽车的扒杆升到距 10 千伏高压线约 100 毫米处，因为承重摆动扒杆而碰触高压线，致使扶钢丝绳的汽车司机触电死亡。由于该吊运作业违反了“在 10 千伏高压线下作业，安全间距不应小于 2 米”的规定，因而导致悲剧的发生。那么电工在操作过程中应具备哪些安全用电常识呢？

【任务分析】

在用电过程中，如果稍有麻痹或疏忽，就可能造成严重的人身触电事故或者引起火灾或爆炸，给国家和人民带来极大的损失。因此，要求我们必须特别注意电气安全，掌握电工安全操作知识，熟悉绝缘安全用具的使用。

【任务目标】

- 了解安全电压。
- 了解安全距离。
- 熟悉绝缘安全用具的使用。
- 掌握电工安全操作规程，熟悉保证安全的技术措施。

【相关知识】

一、安全电压

交流工频安全电压的上限值，在任何情况下，两导体间或任一导体与地之间都不得超过50V。我国的安全电压的额定值为 42V、36V、24V、12V、6V。如手提照明灯、危险环境的携带式电动工具，应采用 36V 安全电压；金属容器内、隧道内、矿井内等工作场合，狭窄、行动不便及周围有大面积接地导体的环境，应采用 24V 或 12V 安全电压，以防止因触电而造成的人身伤害。

二、安全距离

为了保证电气工作人员在电气设备运行操作、维护检修时不致误碰带电体，规定了工作人员离带电体的安全距离；为了保证电气设备在正常运行时不会出现击穿短路事故，规定了带电体离附近接地物体和不同相带电体之间的最小距离。安全距离主要有以下几个方面：

- 设备带电部分到接地部分和设备不同相部分之间的距离，如表 3-1 所示。
- 设备带电部分到各种遮栏间的安全距离，如表 3-2 所示。
- 无遮栏裸导体到地面间的安全距离，如表 3-3 所示。
- 电气工作人员在设备维修时与设备带电部分间的安全距离，如表 3-4 所示。

电力工作人员监视吊车防止触及高压线情景图如图 3-1 所示。

图 3-1　电力工作人员监视吊车防止触及高压线

表 3-1　各种不同电压等级的安全距离

设备额定电压（kV）		1～3	6	10	35	60	110[①]	220[①]	330[①]	500[①]
带电部分到接地部分（mm）	屋内	75	100	125	300	550	850	1800	2600	3800
	屋外	200	200	200	400	650	900	1800	2600	3800
不同相带电部分之间	屋内	75	100	125	300	550	900	—	—	—
	屋外	200	200	200	400	650	1000	2000	2800	4200

表 3-2　设备带电部分到各种遮栏间的安全距离

设备额定电压（kV）		1～3	6	10	35	60	110[①]	220[①]	330[①]	500[①]
带电部分到遮栏（mm）	屋内	825	850	875	1050	1300	1600	—	—	—
	屋外	950	950	950	1150	1350	1650	2550	3350	4500
带电部分到网状遮栏（mm）	屋内	175	200	225	400	650	950	—	—	—
	屋外	300	300	300	500	700	1000	1900	2700	5000
带电部分到板状遮栏（mm）	屋内	105	130	155	330	580	880	—	—	—

表 3-3　无遮栏裸导体到地面间的安全距离

设备额定电压（kV）		1～3	6	10	35	60	110[①]	220[①]	330[①]	500[①]
无遮栏裸导体到地面间的安全距离（mm）	屋内	2375	2400	2425	2600	2850	3150	—	—	—
	屋外	2700	2700	2700	2900	3100	3400	4300	5100	7500

① 中性点直接接地系统。

表 3-4　工作人员与带电设备间的安全距离

设备额定电压（kV）	10 及以下	20～35	44	60	110	220	330
设备不停电时的安全距离（mm）	700	1000	1200	1500	1500	3000	4000
工作人员工作时正常活动范围与带电设备的安全距离（mm）	350	600	900	1500	1500	3000	4000
带电作业时人体与带电体之间的安全距离（mm）	400	600	600	700	1000	1800	2600

三、绝缘安全用具的使用

如果人体与带电体安全距离不够，我们如何加以防护呢？

绝缘安全用具是保证作业人员安全操作带电体及人体与带电体安全距离不够时所采取的绝缘防护工具。绝缘安全用具按使用功能可分为两类：绝缘操作用具和绝缘防护用具。

1. 绝缘操作用具

绝缘操作用具主要用来进行带电操作、测量和其他需要直接接触电气设备的特定工作。

常用的绝缘操作用具一般有绝缘操作杆、绝缘夹钳等，如图 3-2 和图 3-3 所示，这些操作用具均由绝缘材料制成。正确使用绝缘操作用具应注意以下两点：

- 绝缘操作用具本身必须具备合格的绝缘性能和机械强度。
- 只能在和其绝缘性能相适应的电气设备上使用。

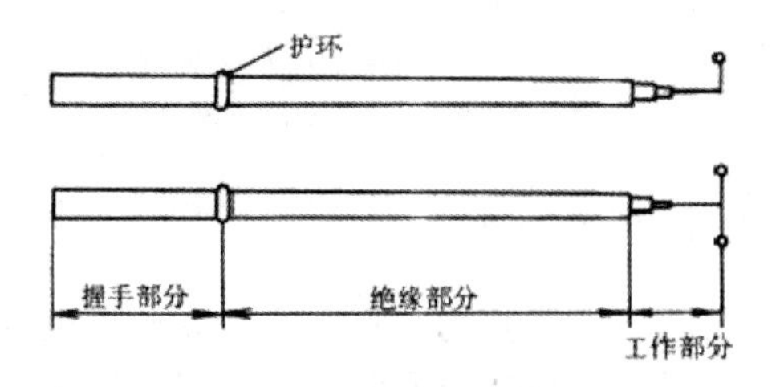

图 3-2　绝缘操作杆

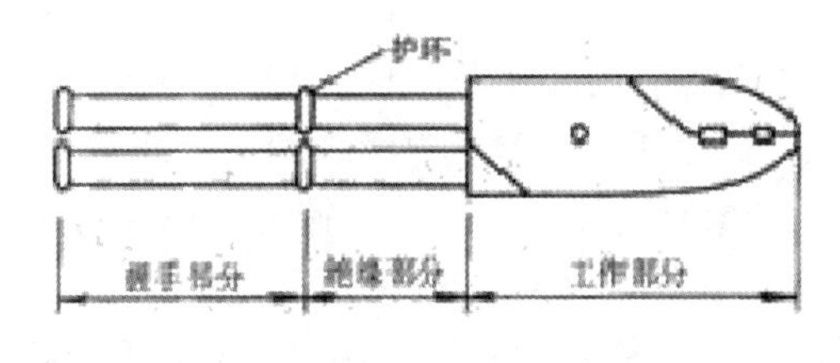

图 3-3　绝缘夹钳

2. 绝缘防护用具

作用：绝缘防护用具对可能发生的有关电气伤害起到防护作用。

防护范围：主要用于对泄漏电流、接触电压、跨步电压和其他接近电气设备存在的危险等进行防护。

常用的绝缘防护用具：绝缘手套、绝缘靴、绝缘隔板、绝缘垫、绝缘站台等，如图 3-4 所示。

（a）绝缘手套　（b）绝缘靴　（c）绝缘垫　（d）绝缘站台

图 3-4　绝缘防护用具

当绝缘防护用具的绝缘强度足以承受设备的运行电压时，才可以用来直接接触运行的电气设备，一般不直接接触及带电设备。使用绝缘防护用具时，必须做到使用合格的绝缘用具并掌握正确的使用方法。

四、电工安全操作规程

（1）工作前必须检查工具、测量仪表和防护用具是否完好。

（2）任何电气设备内部未经验明无电时，一律视为有电，不准用手触及。

（3）不准在设备运转时拆卸修理电气设备，必须在停车、切断设备电源、取下熔断器、挂上“禁止合闸，有人工作”的警示牌并验明无电后，才可以进行工作。

（4）在总配电盘及母线上进行工作时，在验明无电后应挂临时接地线，装拆接地线都必须由值班电工进行。

（5）临时工作中断后或每班开始工作前，都必须重新检查电源确已断开并验明无电。

（6）每次维修结束时，必须清点所带工具和零件，以防遗失和留在设备内而造成事故。

（7）由专门检修人员修理电气设备时，值班电工必须进行登记，完工后要做好交待，共同检查，然后才可送电。

（8）必须在低压配电设备上带电进行工作时，要经过领导批准，并要有专人监护。工作时要戴工作帽，穿长袖衣服，戴绝缘手套，使用绝缘的工具并站在绝缘物上进行操作，相邻带电部分和接地金属部分应用绝缘板隔开，严禁使用锉刀、钢尺等进行工作。

（9）禁止带负载操作动力配电箱中的刀开关。

（10）带电装卸熔断器时，要戴防护眼镜和绝缘手套，必要时要使用绝缘夹钳，站在绝缘垫上操作。

（11）熔断器的容量要与设备和线路的安装容量相适应。

（12）电气设备的金属外壳必须接地（接零），接地线要符合标准，不准断开带电设备的外壳接地线。

（13）拆除电气设备或线路后，对可能继续供电的线头必须立即用绝缘布包扎好。

（14）安装灯头时，开关必须接在相线上，灯头（座）螺纹端必须接在零线上。

（15）对临时装设的电气设备，必须将金属外壳接地。严禁将电动工具的外壳接地线和工作零线拧在一起插入插座。必须使用两线带地或三线带地插座，或者将外壳接地线单独接到接地干线上，以防接触不良时引起外壳带电。用橡胶软电缆接移动设备时，专供保护接零的芯线中不允许有工作电流通过。

（16）动力配电盘、配电箱、开关、变压器等各种电气设备附近不准堆放各种易燃、易爆、潮湿和其他影响操作的物件。

（17）使用梯子时，梯子与地面之间的角度以60°左右为宜。在水泥地面上使用梯子时，要有防滑措施。对没有搭钩的梯子，在工作中要有人扶持。使用人字梯时拉绳必须牢固。

（18）使用喷灯时，油量不得超过容器容积的3/4，打气要适当，不得使用漏油、漏气的喷灯。不准在易燃易爆物品附近点燃喷灯。

（19）使用I类电动工具时，要戴绝缘手套并站在绝缘垫上工作。最好加设漏电保护断路器或安全隔离变压器。

（20）电气设备发生火灾时，要立刻切断电源并使用1211灭火器或二氧化碳灭火器灭火，严禁用水或泡沫灭火器。

五、保证安全的技术措施

在全部停电或部分停电的电气设备上工作，必须完成停电、验电、装设接地线、悬挂标示牌和装设遮栏后方能开始工作，上述安全措施由值班员实施，无值班员的电气设备，由断开电源人执行，并应有监护人在场。

1. 停电

停电的基本要求是将需要检修的设备或线路可靠地脱离电源，把各方向可能来电的电源都要断开。其次，工作人员在工作时的正常活动范围与邻近带电设备的安全距离小于规程规定时（10kV及以下，无遮栏为0.7m，有遮栏为0.35m），该邻近的带电设备也必须同时停电。

2. 验电

验电时，必须用电压等级合适而且合格的验电器，在检修设备的进出线两侧分别验电。验电前，应只在有电设备上进行试验，以确认验电器良好；如果在木杆、木梯或木架上验电，不接地线不能指示者，可在验电器上接地线，但必须经值班负责人许可。高压验电必须戴绝缘手套。35kV以上的电气设备，在没有专用验电器的特殊情况下，可以使用绝缘棒代替验电器，根据绝缘棒端有无火花和放电声来判断有无电压。

3. 装设接地线

当验明确无电压后，应立即将检修设备三相短路并接地，目的是防止工作地点突然来电以及泄放停电设备或线路的剩余电荷及可能产生的感应电荷，从而确保工作人员的安全。

4. 悬挂标示牌和装设遮栏

在工作地点、施工设备和一经合闸即可送电到工作地点或施工设备的开关和刀闸的操作把手上均应悬挂“禁止合闸，线路上有人工作!”的标示牌。标示牌的悬挂和拆除应按调度员的命令执行。

严禁工作人员在工作中移动或拆除遮栏、接地线和标示牌。

【任务实施】

（1）学生分组现场尝试电工作业防护用品的使用，如穿戴绝缘衣、绝缘手套，使用绝缘胶等，教师现场指导。

（2）学生分组，熟悉绝缘操作用具（绝缘操作杆、绝缘夹钳等）的使用。

（3）学生分组，采用相互提问或抢答、找错误等方式，牢固掌握电工安全操作知识。

（4）仔细观察图3-5所示的图片，哪些操作是规范的？哪些操作是不规范的？说明原因。

图 3-5　操作图

任务二　触电与急救

【任务描述】

随着家用和工业用电气设备的种类与数量的不断增加，触电事故近年来不断增加。如何预防触电事故的发生？触电的种类和方式有哪些？如果发生了触电事故，又应该采取怎样及时有效的措施来进行现场施救呢？

【任务分析】

在用电过程中，如果稍有麻痹或疏忽就可能造成严重的人身触电事故，或者引起火灾或爆炸，给国家和人民带来极大的损失。为防止触电事故的发生，必须了解在哪些情况下可能触电、触电的方式有哪些，同时掌握触电急救的方法和技巧。

【任务目标】

- 了解电流对人体的伤害。
- 了解触电的原因和方式。
- 掌握触电急救的方法和技巧。

【相关知识】

一、电流对人体的伤害

由于不慎触及带电体，电流通过人体产生触电事故，人体受到电击伤害，其内部器官组织受到损伤。如果受害者不能迅速摆脱带电体，则会造成死亡事故。

根据大量触电事故资料分析和实验，证实电击所引起的伤害程度与以下因素有关：

- 人体电阻的大小。人体的电阻越大，通过的电流越小，伤害程度也就越轻。根据研究结果，当皮肤有完好的角质外层并且很干燥时，人体电阻为10～100kΩ；当角质外层破损或出汗时，则降到800～1000Ω，此时若触及40V的电压，对人体已是很危险的了。
- 电流通过时间的长短。电流通过人体的时间越长，则伤害越严重。
- 电流的大小。如果通过人体的电流在0.05A以上时，就有生命危险。一般接触36V以下的电压时，通过人体的电流不至于超过0.05A，故把36V的电压作为安全电压。在潮湿的场所，安全电压规定为24V和12V。

此外，电击后的伤害程度还与电流通过人体的路径以及与带电体接触的面积和压力等有关。皮肤和带电物体的接触面积越大、压得越紧，则电阻越小，电击伤害越大。一般认为，电流通过心脏危险性最大，两手之间或从左手到左脚之间的触电，电流都可能通过心脏。因此，在维修带电的电气设备时，除使用安全用具外，还应尽可能单手操作，万一触电可减轻伤害的程度。

二、触电的原因与方式

从电流对人体的伤害中可以看出，必须安全用电，并且应该以预防为主。为了最大限度地减少触电事故的发生，应从实际出发分析触电的原因与形式，并针对不同情况提出预防措施。

1. 触电的原因

不同的场合，引起触电的原因也不一样，触电原因可以归纳为以下几类：

（1）线路架设不符合规格，采用一线一地制的违章线路架设，当接地零线被拔出、线路发生短路或接地桩接地不良时，均会引起触电；室内导线破旧、绝缘损坏或敷设不合规格，容易造成触电或碰线短路引起火灾；无线电设备的天线、广播线、通信线与电力线距离过近或同杆架设，如遇断线或碰线时电力线电压传到这些设备上引起触电；电气修理工作台布线不合理，绝缘线被电烙铁烫坏引起触电等。

（2）用电设备不符合要求，电烙铁、电熨斗、电风扇等家用电器绝缘损坏、漏电及其外壳无保护接地线或保护接地线接触不良；开关、插座的外壳破损或相线绝缘老化，失去保护作用；照明电路或家用电器由于接线错误致使灯具或机壳带电引起触电等。

（3）电工操作制度不严格、不健全、带电操作、冒险修理或盲目修理，且未采取切实的安全措施，均会引起触电；停电检修电路时，刀开关上未挂“警告牌”，其他人员误合刀开关造成触电；使用不合格的安全工具进行操作，如用竹竿代替高压绝缘棒、用普通胶鞋代替绝缘靴等，也容易造成触电。

（4）用电不谨慎，违反布线规程，在室内乱拉电线，在使用中不慎造成触电；换熔丝时，随意加大规格或任意用钢丝代替铅锡合金丝，失去保险作用，引起触电；未切断电源就去移动灯具或家用电器，如果电器漏电就会造成触电；用水冲刷电线和电器或用湿布擦拭，引起绝缘性能降低而漏电，也容易造成触电。

2. 触电的方式

为了确保安全用电，必须了解在哪些情况下可以触电，触电的方式有哪些。

（1）单相触电。

这是常见的触电方式。人体触及三相导线中的任意一根相线时，电流就从接触点经过人体流入大地，这种情形称为单相触电（单线触电）。因为380/220V的低压电网有中性点接地和中性点不接地两种，所以单相触电也有两种情况。

- 电源中性点接地的单相触电，如图 3-6（a）所示。这时人体处于相电压之下，危险性大。如果人体与地面的绝缘较好，危险性可以大大减小。
- 电源中性点不接地的单相触电，如图 3-6（b）所示。表面看起来，似乎电源中性点不接地时不能构成电流通过人体的回路。其实不然，应该考虑到导线与地面间的绝缘可能不良，甚至有一相接地，在这种情况下人体中就有电流通过。在交流的情况下，导线与地面间存在的电容也可构成电流的通路。如果线路的绝缘比较好，绝缘电阻很大，通过人体的电流较小，触电不严重；如果线路绝缘不良，这种触电就很危险。

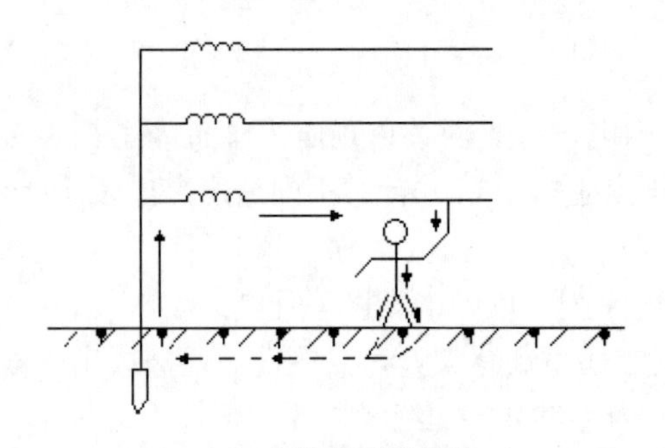

（a）中性点直接接地

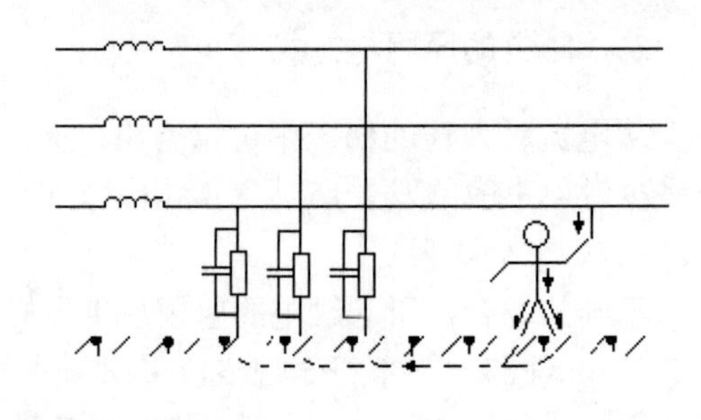

（b）中性点不直接接地

图 3-6　单相触电

（2）两相触电。

人体同时接触两根不同的相线时或人体同时接触电器的不同相的两个带电部分时，就会有电流经过相线、人体到另一相线而形成通路，这种情况称为两相触电，如图 3-7 所示。在380/220V 的低压电网中，发生两相触电时，人体处在线电压（380V）的作用之下，是非常危险的。

（3）跨步电压触电。

雷电流入地或有高压输电线断落在地上时，会在导线接地点及周围形成强电场。若人体走近断落高压线的接地点时，两脚之间将因承受跨步电压而触电，如图 3-8 所示。通常，为了防止跨步电压触电，人体应离接地体 20m 之外，此时跨步电压约为零。

（4）接触电压触电。

电气设备由于绝缘损坏或其他原因造成接地故障时，如人体两个部分（手和脚）同时接触设备外壳和地面时，人体两部分会处于不同的电位，其电位差即为接触电压。由接触电压造成的触电事故称为接触电压触电。比如，正常电动机的外壳是不带电的，但由于绕组绝缘损坏而与外壳相接触，使它带电。人手触及带电的电动机（或其他电气设备）外壳，相当于单相触电，大多数触电事故都属于这一种。为了防止这种触电事故，电气设备常采用保护接地和保护接零（接中性线）的保护措施。

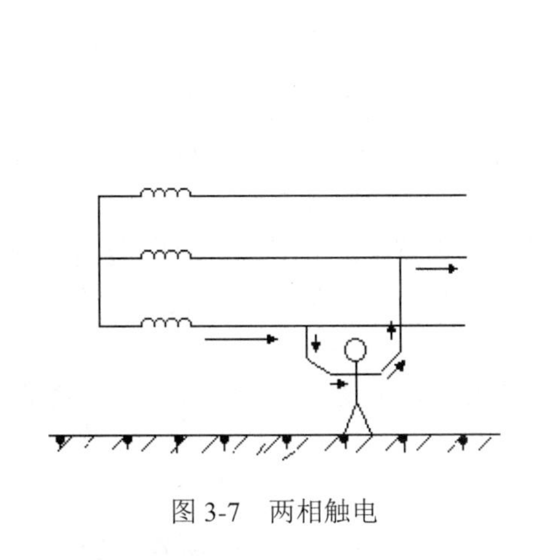

图 3-7　两相触电

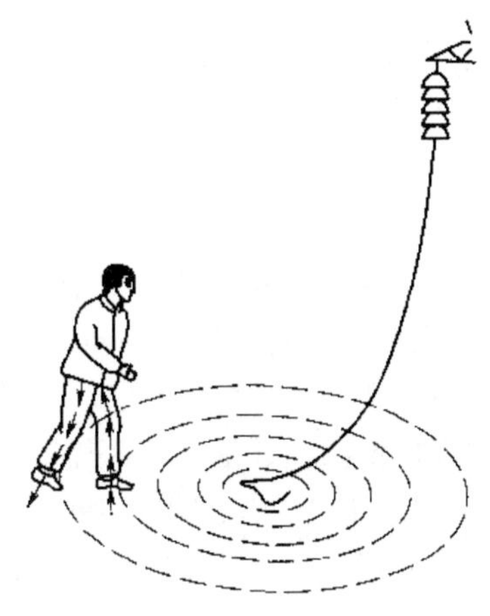

图 3-8　跨步电压触电

三、触电急救

一旦发生触电事故，抢救者必须保持冷静，首先应使触电者脱离电源，然后进行急救。

1. 使触电者脱离电源

人触电以后，可能由于痉挛或失去知觉等原因而紧抓带电体，不能自行摆脱电源。这时，使触电者尽快脱离电源是救活触电者的首要因素。

（1）低压触电事故。对于低压触电事故，可以采用下列方法使触电者脱离电源：

- 触电地点附近有电源开关或插头，可立即断开开关或拔掉电源插头，切断电源。
- 电源开关远离触电地点，可用有绝缘柄的电工钳或有干燥木柄的斧头分相切断电线，断开电源；或把干木板等绝缘物插入触电者身下，以隔断电流。
- 电线搭落在触电者身上或被压在身下时，可用干燥的衣服、手套、绳索、木板、木棒等绝缘物作为工具拉开触电者或挑开电线，使触电者脱离电源。

（2）高压触电事故。对于高压触电事故，可以采用下列方法使触电者脱离电源：

- 立即通知有关部门停电。
- 戴上绝缘手套，穿上绝缘靴，用相应电压等级的绝缘工具断开开关。
- 抛掷裸金属线使线路短路接地，迫使保护装置动作，断开电源。注意在抛掷金属线前，应将金属线的一端可靠地接地，然后抛掷另一端。

【注意事项】

（1）救护人员不可以直接用手或其他金属及潮湿的物件作为救护工具，而必须采用适当的绝缘工具且单手操作，以防止自身触电。

（2）防止触电者脱离电源后可能造成的摔伤。

（3）如果触电事故发生在夜间，应当迅速解决临时照明问题，以利于抢救，并避免扩大事故。

2. 伤员脱离电源后的处理

大体上按照以下三种情况分别处理：

（1）如果触电者伤势不重，神智清醒，但是有些心慌、四肢发麻、全身无力；或者触电者在触电的过程中曾经一度昏迷，但已经恢复清醒。在这种情况下，应当使触电者安静休息，不要走动，严密观察，并请医生前来诊治或送往医院。

（2）如果触电者伤势比较严重，已经失去知觉，但仍有心跳和呼吸，这时应当使触电者舒适、安静地平卧，保持空气流通。同时揭开他的衣服，以利于呼吸。如果天气寒冷，要注意保温，并要立即请医生诊治或送医院。

（3）如果触电者伤势严重，呼吸停止或心脏停止跳动或两者都已停止时，应立即实行人工呼吸和胸外挤压，并迅速请医生诊治或送往医院。

3. 现场急救

根据触电者的具体情况，迅速地对症进行救护，主要有口对口人工呼吸法、胸外心脏挤压法两种方法。触电者呼吸和心跳都停止时，允许同时采用“口对口人工呼吸法”和“胸外心脏挤压法”。

口对口人工呼吸法，是在触电者呼吸停止后应用的急救方法，具体步骤如下：

（1）使触电者仰卧，迅速解开其衣领和腰带。

（2）触电者头偏向一侧，清除口腔中的异物，使其呼吸畅通，必要时可用金属匙柄由口角伸入，使口张开。

（3）救护者站在触电者的一边，一只手捏紧触电者的鼻子，一只手托在触电者颈后，使触电者颈部上抬，头部后仰，然后深吸一口气，用嘴紧贴触电者的嘴，大口吹气，接着放松触电者的鼻子，让气体从触电者肺部排出。每 5s 吹气一次，不断重复地进行，直到触电者苏醒为止，如图 3-9 所示。

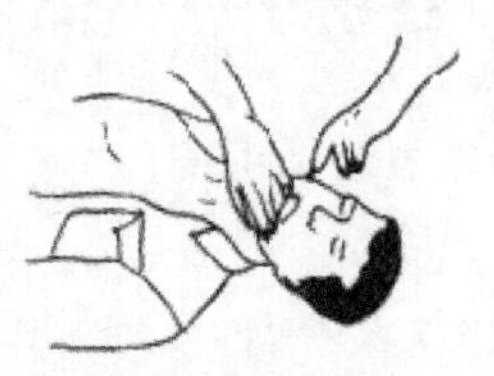

（a）清理口腔异物

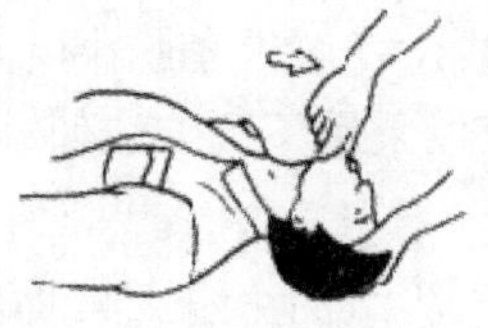

（b）让头后仰

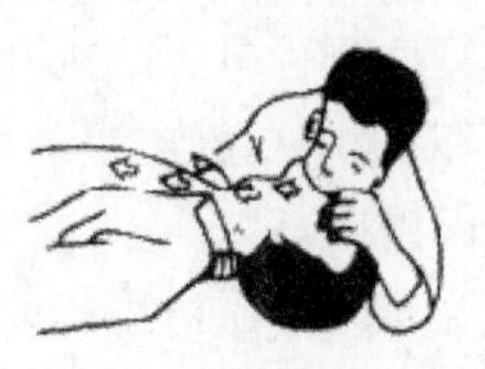

（c）贴嘴吹气

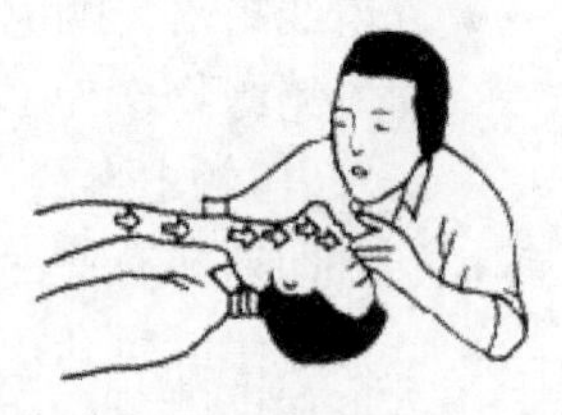

（d）放开嘴鼻换气

图 3-9　口对口人工呼吸法

注意：对儿童施行此法时不必捏鼻。开口困难时，可以使其嘴唇紧闭，对准鼻孔吹气（即口对鼻人工呼吸），效果相似。

胸外心脏挤压法，是触电者心脏跳动停止后采用的急救方法，具体操作步骤（如图 3-10 所示）如下：

（1）使触电者仰卧在结实的平地或木板上，松开衣领和腰带，使其头部稍后仰（颈部可枕垫软物），抢救者跪跨在触电者腰部两侧。

（2）抢救者将右手掌放在触电者胸骨处，中指指尖对准其颈部凹陷的下端，左手掌复压在右手背上（对儿童可用一只手），如图 3-10（b）所示。

（3）抢救者借身体重量向下用力挤压，压下 3～4cm，突然松开，如图 3-10（d）所示。挤压和放松动作要有节奏，每秒进行一次，每分钟宜挤压 60 次左右，不可中断，直至触电者苏醒为止。要求挤压定位要准确，用力要适当，防止用力过猛给触电者造成内伤和用力过小挤压无效。对儿童用力要适当小些。

（a）手掌位置

（b）左手掌压在右手背上

（c）掌根用力下压

（d）突然松开

图 3-10　胸外心脏挤压法

【注意事项】

触电者呼吸和心跳都停止时，允许同时采用“口对口人工呼吸法”和“胸外心脏挤压法”。单人救护时，可先吹气 2～3 次，再挤压 10～15 次，交替进行；双人救护时，每 5s 吹气一次，每秒挤压一次，两人同时进行操作，如图 3-11 所示。

抢救既要迅速又要有耐心，即使在送往医院途中也不能停止急救。此外，不能给触电者打强心针、泼冷水或压木板等。

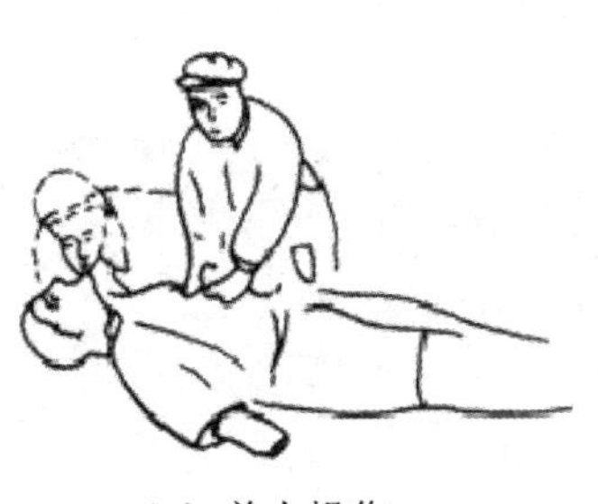

（a）单人操作

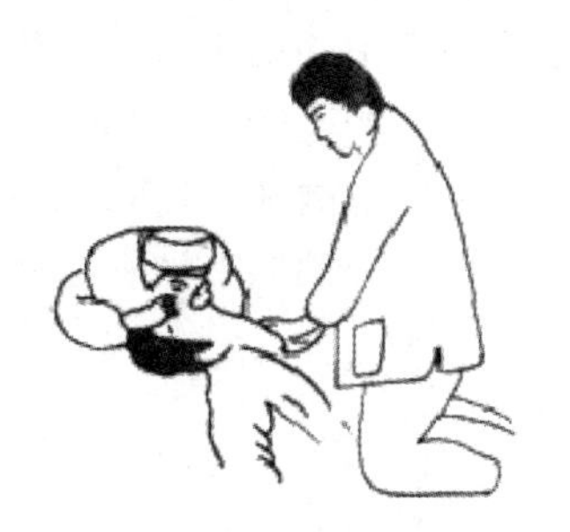

（b）双人操作

图 3-11　无心跳无呼吸触电者的急救

【任务实施】

（1）设置触电情景，学生分组，现场模拟使触电者脱离电源的方法。

（2）设置情景，学生分组，现场模拟施救的方法。

（3）触电事故案例分析。

【案例链接1】

1998年7月17日下午，某厂一铆工在进行点焊固定工件作业时触电身亡。原因是所用焊把末端因绝缘破损而漏电；天气高温炎热，又为保产品质量工作地点不能使用降温风扇，致使工作服、防护手套被汗湿透，这些因素导致入厂才一年的20岁小伙子离开了人间。

【案例链接2】

1993年11月7日上午，某厂电工班班长与一徒工一起执行拆除动力线任务。班长骑跨在天窗端墙沿上解除第二根动力线时，其头部进入上方10千伏高压线间发生电击，从11.5米高的窗沿上坠落地面，因颅内出血抢救无效死亡。该动力线距10千伏高压线才0.7米，远小于安全距离的规定；作业时不停上方10千伏高压电；作业者又不系安全带；下方监护人员是一个上班才两个月的徒工，不具备工作监护资格。一系列的违章，结果丢掉了班长宝贵的生命。

【项目总结】

（1）掌握了安全用电基本常识。

（2）掌握了安全用电操作规程。

（3）掌握了触电原因和触电形式。

（4）掌握了触电急救的方法与技巧。

【项目训练】

通过本项目的学习回答以下问题：

（1）用电安全涉及千家万户，只有做到注意安全用电才能避免发生漏电和触电事故。请同学们以“日常生活中的用电隐患”为题写一篇论文。

（2）列举学生宿舍中的用电安全隐患（三种以上），并提出合理化建议。

（3）什么是触电？触电的种类和方式有哪些？

（4）对于低压触电事故和高压触电事故，各如何使触电者脱离电源？

（5）对触电者现场救助的方法有哪些？课后在宿舍内进行现场模拟。

4 白炽灯照明线路的安装与测试

【项目导读】

白炽灯是生活中最常见的电器之一，它的安装配线是一名合格的电工必须具备的基本技能。本项目将学习生活中用得最多的交流电及其表示方法、白炽灯各电学参数的计算、导线的选用，以及白炽灯的安装。

任务一 认识单相正弦交流电

【任务描述】

交流电的应用要比直流电广泛得多，工厂、农村以及人们的生活用电绝大部分都是交流电，在某些需要用直流电的场合也是将交流电整流后获得。只有少数特殊需要的场合使用蓄电池和干电池作为直流电源。

直流电路和交流电路基本特性相同，分析计算电路的定律、公式也基本一致。但是由于交流电的大小和方向不断变化，这就带来一些新的问题，需要建立一些新的概念和分析电路的方法。

【任务分析】

白炽灯是利用交流电来工作的，要掌握白炽灯电路的安装，首先要了解什么是交流电。

【任务目标】

- 掌握正弦量及正弦交流电的时域表示法。

- 掌握正弦交流电的三要素。
- 掌握正弦交流电的复数表示法。
- 掌握正弦交流电的相量表示法。

【相关知识】

一、正弦量的瞬时值表示法

1. 正弦量

前面讲的指针式万用表电路各个部分的电压和电流都不随时间而变化，如图 4-1（a）所示，称之为直流电压（或电流）。如图 4-1（b）所示为正弦交流电及其电路。

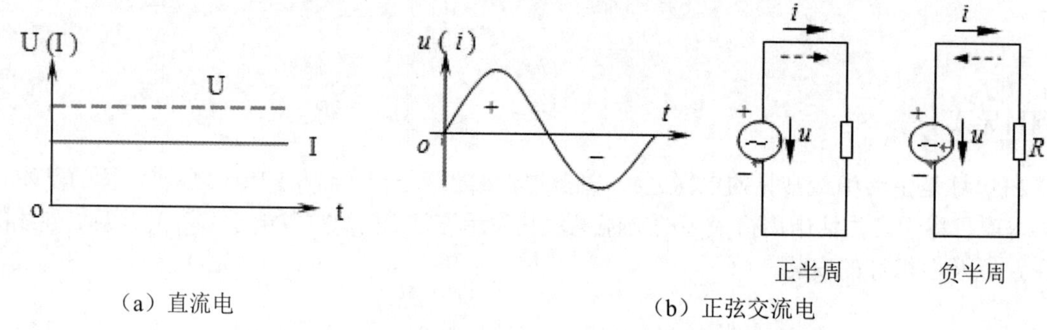

（a）直流电　　（b）正弦交流电

图 4-1　直流和正弦交流电压（电流）随时间变化的波形图

分析与计算正弦交流电路，主要是确定不同参数和不同结构的各种正弦交流电路中电压与电流之间的关系和功率。

在正弦交流电路中，电压和电流是按正弦规律变化的，其波形如图 4-1（b）所示。由于正弦电压和电流的方向是周期性变化的，在电路图上所标的方向是指它们的正方向，即代表正半周时的方向。在负半周时，由于所标的正方向与实际方向相反，则其值为负。图中的虚线箭标代表电流的实际方向；“+”“-”代表电压的实际方向。

正弦电压和电流等物理量常统称为正弦量。

以正弦电流为例，解析式为：

$$i(t) = I_{\mathrm{m}} \sin(\omega t + \psi)$$

式中，i 为正弦交流电流随时间变化的瞬时值，I_{m} 为电流的最大值，ω 为正弦交流电流的角频率，ψ 为正弦交流电的初相角。如图 4-2 所示，式中表达了每一瞬时正弦电流在时间域上的函数取值，因此称为瞬时值函数式，简称瞬式或时域表达式。

这种按正弦规律变化的波形（或函数）可由振幅、周期（或频率）、初相位三个参数确定，这三个参数称为正弦量的三要素。

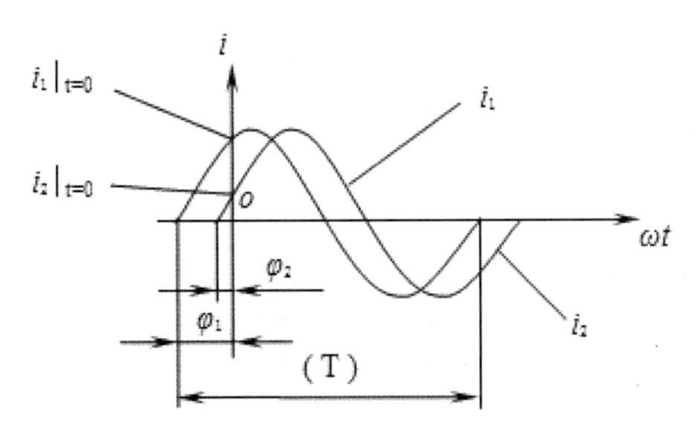

图 4-2　正弦交流电的相位与初相

2. 正弦量的三要素

设正弦电流为：

$$i(t) = I_{\mathrm{m}} \sin(\omega t + \psi)$$

（1）频率、周期和角频率。

周期是指交流电重复一次所需的时间，用字母 T 表示，单位为秒（s）。

频率是交流电每秒重复变化的次数，用 f 表示。

周期和频率的关系是：

$$f = 1/T \quad 或 \quad T = 1/f$$

f 的单位是赫兹（Hz），频率反映了交流电变化的快慢。

交流电每完成一次变化，在时间上为一个周期，在正弦函数的角度上则为 2π 弧度（rad）。单位时间内变化的角度称为角频率，用 ω 表示，单位为弧度/秒（rad/s），则角频率、周期、频率的关系为：

$$\omega = \frac{2\pi}{T} = 2\pi f$$

算一算：试计算 50Hz 工频交流电的角频率与周期。

（2）幅值与有效值。

正弦量在任一瞬间的值称为瞬时值，用小写字母表示，如用 i、u、e 分别表示瞬时电流、电压、电动势等。瞬时值中最大的值称为幅值或最大值，用带下标 m 的大写字母表示，如用 I_{m}、U_{m}、E_{m} 等来表示电流、电压、电动势的最大值。

在正弦交流电中，一般用有效值来描述各量的大小。有效值是通过电流的热效应来规定的，若周期性电流 i 在一个周期内流过电阻 R 所产生的热量与另一个恒定的直流电流 I 流过相同的电阻 R 在相同的时间里产生的热量相等，即这个直流电流 I 和周期电流 i 热效应是等效的，因此将这个直流电流的数值定义为该周期电流的有效值，有效值用大写字母表示。经数学推导有效值与最大值之间的关系如下：

正弦电流的有效值为：$I = I / \sqrt{2}$

正弦电压的有效值为：$U = U_{\mathrm{m}} / \sqrt{2}$

正弦电动势的有效值为：$E = E_{\mathrm{m}} / \sqrt{2}$

（3）初相位。

1）初相位。

$\omega t + \psi$ 称为交流电的相位角，简称相位。当 $t = 0$ 时的相位叫初相位，简称初相，用 ψ 表示。初相决定交流电的起始状态。如图 4-2 中 i 的初相为 ψ，其初始值不为零。当 $\psi = 0$ 时，初始值为零。

2）同频率正弦量的相位差。

两个同频率正弦量的相位之差叫相位差，用字母φ表示。

如 $u = U_{\mathrm{m}} \sin(\omega t + \psi_1)$，$i = I_{\mathrm{m}} \sin(\omega t + \psi_2)$，则两者的相位差为：$\varphi = (\omega t + \psi_1) - (\omega t + \psi_2) = \psi_1 - \psi_2$。

可见，两个同频率正弦量的相位差等于它们的初相之差。相位差的大小反映了两个同频率正弦量到达正幅值或负幅值的时间差。

①若 $\psi_1 - \psi_2 > 0$，称 u 超前于 i 或 i 滞后于 u，如图 4-2 所示。

②若 $\psi_1 - \psi_2 = 0$，说明 u 与 i 同时到达正幅值，称为 u 与 i 同相位。

③若 $\psi_1 - \psi_2 = \pi$，说明 u、i 到达正幅值时 e 恰为负幅值，称 u、i 与 e 反相。

想一想：②和③种情况的波形图是怎样的。

二、正弦量的相量表示法

1. 复数概述

正弦交流电可用三角函数式和波形图（如图 4-1 所示）表示，前者是基本的表示方法，但运算繁琐；后者直观、形象，但不准确。为了便于分析计算正弦电路，常用相量法表示。相量表示法的基础是复数，就是用复数来表示正弦量。

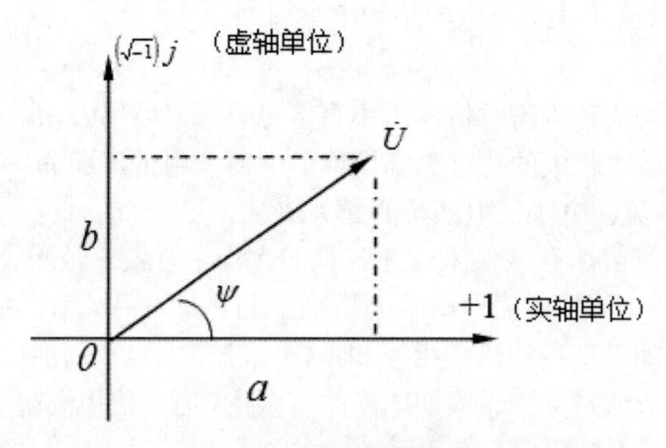

图 4-3　复数的相量表示

（1）复数的表示方法。

$$U = \sqrt{a^2 + b^2}$$

$$\psi = \mathrm{tg}^{-1}\frac{b}{a}$$

将复数$\dot{U}$放到复平面上，可如下表示：

$$\dot{U} = a + jb = U\cos\psi + jU\sin\psi$$

（2）复数的表示形式基本运算。

1）代数式——加减运算。

$$\left.\begin{aligned}\dot{U} &= a + jb \\ &= U(\cos\psi + j\sin\psi) \\ &= U\,\mathrm{e}^{j\psi} \\ &\Rightarrow U\angle\psi\end{aligned}\right\}$$

2）指数式——乘除运算。

极坐标形式：

$$\dot{U}_1 \cdot \dot{U}_2 = U_1 \cdot U_2 \mathrm{e}^{j(\psi_1+\psi_2)} = U_1 \cdot U_2 \angle \psi_1 + \psi_2$$

$$\dot{U}_1 / \dot{U}_2 = U_1 / U_2 \mathrm{e}^{j(\psi_1-\psi_2)} = U_1 \cdot U_2 \angle \psi_1 - \psi_2$$

2. 正弦量的相量表示法

一个正弦量具有三要素，但在交流电路中，当外加正弦交流电源的频率一定时，在电路各部分产生的正弦电流和电压的频率也都与电源的频率相同，所以在分析过程中可以把角频率这一要素当作已知量，于是只留下正弦量的大小和初相位需要进行计算。用复数的模表示正弦量的大小，用复数的辐角表示正弦量的初相角，来分析计算正弦交流电，就显得非常合适。这种用于表示正弦交流电的复数称为相量。

例如要将正弦电压$u = 60\sin(\omega t + 45^\circ)$V 表示成相量，即：

$$\dot{U}_\mathrm{m} = U_\mathrm{m}\angle 45^\circ = 60(\cos 45^\circ + j\sin 45^\circ) = 60\mathrm{e}^{j45^\circ}\,\mathrm{V}$$

相量在复平面上的图称为相量图，如图 4-3 所示。该图为$i = I_\mathrm{m}\sin(\omega t + \psi)$的最大值相量图示法。令正弦相量绕 O 点以角速度ω逆时针旋转，则任一时刻在纵轴上的投影为该正弦量的瞬时值$i = I_\mathrm{m}\sin(\omega t + \psi)$。

注意：①相量不能表示非正弦量；②只有同频率的正弦量才能画在同一相量图上进行比较和计算；③两相量相加减时，既可在相量图中用矢量的图解法求解，也可用相量的复数表达式运算。

正弦量的时域表示法与相量表示法总结：正弦电压与正弦电流的时域表达式一般采用正弦函数形式，幅值（或有效值）、频率（或周期、角频率）和初相为正弦量的三要素；同频率的正弦电压或电流可用相量形式表示，用相量计算替代三角运算可大大简化运算过程。

【任务实施】

（1）带领学生去实验室，利用示波器观察正弦交流电波形。

（2）利用双踪示波器观察两路信号的波形，试读出两路信号的周期、频率、幅度，指出两路信号之间的相位差。

任务二　纯电阻交流电路参数计算和导线的选用

【任务描述】

前面学习了正弦交流电的性质与表示方法，如果把最简单的纯电阻元件通入交流电，那么电阻元件的电流、电压、功率等各参数怎样计算？

白炽灯可作为纯电阻元件来处理，那么对于不同功率的白炽灯的配电安装，导线怎样选择？

【任务分析】

在白炽灯的配电安装过程中，要根据白炽灯的不同功率选用合适的导线，所以白炽灯电流、电压、功率的计算和导线的选择原则是我们必须要掌握的知识。

【任务目标】

- 掌握纯电阻交流电路电流、电压、功率的计算方法。
- 了解常用导线的选用原则。
- 掌握白炽灯安装导线的选用原则。

【相关知识】

一、纯电阻交流电路电流、电压、功率的计算

1. 纯电阻交流电路的电流、电压

图 4-4（a）所示是一个线性电阻元件的交流电路。电压和电流的正方向如图所示，两者关系由欧姆定律确定，即$u = iR$。

为了分析问题方便，我们选择电流经过零值并将向正值增加的瞬间作为计时起点（t=0），即设$i = I_m \sin \omega t$为参考正弦量，则：

$$u = iR = I_m R \sin \omega t = U_m \sin \omega t$$

式中u也是一个同频率的正弦量。可以看出，在电阻元件的交流电路中，电流和电压是同相的

（相位差 φ=0），表示二者的正弦波形如图 4-4（b）所示，则：

$$U_{\mathrm{m}} = I_{\mathrm{m}} R \quad 或 \quad \frac{U_{\mathrm{m}}}{I_{\mathrm{m}}} = \frac{U}{I} = R$$

由此可知，在电阻元件电路中，电压的幅值（或有效值）的比值就是电阻 R。

如用相量表示电压与电流的关系，则为：

$$\dot{U} = U\mathrm{e}^{j0} \quad 或 \quad \dot{I} = I\mathrm{e}^{j0}; \quad \frac{\dot{U}}{\dot{I}} = \frac{U}{I} = R; \quad \dot{U} = \dot{I}R$$

此即欧姆定律的相量表示式，电压和电流的向量如图 4-4（c）所示。

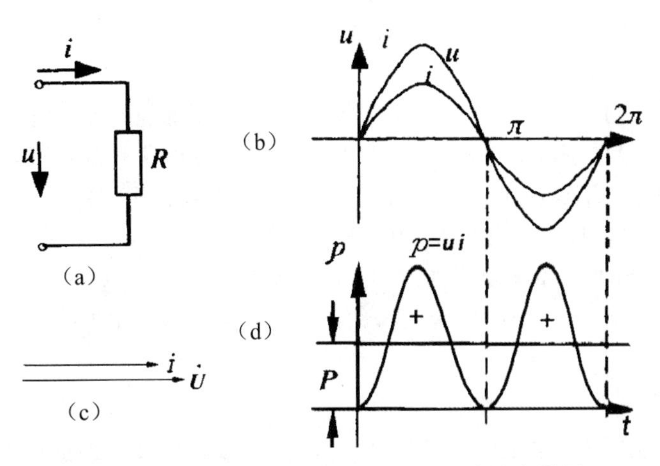

（a）电路图；（b）电流、电压正弦波图形；（c）电压与电流的向量图；（d）功率波形图

图 4-4　电阻元件交流电路

2. 电阻元件的功率

知道了电压与电流的变化规律和相互关系后，便可以找出电路中的功率。在任意瞬间，电压瞬时值 u 与电流瞬时值 i 的乘积称为瞬时功率，用小写字母 p 表示，即：

$$p = p_{\mathrm{R}} = ui = U_{\mathrm{m}} I_{\mathrm{m}} \sin 2\omega t = U_{\mathrm{m}} I_{\mathrm{m}} \frac{(1-\cos 2\omega t)}{2}$$

$$= \frac{U_{\mathrm{m}}}{\sqrt{2}} \cdot \frac{I_{\mathrm{m}}}{\sqrt{2}} \cdot (1-\cos 2\omega t) = UI(1-\cos 2\omega t)$$

由于在电阻元件的交流电路中 u 与 i 同相，它们同时为正同时为负，所以瞬时功率总是正值，即 $p \geqslant 0$。瞬时功率为正，这表明外电路从电源取用能量。

电阻元件从电源取用能量后转换成了热能，这是一种不可逆的能量转换过程。我们通常这样计算电能：$W=Pt$，P 是一个周期内电路消耗电能的平均功率，即瞬时功率的平均值，称为平均功率。在电阻元件电路中，平均功率为：

$$P = UI = I^2 R = \frac{U^2}{R}$$

二、常用导线的选用

1. 导电材料

（1）铜和铝。

铜的导电性能良好，电阻率为 $1.724\times10^{-8}\Omega\cdot m$。因其在常温下具有足够的机械强度，延展性能良好，化学性能稳定，故便于加工，不易氧化和腐蚀，易焊接。常用导电用铜是含铜量在99.9%以上的工业纯铜。电机、变压器上使用的是含铜量在 99.5%～99.95%之间的纯铜，俗称紫铜。其中硬铜作导电零部件，软铜作电机、电器等的线圈。杂质、冷形变、温度和耐蚀性等是影响铜性能的主要因素。

铝的导热性及耐蚀性好，易于加工，其导电性能、机械强度均稍逊于铜。铝的电阻率为 $2.864\times10^{-8}\Omega\cdot m$，但铝的密度比铜小（仅为铜的 33%），因此导电性能相同的两根导线相比较，则铝导线的截面积虽比铜导线大 1.68 倍，但重量反而比铜导线减轻了约一半。而且铝的资源丰富、价格低廉，是目前推广使用的导电材料。目前，在架空线路、照明线路、动力线路、汇流排、变压器和中小型电机的线圈中都已广泛使用铝线。唯一的不足是铝的焊接工艺比较复杂，质硬塑性差，因而在维修电工中广泛应用的仍是铜导线。与铜一样影响铝性能的主要因素有杂质、冷形变、温度和耐蚀性等。

（2）电线与电缆。

电线电缆一般由线芯、绝缘层、保护层三部分构成。电线电缆的品种很多，按照性能、结构、制造工艺及使用特点分为裸导线和裸导体制品、电磁线、电气装备用电线电缆、电力电缆和通信电线电缆 5 类。机修电工常用的是前三类。

1）裸导线和裸导体制品。

主要有圆线、软接线、型线、裸绞线等，具体又包括以下类型：

- 圆线：硬圆铜线、软圆铜线、硬圆铝线、软圆铝线。
- 软接线：裸铜电刷线、软裸铜编织线、软裸铜编织蓄电池线。
- 型线：扁线、铜带、铜排、钢铝电车线、铝合金电车线。
- 裸绞线：铝绞线、铝包钢绞线、铝合金绞线、防腐钢芯铝绞线、钢芯铝绞线。

2）电磁线。

常用的电磁线有漆包线和绕包线两类。电磁线多用在电机或电工仪表等电器线圈中，其特点是为减小绕组的体积，因而绝缘层很薄。电磁线的选用一般应考虑耐热性、电性能、相容性、环境条件等因素。

- 漆包线。绝缘层为漆膜，用于中小型电机及微电机等。常用的有缩醛漆包线、聚酯漆包线、聚酯亚胺漆包线、聚酰胺漆包线和聚酰亚胺漆包线 5 类。
- 绕包线。用玻璃丝、绝缘纸或合成树脂薄膜等作绝缘层，紧密绕包在导线上制成。也有在漆包线上再绕包绝缘层的。除薄膜绝缘层外，其他的绝缘层均需经胶粘绝缘浸渍处理。一般用于大中型电工产品。绕包线一般分为纸包线、薄膜绕包线、玻璃丝绕包线、玻璃丝漆包线 4 类。

- 电器装备用电线电缆。其基本结构是由铜或铝制线芯、塑料或橡胶绝缘层及护层三部分组成。电气装备用电线电缆包括各种电气设备内部及外部的安装连接用电线电缆、低压电力配电系统用的绝缘电线、信号控制系统用的电线电缆等。常用的电气装备用电线电缆通常称为电力线。

2. 电力线及其选用

（1）电力线。

线芯：有铜芯和铝芯两种，固定敷设的电力线一般采用铝芯线，移动使用的电力线主要采用铜芯线。线芯的根数分单芯和多芯，多芯的根数最多可达几千根。

绝缘层：主要作用是电绝缘，还可起机械保护作用。大多采用橡胶和塑料材质，其耐热等级决定电力线的允许工作温度。

保护层：主要起机械保护作用，它对电力线的使用寿命影响很大。大多采用橡胶和塑料材质，也有使用玻璃丝编织成的。

（2）电力线的系列及应用范围。

分三个系列：B、R、Y。

- B 系列橡皮塑料绝缘电线（B 表示绝缘）。该系列电线结构简单、重量轻、价格较低。它使用于各种动力、配电和照明电路以及大中型电气设备的安装线。交流工作电压为 500V，直流工作电压为 1000V，B 系列导线的相关参数如表 4-1 所示。

表 4-1　B 系列导线的相关参数

产品名称	型号		长期最高工作温度（℃）	用途及使用条件
	铜芯	铝芯		
橡皮绝缘电线	BX	BLX	65	固定敷设于室内，也可用于室外，或作设备内部安装用线
氯丁橡皮绝缘电线	BXF	BLXF	65	同 BX 型，耐气候性好，适用于室内
橡皮绝缘软电线	BXR		65	同 BX 型，仅适用于安装时要求温柔的场合
橡皮绝缘和护套电线	BXHF	BLXHF	65	同 BX 型，适用于较潮湿的场合和作室外进户线
聚氯乙烯绝缘电线	BV	BLV	65	同 BX 型，但耐性和耐气候性较好
聚氯乙烯绝缘软电线	BVR		65	同 BX 型，仅用于安装时要求温柔的场合
聚氯乙烯绝缘和护套电线	BVV	BLVV	65	同 BX 型，用于潮湿和机械防护要求较高的场合，可直埋土壤中
耐热聚氯乙烯绝缘电线	BV-105		105	同 BX 型，用于 45℃及以上高温环境中

续表

产品名称	型号		长期最高工作温度（℃）	用途及使用条件
	铜芯	铝芯		
耐热聚氯乙烯绝缘软电线	BVR-105		105	同BVR型，用于45℃及以上高温环境中

注：X为橡皮绝缘，XF为氯丁橡皮绝缘，HF为非燃性橡套，V为聚氯乙烯绝缘，VV为聚氯乙烯绝缘和护套，105为耐热105℃。

- R系列橡皮塑料软电线（R表示软线）。该系列软线的线芯是由多根细铜线绞合而成的，它除具备B系列绝缘线的特点外，其线体比较柔软，有较好的移动使用性。该线大量用作日用电器、仪表仪器的电源线、小型电气设备和仪器仪表内部安装线，以及照明线路中的灯头、灯管线。其交流工作电压同样为500V，直流工作电压为1000V。R系列导线的相关参数如表4-2所示。

表4-2 R系列导线的相关参数

产品名称	型号	工作电压（V）	长期最高工作温度（℃）	用途及使用条件
聚氯乙烯绝缘软线	RV RVB RVS	交流250 直流500	65	供各种移动电器、仪表、电信设备、自动化接线装置用，也可用于内部装接线，安装时外部温度不低于-15℃
耐热聚氯乙烯绝缘软线	RV-105	交流250 直流500	105	同RV型，用于45℃及以上高温环境中
聚氯乙烯绝缘护套软线	RVV	交流500 直流1000	65	同RV型，用于潮湿和机械防护要求较高以及经常移动弯曲的场合
丁腈聚氯乙烯复合物绝缘软线	RFB RFS	交流250 直流500	70	同RVB、RVS型，低温柔软性较好
棉纱编织橡皮绝缘双绞软线、棉纱编织橡皮绝缘软线	RXS RX	交流250 直流500	65	室内日用电器、照明用电源线
棉纱编织橡皮绝缘平型软线	RXB	交流250 直流500	65	室内日用电器、照明用电源线

注：B为两芯平型，S为两芯绞型，F为复合物绝缘。

- Y系列通用橡套电缆（Y表示移动电缆）。它是以硫化橡胶作绝缘层，以非燃氯丁橡胶作护套，具有抗砸、抗拉和能承受较大的机械应力的作用，同时还具有很好的移动使用性，适用于在一般场合下作各种电气设备、电动工具仪器和照明电器等的移动式电源线。长期最高工作温度均为65℃。Y系列导线的相关参数如表4-3所示。

仅了解电力线的系列和应用范围是无法做到准确选用导线的。要准确选用导线，首先通过负载的大小得出负载电流值；然后根据应用范围选出电力线的系列；最后由电力线的安全载流量表获得电力线的规格。

表 4-3　Y 系列导线的相关参数

产品名称	型号	工作电压（V）	特点和用途
轻型胶套电缆	YQ	250	轻型移动电气设备和日用电气电源线
	YQW		同上，具有耐气候和一定的耐油性能
中型胶套电缆	YZ	500	各种移动电气设备和农用机械电源线
	YZW		同上，具有耐气候和一定的耐油性能
重型胶套电缆	YC	500	同 YZ 型，能承受较大的机械外力作用
	YCW		同上，具有耐气候和一定的耐油性能

注：Q 为轻型，W 为户外型，Z 为中型，C 为重型。

（3）电力线的安全载流量。

电力线的安全载流量如表 4-4 至表 4-6 所示，使用时查对即可。

表 4-4　塑料绝缘线的安全载流量（A）

导线截面积（mm^2）	芯线股数/单股直径（mm）	明线安装		穿钢管（一管）安装						穿塑料管（一管）安装					
				二线		三线		四线		二线		三线		四线	
		铜	铝	铜	铝	铜	铝	铜	铝	铜	铝	铜	铝	铜	铝
1.0	1/1.13	17		12		11		10		10		10		9	
1.5	1/1.37	21	16	17	13	15	11	14	10	14	11	13	10	11	9
2.5	1/1.76	28	22	23	17	21	16	19	13	21	16	18	14	17	12
4	1/2.24	35	28	30	23	27	21	24	19	27	21	24	19	22	17
6	1/2.73	48	37	41	30	36	28	32	24	36	27	31	23	28	22
10	7/1.33	65	51	56	42	49	38	43	33	49	36	42	33	38	29
16	7/1.70	91	69	71	55	64	49	56	43	62	48	56	42	49	29
25	7/2.12	120	91	93	70	82	61	74	57	82	63	74	56	65	50
35	7/2.50	147	113	115	87	100	78	91	70	104	78	91	69	81	61
50	19/1.83	187	143	143	108	127	96	113	87	130	99	114	88	102	78
70	19/2.14	230	178	178	135	159	124	143	110	160	126	145	113	128	100
95	19/2.50	282	216	216	165	195	148	173	132	199	151	178	137	160	121

（4）电力线的选用。

先根据用途选定导线的系列及型号，再由负载的性质及大小来确定负载的电流值，最后选定导线的规格。

表 4-5 橡皮绝缘线的安全载流量（A）

导线截面积（mm^2）	芯线股数/单股直径（mm）	明线安装		穿钢管（一管）安装						穿塑料管（一管）安装					
				二线		三线		四线		二线		三线		四线	
		铜	铝	铜	铝	铜	铝	铜	铝	铜	铝	铜	铝	铜	铝
95	19/2.50	300	230	225	174	203	156	182	139	208	160	186	143	169	130
120	37/2.00	346	268	260	200	233	182	212	165	242	182	217	165	197	147
150	37/2.24	407	312	294	226	268	208	243	191	277	217	252	197	230	178
185	37/2.50	468	365												
240	61/2.24	570	442												
300	61/2.50	668	520												
400	61/2.85	815	632												
500	91/2.62	950	738												

表 4-6 护套线和软导线的安全载流量（A）

导线截面积（mm^2）	护套线								软导线（芯线）		
	双根芯线				三根或四根芯线				单根	双根	双根
	塑料绝缘		橡皮绝缘		塑料绝缘		橡皮绝缘		塑料绝缘		橡皮绝缘
	铜	铝	铜	铝	铜	铝	铜	铝	铜	铝	铜
0.5	7		7		4		4		8	7	7
0.75									13	10.5	9.5
0.8	11		10		9		9		14	11	10
1.0	13		11		9.6		10		17	13	11
1.5	17	13	14	12	10	8	10	8	21	17	14
2.0	19		17		13		12	12	25	18	17
2.5	23	17	18	14	17	14	16	16	29	21	18
4.0	30	23	28	21	18	19	21				
6.0	37	29		8	28	22					

【任务实施】

（1）给定一定功率的白炽灯泡，计算它的电流、电压、消耗功率。

（2）带领学生到实训室认识各种导线并阐述各种导线的选择原则。

任务三　常用电工工具的使用

【任务描述】

随着科技的发展，各种加工工具的出现方便了我们的施工，提高了工作效率，作为传统的基本加工工具，钳子、螺丝刀、手电钻是经常会用到的。那么，它们是怎样使用的？在实际使用当中应该注意些什么呢？

【任务分析】

我们在生活中可能都见过钳子、螺丝刀和手电钻，但电工上所用的分为很多类，而且不同种类的钳子、螺丝刀和手电钻有不同的用途，我们要了解它们的区别分类，掌握操作要领。

【任务目标】

- 掌握钳子的使用方法。
- 掌握螺丝刀的使用方法。
- 掌握手电钻的使用方法。

【相关知识】

一、钳子的使用

1. 各种各样的钳子

（1）尖嘴钳。

尺寸为 150mm8″，能切断 1.6mm 的铁丝和 2.6mm 的铜丝；护套能防止工作时受到伤害，适合电线及一般用途，不适合扭转螺帽及大型物件使用，如图 4-5 所示。

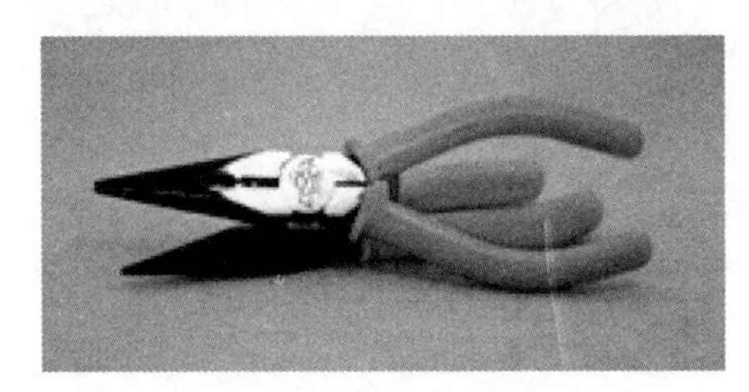

图 4-5　尖嘴钳

（2）钢丝钳。

钢丝钳俗称老虎钳，如图 4-6 所示。此款为经济型，尺寸为 200mm8″，用于切断 3.4mm 的铁丝和 4.0mm 的铜丝。

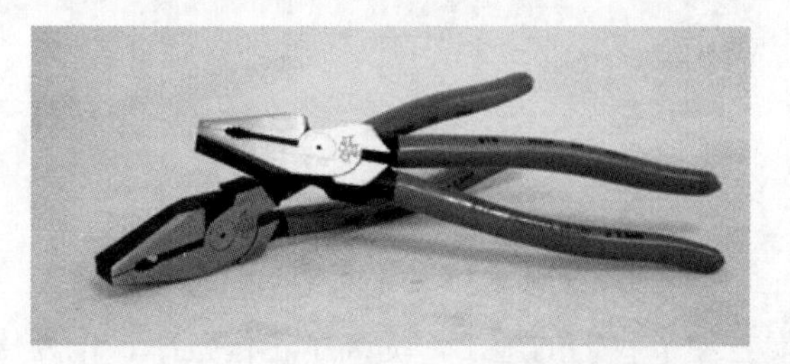

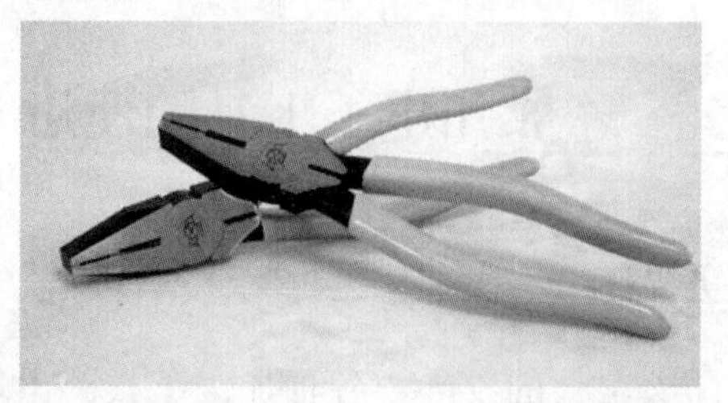

图 4-6　钢丝钳

有些使用高级合金特殊钢制造，切断性及耐久性出类拔萃，尺寸与切断能力与上面一款相同，主要用于切断电线、铁丝和钢丝，如图 4-7 所示。

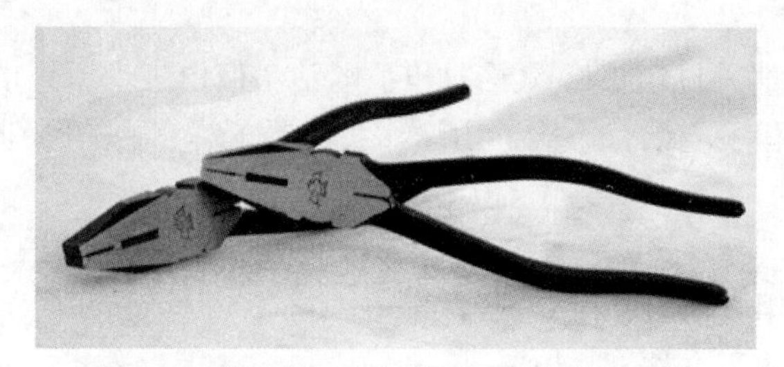

图 4-7　使用高级合金特殊钢制造的钢丝钳

有些使用偏芯设计，切断力倍增，主要用于切断铜线和铁线。

（3）其他各种钳子，如图 4-8 所示。

2. 钳子的结构

钳子的结构如图 4-9 所示。

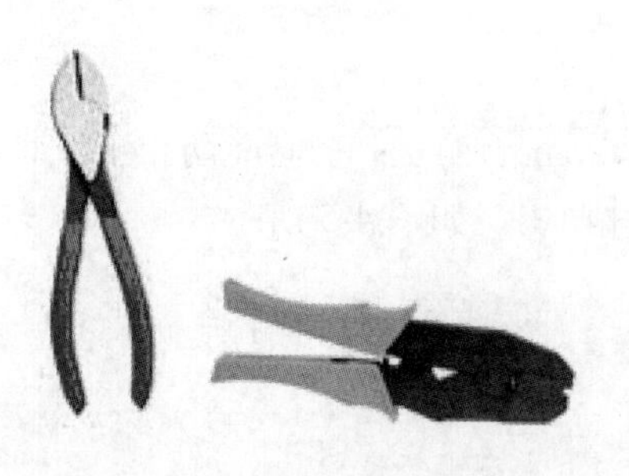

图 4-8　斜嘴钳和大力钳

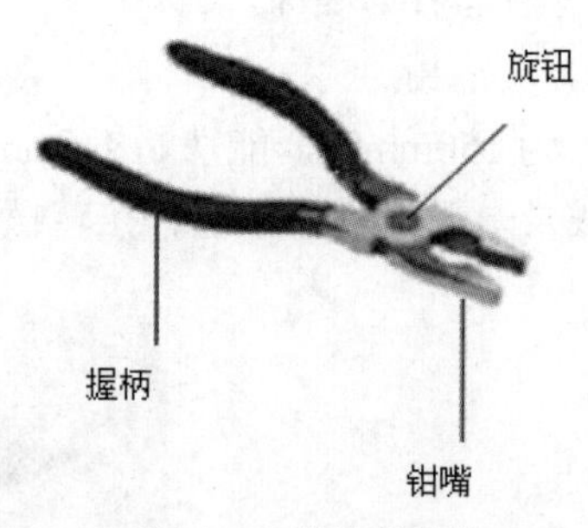

图 4-9　钳子的结构

3. 钳子的使用

在认识钳子的握柄及钳嘴的基础上，以大拇指及其他四指来支使握柄的部分，试试看是否可以利用手指来控制握柄，将钳嘴的地方开合，注意手指正确的摆放位置，如图 4-10 所示。

4. 练一练

尝试使用钳子对金属丝进行加工，如图 4-11 所示。

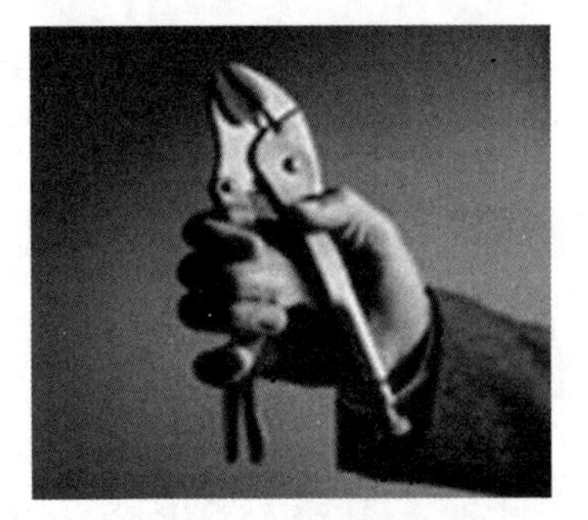

图 4-10　钳子的使用

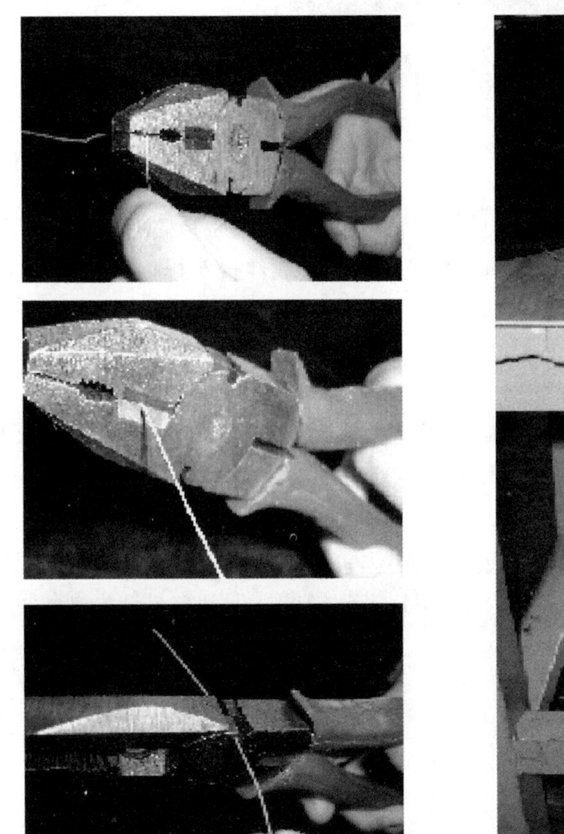

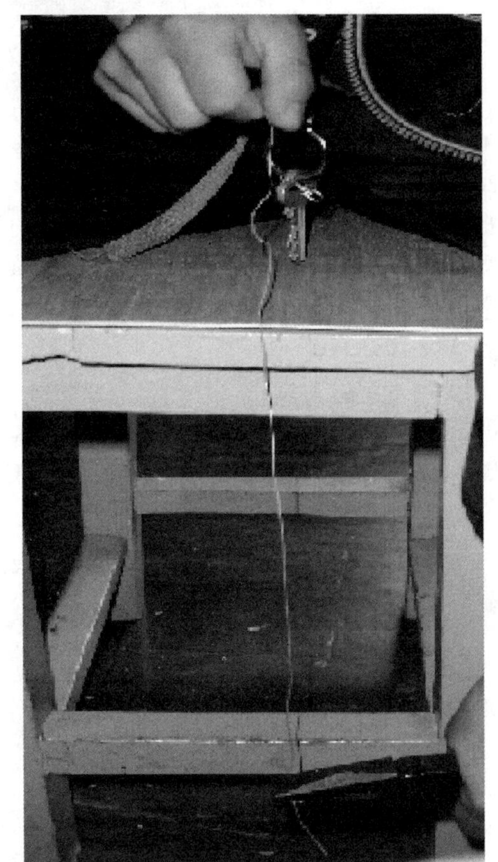

图 4-11　用钳子加工金属丝

二、螺丝刀的使用

1. *螺丝刀*

螺丝刀是一种用来拧转螺丝钉以迫使其就位的工具，通常有一个薄楔形头，可插入螺丝钉头的槽缝或凹口内，也称“改锥”，主要有一字（负号）和十字（正号）两种，如图 4-12 所示。常见的还有六角螺丝刀，包括内六角和外六角两种。

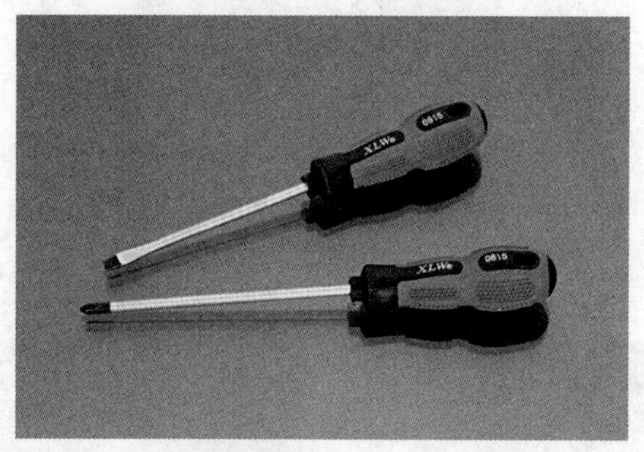

图 4-12　螺丝刀

2. 螺丝刀的用法

将螺丝刀拥有特殊形状的端头对准螺丝的顶部凹坑，固定，然后开始旋转手柄。根据规格标准，顺时针方向旋转为嵌紧，逆时针方向旋转为松出。一字螺丝批头可以应用于十字螺丝。但十字螺丝拥有较强的抗变形能力。

3. 螺丝刀的种类

（1）普通螺丝刀。

就是头柄造在一起的螺丝批头，容易准备，只要拿出来就可以使用，但由于螺丝有很多种不同长度和粗度，有时需要准备很多只不同的螺丝批。

（2）组合型螺丝刀。

一种把螺丝批头和柄分开的螺丝批，要安装不同类型的螺丝时，只需把螺丝批头换掉即可，不需要带备大量螺丝批头，如图 4-13 所示。好处是可以节省空间，但却容易遗失螺丝批头。

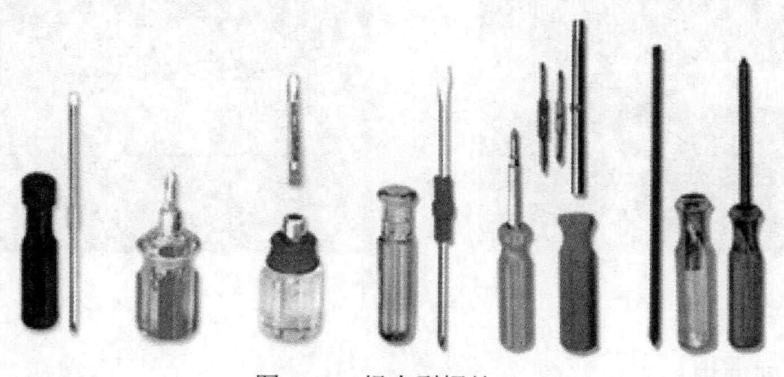

图 4-13　组合型螺丝刀

（3）电动螺丝刀。

电动螺丝批头，顾名思义就是以电动马达代替人手安装和移除螺丝，通常是组合螺丝批头。

（4）钟表螺丝刀。

属于精密螺丝刀，常用在修理手带型钟表，故有此一称。

三、手电钻的使用

手电钻是一种手握钻孔的工具，由电动机、减速齿轮和金属外壳组成，如图 4-14 所示。其规格是以所能钻孔的最大直径来标记的，通常标记有 6mm、10mm、13mm 等。

一般由于工件很大或者其形状特殊，不能把它装卡在钻床上钻孔时才采用手电钻进行加工。使用手电钻时应注意以下安全问题：

图 4-14 手电钻

（1）使用前必须检查电源线、地线及插头有无损坏及破皮等情况，并核对线路电压，确定完好后方可使用。使用 220V 以上电源电压的电钻时，应戴绝缘手套，穿绝缘鞋或垫绝缘垫。对闲置不用的电钻，使用前要检测其绕组与外壳的绝缘电阻，大于 0.5MΩ 时方可使用。

（2）使用时先接通电源，空转试验，运转正常、不漏电方可装卡钻头，钻头要卡正、卡紧，防止打滑。钻孔时应先启动，缓慢接触工件，钻孔不得用力过猛，防止钻头倾斜，不要把身体直压在上面，防止钻头折断或扭伤手臂。

（3）发现钻头打滑时要立即停钻，重新卡紧，遇有不正常的声响应停钻，然后检查并排除，如发现严重火花、怪味、冒烟、漏电等情况时，应立即断电，停止使用，请电工修复后方可再用。

（4）移动电钻时应断电，手拿电钻移动，不得拉电线扯动电钻，防止拉断电线接头而发生事故。带有漏电保护装置的电钻，在使用前必须按下漏电开关。

【任务实施】

带领学生到实训室认识各种钳子、螺丝刀，并练习其使用方法；练习手电钻的使用方法。

任务四　白炽灯照明线路的安装与测试

【任务描述】

电灯的发明使世界不再黑暗。交通运输、工矿企业、文化艺术、广告装饰、家庭生活无不使用照明灯具。随着电器制造业的发展，照明灯具的规格和品种越来越多，性能也越来越好。

室内照明线路由电源、导线、开关、插座和照明灯具组成。电源主要使用 220V 单相交流电。开关用来控制电路的通断。导线是电流的载体，应根据电路允许的载流量选取。照明灯为人们的生活、学习、工作提供了各种各样的可见光源。

那么，最为基础的白炽灯的安装规程是怎样的呢？

【任务分析】

白炽灯的安装是维修电工比较基础的技能，掌握白炽灯的安装工艺、各种电工材料的选择对一名合格的维修电工来说是最为基础的。

【任务目标】

- 了解白炽灯。
- 掌握白炽灯的配电安装工艺。
- 掌握室内配线的基本操作。
- 掌握白炽灯的常见故障及处理方法。

【相关知识】

一、白炽灯

白炽灯为热辐射光源，是靠电流加热灯丝至白炽状态而发光的。白炽灯有普通照明灯泡和低压照明灯泡两种。普通灯泡额定电压一般为220V，功率为10～1000W，灯头有卡口和螺口之分，其中100W以上者一般采用瓷质螺口，用于常规照明。低压灯泡额定电压为6～36V，功率一般不超过100W，用于局部照明和携带照明。

白炽灯由玻璃泡壳、灯丝、支架、引线、灯头等组成。在非充气式灯泡中，玻璃泡内抽成真空；在充气式灯泡中，玻璃泡内抽成真空后再充入惰性气体。

白炽灯照明电路由负荷、开关、导线、电源组成。安装方式一般为悬吊式、壁式和吸顶式。悬吊式又分为软线吊灯、链式吊灯和钢管吊灯。白炽灯在额定电压下使用时，其寿命一般为1000h，当电压升高5%时寿命将缩短50%；电压升高10%时，其发光率提高17%，而寿命缩短到原来的28%。反之，如电压降低20%，其发光率降低37%，但寿命增加一倍。因此，灯泡的供电电压以低于额定值为宜。

二、室内配线的基本操作

1. 室内配线的基本知识

（1）室内配线的类型。

室内配线就是敷设室内用电器具、设备的供电和控制线路。室内配线有明线安装和暗线安装两种。明线安装是指导线沿墙壁、天花板、梁及柱子等表面敷设的安装方法，暗线安装是指导线穿管埋设在墙内、地下、顶棚里的安装方法。

（2）室内配线的主要方式。

室内配线的主要方式通常有瓷（塑料）夹板配线、瓷瓶配线、槽板配线、护套线配线、电线管配线等。照明线路中常用的是瓷夹板配线、槽板配线和护套线配线；动力线路中常用的是瓷瓶配线、护套线配线和电线管配线。目前瓷瓶配线使用较少，多用塑料槽板配线和护套线配线。

（3）室内配线的技术要求。

室内配线不仅要使电能传送安全可靠，而且要使线路布置正规、合理、整齐、安装牢固，其技术要求如下：

- 所用导线的额定电压应大于线路的工作电压。导线的绝缘应符合线路的安装方式和敷设环境的条件。导线的截面应满足供电安全电流和机械强度的要求，一般的家用照明线路选用 $2.5mm^2$ 的铝心绝缘导线或 $1.5mm^2$ 的铜心绝缘导线为宜。
- 配线时应尽量避免导线接头。必须有接头时，应采用压接和焊接，并用绝缘胶布将接头缠好。要求导线连接和分支处不应受到机械力的作用，穿在管内的导线不允许有接头，必要时尽可能把接头放在接线盒或灯头盒内。
- 配线时应水平或垂直敷设。水平敷设时，导线距地面不小于 2.5m；垂直敷设时，导线距地面不小于 2m。否则，应将导线穿在钢管内加以保护，以防机械损伤。同时所配线路要便于检查和维修。
- 当导线穿过楼板时，应设钢管加以保护，钢管长度应从离楼板面 2m 高处至楼板下出口处。导线穿墙要用瓷管保护，瓷管两端的出线口伸出墙面不小于 10mm，这样可以防止导线和墙壁接触，以免墙壁潮湿而产生漏电现象。当导线互相交叉时，为避免碰线，在每根导线上均应套塑料管或其他绝缘管，并将套管固定紧，以防其发生移动。
- 为了确保安全用电，室内电气管线和配电设备与其他管道、设备间的最小距离都有明确规定。施工时如不能满足表中所列距离，则应采取其他的保护措施。

（4）室内配线的主要工序。

1）按设计图纸确定灯具、插座、开关、配电箱、启动装置等设备的位置。

2）建筑物确定导线敷设的路径和穿越墙壁或楼板时的具体位置。

3）在土建未涂灰前，在配线所需的各固定点打好孔眼，预埋绕有铁丝的木螺钉、螺栓或木砖。

4）装设绝缘支持物、线夹或管子。

5）敷设导线。

6）处理导线的连接、分支和封端，并将导线出线接头和设备相连接。

2. 瓷瓶配线

（1）使用场合。

瓷瓶有鼓形、蝶形、针形和悬式等多种。由于它机械强度大、绝缘性能好、价格低廉，主要用于电压较高、电量较大、比较潮湿的明线或室外配线场所，如发电厂、变电所用得较多。目前，在楼宇暗线配线中已基本不用瓷瓶配线。

（2）瓷瓶配线的步骤与工艺要求。

1）定位。定位首先要确定灯具、开关、插座和配电箱等电气设备的安装位置，然后再确定导线的敷设位置、墙壁和楼板的穿孔位置。确定导线走向时，尽可能沿房檐、线脚、墙角等处敷设；在确定灯具、开关、插座等电气设备时，应考虑在开关、插座和灯具附近约 50mm 处安装一副夹板或瓷瓶。

2）画线。画线要求清晰、整洁、美观、规范。画线时应根据线路的实际走向使用粉线袋、铅笔或边缘有尺寸刻度的木板条画线。凡有电气设备固定点的位置都应在固定点中心处做一个记号。

3）凿眼。按画线定位点进行凿眼。在砖墙上凿眼时，应采用小扁凿或电钻。用电钻钻眼时，要采用金钢钻头；用小扁凿时，应注意避免建筑物的损坏。在混凝土结构上凿眼时，可用麻线凿或冲击钻。操作时，同样要避免损坏建筑物，造成墙体大块缺损现象。

4）安装木榫或埋设缠有铁丝的木螺钉。凿眼后，通常在孔眼中安装木榫，有时也可埋设缠有铁丝的木螺钉。如图 4-15 所示，先在孔眼内洒水淋湿，然后将缠有铁丝的木螺钉用水泥灰浆嵌入凿好的孔中，当灰浆凝固变硬后旋出木螺钉，待以后安装瓷瓶时使用。

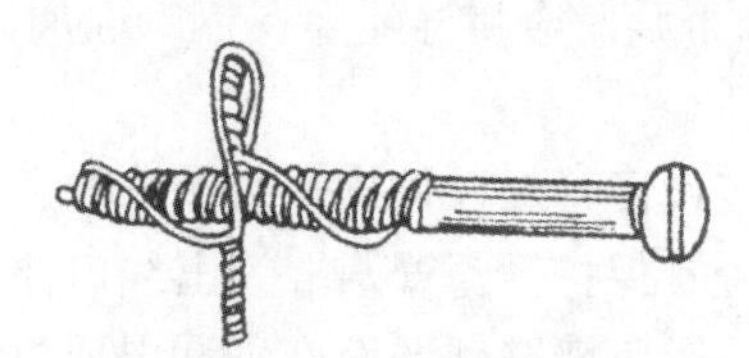

图 4-15　缠有铁丝的木螺钉

5）埋设保护管。穿墙瓷管或过楼板钢管最好在土建时预埋，应尽量减少凿孔眼的工作。

6）固定瓷瓶。瓷夹板和瓷瓶的固定与支持面的结构有关，大致有以下 3 种情况：

- 木质结构：在木质结构上只能固定鼓形瓷瓶，可用木螺钉直接拧入。木螺钉的规格可按表 4-7 选用。

表 4-7　固定鼓形瓷瓶所用木螺钉规格

导线截面（mm^2）	瓷瓶规格	木螺钉规格	
		号数	长度（cm）
10 以下	G-20	12	2.5
16～50	G-35	13	3
75 以上	G38-50	14	3.5

- 砖墙结构：用预先埋设的木榫和木螺钉来固定鼓形瓷瓶，也可以用预先埋设的支架和螺栓来固定，如图 4-16（a）所示。
- 混凝土墙结构：可采用环氧树脂粘接剂来固定瓷瓶，也可采用与木质结构和砖墙结构相同的方法，如图 4-16（b）所示。

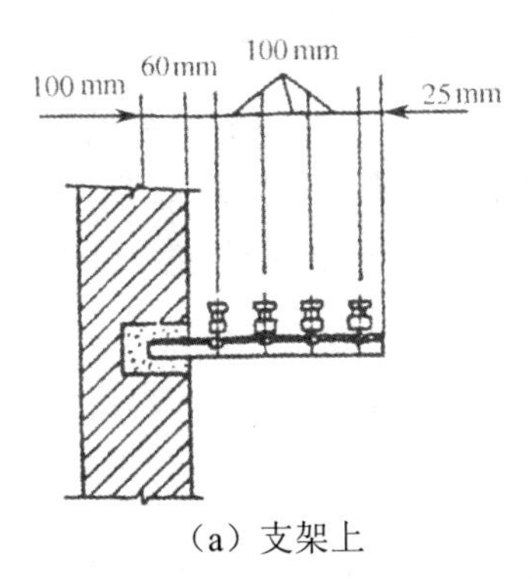

（a）支架上

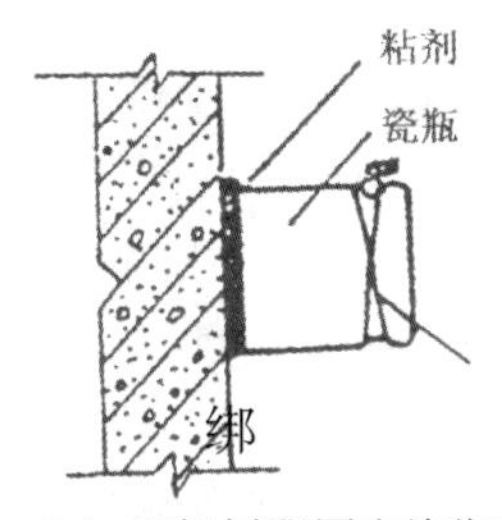

（b）环氧树脂固定瓷瓶

图 4-16 瓷瓶的固定

7）导线的绑扎。在瓷瓶上绑扎导线，应从一端开始。先将导线的一端按要求绑扎在瓷瓶上，再将导线向另一端拉直，固定在另一只瓷瓶上。在确保导线不弯曲的情况下，最后把中间导线固定。

（3）瓷瓶配线的注意事项。

- 在建筑物的侧面或斜面配线时，必须将导线绑扎在瓷瓶的上方，如图 4-17 所示。
- 导线在同一平面有曲折时，瓷瓶必须装设在导线曲折角的内侧，如图 4-18 所示。

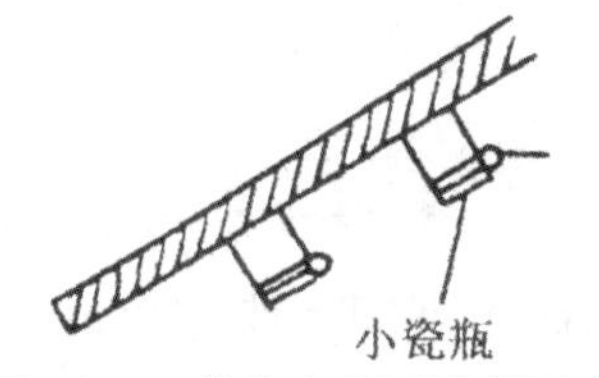

图 4-17 瓷瓶在侧面或斜面上

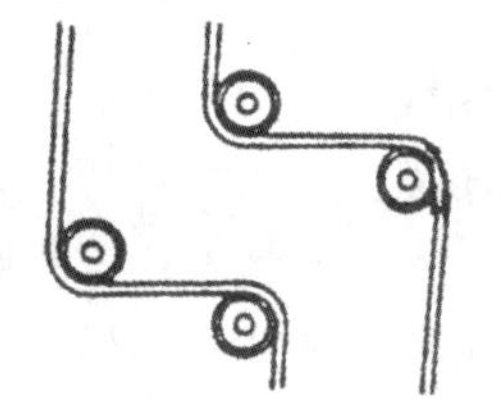
图 4-18 瓷瓶在同一平面的转弯

- 导线在不同的平面上曲折时，在凸角的两面应装设两个瓷瓶，如图 4-19 所示。
- 导线分支时，必须在分支点处设置瓷瓶，用以支持导线；导线互相交叉时，应在靠近建筑物表面的那根导线上套瓷管保护，如图 4-20 所示。

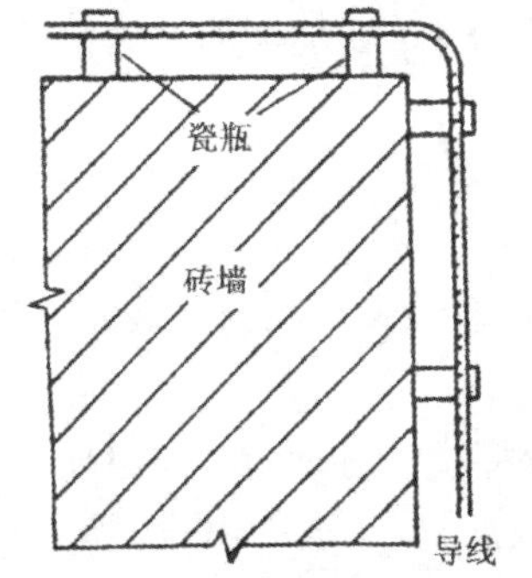

图 4-19 瓷瓶在不同平面的转弯做法

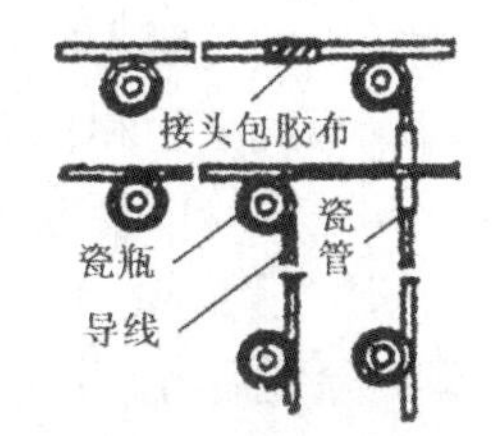

图 4-20 瓷瓶的分支做法

3. 塑料护套线的配线方法

（1）使用场合：塑料护套线是一种将双芯或多芯绝缘导线并在一起，外加塑料保护层的双绝缘导线，具有防潮、耐酸、耐腐蚀、安装方便等优点，广泛用于家庭、办公等室内配线中。塑料护套线一般用铝片或塑料线卡作为导线的支撑物，直接敷设在建筑物的墙壁表面，有时也可直接敷设在空心楼板中。

（2）护套线配线的步骤与工艺要求。

1）画线定位。

- 确定起点和终点位置，用弹线袋画线。
- 设定铝片卡的位置，要求铝片卡之间的距离为150～300mm。在距开关、插座、灯具的木台50mm处及导线转弯两边的80mm处都需要设置铝片卡的固定点。

2）铝片卡或塑料卡的固定。铝片卡或塑料卡的固定应根据具体情况而定。在木质结构、涂灰层的墙上，选择适当的小铁钉或小水泥钉即可将铝片卡或塑料卡钉牢；在混凝土结构上，可用小水泥钉钉牢，也可采用环氧树脂粘接。

3）敷设导线。为了使护套线敷设得平直，可在直线部分的两端各装一副瓷夹板。敷线时，先把护套线一端固定在瓷夹内，然后拉直并在另一端收紧护套线后固定在另一副瓷夹内，最后把护套线依次夹入铝片卡或塑料卡中。护套线转弯时应成小弧形，不能用力硬扭成直角。

4. 线管的配线方法

（1）使用场合。

把绝缘导线穿在管内敷设，称为线管配线。线管配线有耐潮、耐腐、导线不易遭受机械损伤等优点，适用于室内外照明和动力线路的配线。

线管配线有明装式和暗装式两种。明装式表示线管沿墙壁或其他支撑物表面敷设，要求线管横平竖直、整齐美观；暗装式表示线管埋入地下、墙体内或吊顶上，不为人所见，要求线管短、弯头少。

（2）线管配线的步骤与工艺要点。

1）线管的选择。选择线管时，通常根据敷设的场所来选择线管类型，根据穿管导线截面和根数来选择线管的直径。选管时应注意以下几点：

- 在潮湿和有腐蚀性气体的场所，不管是明敷还是暗敷，一般采用管壁较厚的镀锌管或高强度PVC线管。
- 干燥场所内明敷或暗敷一般采用管壁较薄的PVC线管。
- 腐蚀性较大的场所内明敷或暗敷一般采用硬塑料管。
- 根据穿管导线截面和根数来选择线管的直径，要求穿管导线的总截面（包括绝缘层）不应该超过线管内径截面的40%。

2）防锈与涂漆。为防止线管年久生锈，在使用前应将线管进行防锈涂漆。先将管内、管外进行除锈处理，除锈后再将管子的内外表面涂上油漆或沥青。在除锈过程中，还应检查线管质量，保证无裂缝、无瘪陷、管内无锋口杂物。

3）锯管。根据使用需要，必须将线管按实际需要切断。切断的方法是用管子台虎钳将其固定，再用钢锯锯断。锯割时，在锯口上注少量润滑油可防止钢锯条过热；管口要平齐，并锉去毛刺。

4）钢管的套丝与攻丝。在利用线管布线时，有时需要进行管子与管子、管子与接线盒之间的螺纹连接。为线管加工内螺纹的过程称为攻丝；为线管加工外螺纹的过程称为套丝。攻丝与套丝的工具选用、操作步骤、工艺过程及操作注意事项要按机械实训的要求进行。

5）弯管。根据线路敷设的需要，在线管改变方向时需要将管子弯曲。管子的弯曲角度一般不应小于 90°，其弯曲半径可以这样确定：明装管至少应等于管子直径的 6 倍，暗装管至少应等于管子直径的 10 倍。

6）布管。管子加工好后，就应按预定的线路布管，具体的步骤与工艺如下：

- 固定管子。对于暗装管，若布在现场浇制的混凝土构件内，可用铁丝将管子绑扎在钢筋上，也可将管子用垫块垫起、铁丝绑牢，用钉子将垫块固定在木模上；若布在砖墙内，一般是在土建砌砖时预埋，否则应先在砖墙上留槽或开槽；若布在地坪内，必须在土建浇制混凝土前进行，用木桩或圆钢等打入地中，并用铁丝将管子绑牢。对于明装管，为使线管整齐美观，管路应沿建筑物水平或垂直敷设。当管子沿墙壁、柱子和屋架等处敷设时，可用管卡、管夹或桥架固定；当管子进入开关、灯头、插座等接线盒孔内及有弯头的地方时，也应用管卡固定。对于硬塑料管，由于硬塑料管的膨胀系数较大，因此沿建筑物表面敷设时，在直线部分每隔 30m 要装设一个温度补偿盒。硬塑料管的固定也可采用管卡，对其间距也有一定的要求。
- 管子的连接。钢管与钢管的连接，无论是明装管还是暗装管，最好采用管接头连接。尤其是地埋和防爆线管，为了保证管接口的密封性，应涂上黄油，缠上麻丝，用管子钳拧紧，并使两管端口吻合。在干燥少尘的厂房内，直径 50mm 及以上的管子可采用外加套筒焊接，连接时将管子从套筒两端插入，对准中心线后进行焊接。硬塑料管之间的连接可以采用插入法和套接法。插入法即在电炉上加热到柔软状态后扩口插入，并用粘接剂（如过氯乙烯胶）密封；套接法即将同直径的硬塑料管加热扩大成套筒，并用粘接剂或电焊密封。管子与配电箱或接线盒的连接方法如图 4-21 所示。
- 管子接地。为了安全用电，钢管与钢管、钢管与配电箱及接线盒等连接处都应做系统接地。管路中有接头将影响整个管路的导电性能及接地的可靠性，因此在接头处应焊上跨接线，方法如图 4-22 所示，跨接线的长度可参考表 4-8。钢管与配电箱的连接地线均需焊有专用的接地螺栓。
- 装设补偿盒。当管子经过建筑物伸缩缝时，为防止基础下沉不均，损坏管子和导线，需要在伸缩缝的旁边装设补偿盒。暗装管补偿盒的安装方法为：在伸缩缝的一边，按管子的大小和数量的多少，适当地安装一只或两只接线盒，在接线盒的侧面开一个长孔，将管端穿入长孔中，无须固定，另一端用管子螺母与接线盒拧紧固定。明装管用软管补偿，安装时将软管套在线管端部，使软管略有弧度，以便基础下沉时借助软管的伸缩达到补偿的目的。

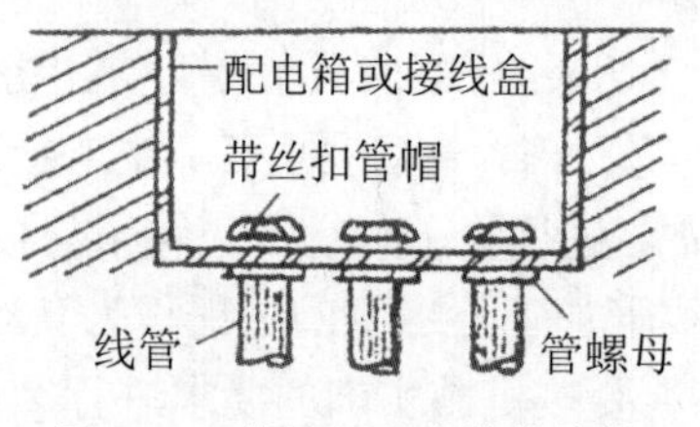

图 4-21　线管与配电箱的连接

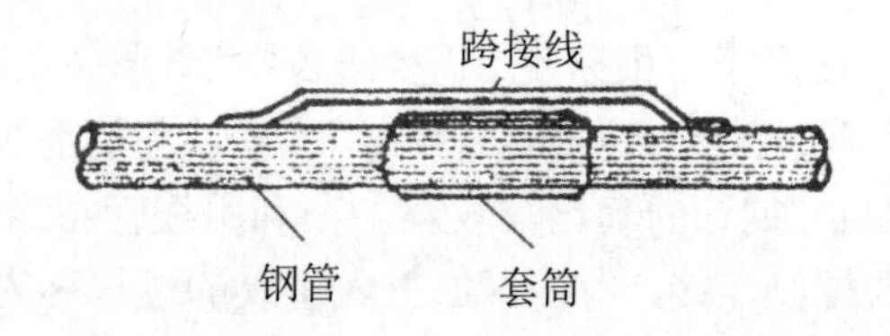

图 4-22　钢管连接处的跨接线

表 4-8　跨接线长度选择

线管直径（mm）		跨接线（mm）		线管直径（mm）		跨接线（mm）	
电线管	钢管	圆钢	扁钢	电线管	钢管	圆钢	扁钢
≤32	≤25	$\phi6$	—	≤50	40～50	$\phi10$	—
≤40	≤32	$\phi8$	—	70～80	70～80	—	25×4

三、白炽灯的配电安装

室内用白炽灯通常有吸顶式、壁式和悬吊式 3 种。

1. 白炽灯安装的主要步骤与工艺要求

（1）木台的安装。先在准备安装挂线盒的地方打孔，预埋木枕或膨胀螺栓，然后在木台底面用电工刀刻两条槽，木台中间钻 3 个小孔，最后将两根电源线端头分别嵌入圆木的两条槽内并从两边小孔穿出，通过中间小孔用木螺钉将圆木固定在木枕上。

（2）挂线盒的安装。将木台上的电源线从线盒底座孔中穿出，用木螺钉将挂线盒固定在木台上，然后将电源线剥去 2mm 左右的绝缘层，分别旋紧在挂线盒接线柱上，并从挂线盒的接线柱上引出软线，软线的另一端接到灯座上，由于挂线螺钉不能承担灯具的自重，因此在挂线盒内应将软线打个线结，使线结卡在盒盖和线孔处，打结的方法如图 4-23（a）所示。

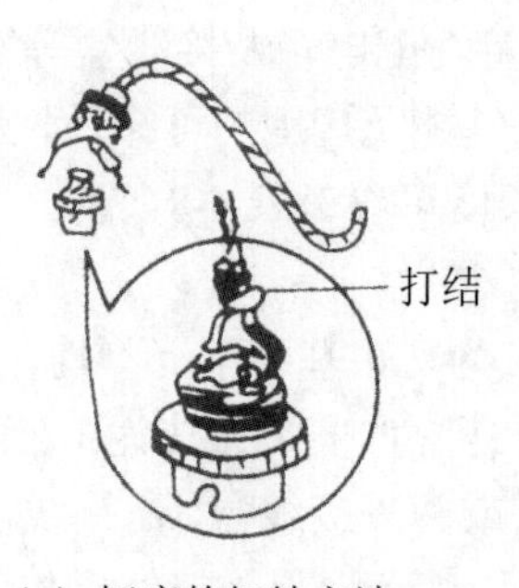

（a）灯座的打结方法

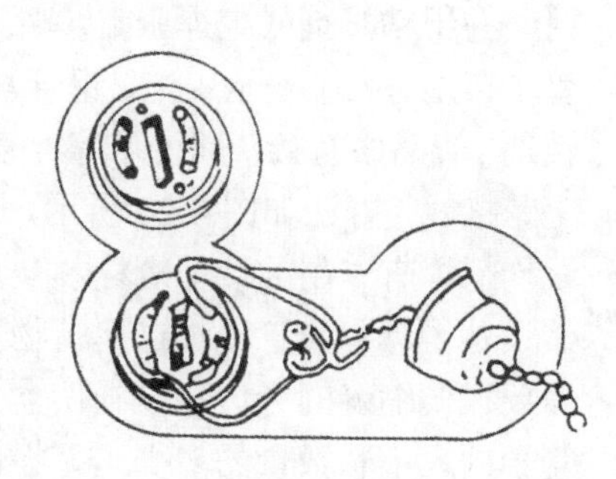
（b）挂线盒接法

图 4-23　挂线盒的安装

（3）灯座的安装。旋下灯头盖子，将软线下端穿入灯头盖中心孔，在离线头30mm处照上述方法打一个结，然后把两个线头分别接在灯头的接线柱上并旋上灯头盖子，如图4-23（b）所示，如果是螺口灯头，相线应接在与中心铜片相连的接线柱上，否则易发生触电事故。

（4）开关的安装。开关不能安装在零线上，必须安装在灯具电源侧的相线上，确保开关断开时灯具不带电。开关的安装分明和暗两种方式。明开关安装时，应先敷设线路，然后在装开关处打好木枕，固定木台，并在木台上装好开关底座，然后接线。暗开关安装时，先将开关盒按施工图要求位置预埋在墙内，开关盒外口应与墙的粉刷层在同一平面上。然后在预埋的暗管内穿线，再根据开关板的结构接线，最后将开关板用木螺钉固定在开关盒上，如图4-24所示。

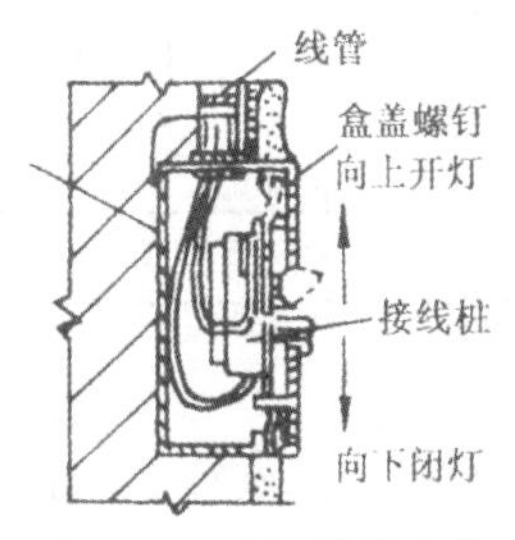

图4-24　暗开关的安装

安装扳动式开关时，无论是明装还是暗装，都应装成扳柄向上扳时电路接通，扳柄向下扳时电路断开。安装拉线开关时，应使拉线自然下垂，方向与拉向保持一致，否则容易磨断拉线。

（5）插座的安装。插座的种类很多，按安装位置分有明插座和暗插座，按电源相数分有单相插座和三相插座，按插孔数分有两孔插座和三孔插座。目前新型的多用组合插座或接线板更是品种繁多，将两眼与三眼、插座与开关、开关与安全保护等合理地组合在一起，既安全又美观，在家庭和宾馆中得到了广泛应用。

普通的单相两孔插座、三孔插座的安装方法如图4-25所示。安装时，插线孔必须按一定顺序排列。对于单相两孔插座，在两孔垂直排列时，相线在上孔，中性线（零线）在下孔；水平排列时，相线在右孔，中性线在左孔。对于单相三孔插座，保护接地（保护接零）线在上孔，相线在右孔，中性线在左孔。电源电压不同的邻近插座，安装完毕后都要有明显的标志，以便使用时识别。

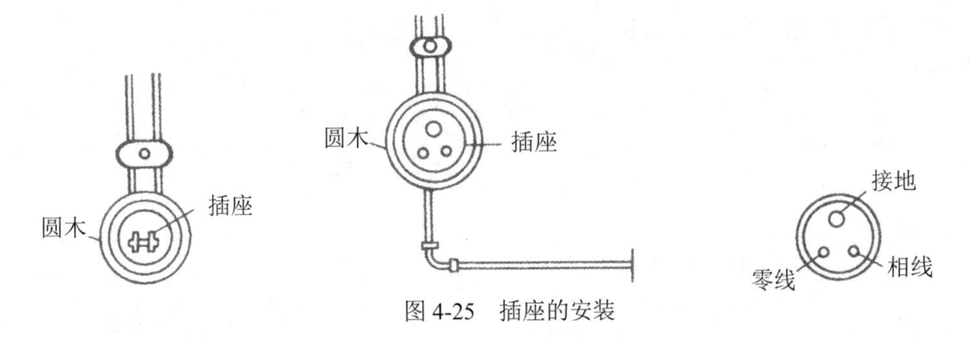

图4-25　插座的安装

2. 白炽灯安装使用注意事项

（1）相线和零线应严格区分，将零线直接接到灯座上，相线经过开关再接到灯头上。对螺口灯座，相线必须接在螺口灯座中心的接线端上，零线接在螺口的接线端上，千万不能接错，否则就容易发生触电事故。

（2）用双股棉织绝缘软线时，有花色的一根导线接相线，没有花色的导线接零线。

（3）导线与接线螺钉连接时，先将导线的绝缘层剥去合适的长度，再将导线拧紧以免松动，最后环成圆扣。圆扣的方向应与螺钉拧紧的方向一致，否则旋紧螺钉时，圆扣就会松开。

（4）当灯具需要接地（或零）时，应采用单独的接地导线（如黄绿双色）接到电网的零干线上，以确保安全。

3. 白炽灯电路的常见故障与处理

白炽灯照明电路比较简单，故障率也很低，常见故障及处理方法如表 4-9 所示。

表 4-9　白炽灯常见故障及处理方法

序号	故障现象	故障原因	处理方法
1	灯泡不亮	灯丝烧断 灯丝引线焊点开焊 灯头或开关接线松动、触片变形、接触不良 线路断线 电源无电或灯泡与电源电压不相符，电源电压过低，不足以使灯丝发光 行灯变压器一、二次侧绕组断路或熔丝熔断，使二次侧无电压 熔丝熔断、自动开关跳闸 灯头绝缘损坏 多股导线未拧紧、未刷锡引起短路 螺纹灯头，顶芯与螺丝口相碰短路 导线绝缘损坏引起短路 负荷过大，熔丝熔断	更换灯泡 重新焊好焊点或更换灯泡 紧固接线，调整灯头或开关的触点 找出断线处进行修复 检查电源电压，选用与电源电压相符的灯泡 找出断路点进行修复或重新绕制线圈或更换熔丝 判断熔丝熔断及断路器跳闸原因，找出故障点并做相应处理
2	灯泡忽亮忽暗或熄灭	灯头、开关接线松动或触点接触不良 熔断器触点与熔丝接触不良 电源电压不稳定或有大容量设备启动或超负荷运行 灯泡灯丝已断，但断口处距离很近，灯丝晃动后忽接忽断	紧固压线螺钉，调整触点 检查熔断器触点和熔丝，紧固熔丝压接螺钉 检查电源电压，调整负荷 更换灯泡
3	灯光暗淡	灯泡寿命快到，泡内发黑 电源电压过低 有地方漏电 灯泡外部积垢 灯泡额定电压高于电源电压	更换灯泡 调整电源电压 查看电路，找出漏电原因并排除 去垢 选用与电源电压相符的灯泡
4	灯泡通电后发出强烈的白光，灯丝瞬时烧断	灯泡有搭丝现象，电流过大 灯泡额定电压低于电源电压 电源电压过高	更换灯泡 选用与电源电压相符的灯泡 调整电源电压
5	灯泡通电后立即冒白烟，灯丝烧断	灯泡漏气	更换灯泡

【任务实施】

（1）学生分组练习木台、挂线盒、灯座的安装。

（2）学生分组练习白炽灯布线。

（3）学生分组练习安装白炽灯。

【项目总结】

（1）掌握正弦交流电的基本物理量的概念、正弦量的相量表示和电路基本定律的相量形式。

（2）掌握纯电阻电路参数的计算方法。

（3）掌握常用电工工具、材料的使用方法。

（4）掌握配电安装工艺。

（5）学习和熟练掌握基本室内线路的安装调试。

【项目训练】

通过本项目的学习回答以下问题：

（1）什么是正弦交流电的三要素？

（2）两个正弦量同相和反相的含义是什么？

（3）已知$u = 60\sqrt{2}\sin(\omega t + 30^\circ)\text{V}$，$i = 2\sqrt{2}\sin(\omega t + 60^\circ)\text{A}$，试画出它们的相量图，并写出它们相量的复数形式和极坐标形式。

（4）白炽灯可以看做纯电阻，白炽灯的电流、电压、功率怎样计算？

（5）试计算 60W、100W 白炽灯的电流、电压、消耗功率。

（6）对题（5）中的两种白炽灯，应怎样选择导线？

（7）认识并识别各种钳子，掌握各种钳子的使用条件和使用方法。

（8）认识各种螺丝刀，练习使用方法。

（9）在木块或塑料上练习手电钻的使用方法。

（10）试简要阐述白炽灯的安装程序。

（11）练习安装白炽灯，注意导线的选择和安装的美观。

5

日光灯照明线路的安装与测试

【项目导读】

日光灯是我们日常生产生活中常见的照明器具，因为它自身的一些特点，其应用也越来越广泛。它的工作原理是怎么样的？和项目四中讲的白炽灯又有什么区别？线路的安装又是如何？该注意哪些问题？

任务一　RLC 正弦交流电路的分析

【任务描述】

交流电的应用要比直流电广泛得多，工厂、农村以及人们的生活用电绝大部分都是交流电，在某些需要用直流电的场合也是将交流电整流后获得。只有少数特殊需要的场合使用蓄电池和干电池作为直流电源。

直流电路和交流电路基本特性相同，分析计算电路的定律、公式也基本一致；元器件的种类也有所增加，比如最基本的电感和电容元件。但是由于交流电的大小和方向不断变化，这就带来一些新的问题，需要建立一些新的概念和分析电路的方法。

【任务分析】

实际用电器的电路大都由电阻、电感、电容等几种元件组成，研究它们相互连接后的电压、电流关系以及功率、功率因数，对于分析、安装、维修电气设备是很有必要的。

【任务目标】

- 掌握电感、电容的电压、电流关系。
- 掌握电感、电容功率的计算方法。
- 掌握 RLC 电路功率、功率因数的计算方法。

【相关知识】

在项目四中学习了交流电通入电阻元件时的电流、电压及功率的计算，对电感和电容元件在项目一中也有了基本的认识。下面将学习电感、电容元件的交流参数的计算。

一、电感元件

1. 电感元件上的电流与电压关系

假设线圈只有电感 L，而电阻 R 可以忽略不计，我们称之为纯电感，今后所说的电感如无特殊说明就是指纯电感。当电感线圈中通过交流电流 i 时，其中产生自感电动势 e_L，设电流 i、电动势 e_L 和电压 u 的正方向如图 5-1（a）所示。前面我们根据克希荷夫电压定律得出：

$$u = -e_L = L\frac{di}{dt}$$

设有电流 $i = I_m \sin\omega t$ 流过电感 L，则代入上式得电感上的电压 u 为：

$$u = \omega L I_m \sin(\omega t + 90^\circ) = U_m \sin(\omega t + 90^\circ)$$

即 u 和 i 也是一个同频率的正弦量。表示电压 u 和电流 i 的正弦波形如图 5-1（b）所示。

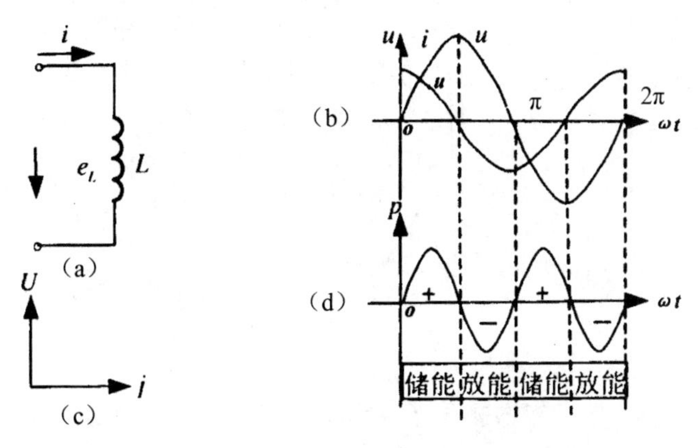

（a）电路图；（b）电流、电压正弦波图形；（c）电流、电压相量图；（d）功率波图形

图 5-1　电感元件交流电路

比较以上 u、i 两式可知，在电感元件电路中，电流在相位上比电压滞后 90°，且电压与电流的有效值符合下式：

$$U_m = I_m \omega L \quad 或 \quad \frac{U_m}{I_m} = \frac{U}{I} = \omega L$$

即在电感元件电路中，电压的幅值（或有效值）与电流的幅值（或有效值）的比值为ωL。显然它的单位也是欧姆。电压U一定时，ωL越大，电流I越小。可见它具有对电流起阻碍作用的物理性质，所以称为感抗，用X_L表示为：

$$X_L = \omega L = 2\pi f L$$

感抗X_L与电感L、频率f成正比，因此电感线圈对高频电流的阻碍作用很大，而对直流则可视为短路。还应该注意，感抗只是电压与电流的幅值或有效值之比，而不是它们的瞬时值之比。

如用相量表示电压与电流的关系，令$\dot{U} = U\mathrm{e}^{j90^\circ}$，$\dot{I} = I\mathrm{e}^{j0^\circ}$，则：

$$\frac{\dot{U}}{\dot{I}} = \frac{U}{I}\mathrm{e}^{j(90^\circ - 0^\circ)} = \frac{U}{I}\mathrm{e}^{j90^\circ} = jX_L = j\omega L \quad 或 \quad \dot{U} = j\omega L\dot{I}$$

相量式也表示了电压与电流的有效值关系以及相位关系，即电压与电流的有效值符合欧姆定理（$U=IX_L$），相位上电压超前电流90°。因为电流相量i乘上j后即向前旋转90°，所以称jX_L为复感抗。电压和电流的相量图如图5-1（c）所示。

2．电感元件的功率与储能

知道了电压u与电流i的变化规律和相互关系后，便可找出瞬时功率的变化规律，即：

$$p = u \cdot i = U_m \sin(\omega t + 90^\circ) \cdot I_m \sin \omega t = UI \sin 2\omega t$$

可见，p是一个幅值为UI，以2ω角频率随时间而变化的交变量，如图5-1（d）所示。当u和i正负相同时，p为正值，电感处于受电状态，它从电源取用电能；当u和i正负相反时，p为负值，电感处于供电状态，它把电能归还电源。电感元件电路的平均功率为零，即电感元件的交流电路中没有能量消耗，只有电源与电感元件间的能量互换。这种能量互换的规模用无功功率Q来衡量，我们规定无功功率等于瞬时功率P_L的幅值，即：

$$Q = UI = I^2 X_L = \frac{U^2}{X_L}$$

无功功率的单位是乏（var）或千乏（kvar）。

二、电容元件

1．交流电路中电容元件上的电流与电压关系

线性电容元件与正弦电源连接的电路如图5-2所示。

电容充放电电流$i = \frac{\mathrm{d}q}{\mathrm{d}t} = \frac{\mathrm{d}(C \cdot u)}{\mathrm{d}t}$，故有$i = C\frac{\mathrm{d}u}{\mathrm{d}t}$，若在电容器两端加一正弦电压$u = U_m \sin \omega t$，则代入$i = C\frac{\mathrm{d}u}{\mathrm{d}t}$中有：

$$i = \omega C U_m \sin(\omega t + 90^\circ) = I_m \sin(\omega t + 90^\circ)$$

即 u 和 i 也是一个同频率的正弦量。表示电压 u 和电流 i 的正弦波形如图 5-2（b）所示。

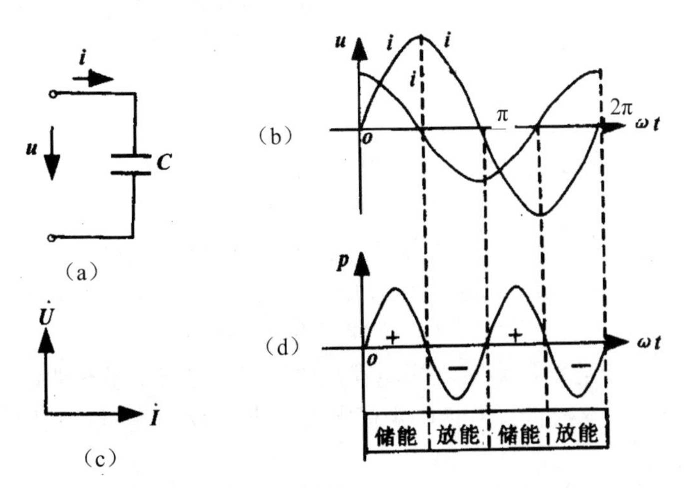

（a）电容元件电路；（b）电流、电压正弦波图形；（c）电压与电流的正弦波形；（d）功率波图形

图 5-2　电容元件交流电路

比较以上 u、i 两式可知，在电容元件电路中，电压在相位上比电流滞后 90°（即电压与电流的相位差为−90°，在今后为了便于说明电路的性质我们规定：当电流比电压滞后时，其相位差 φ 为正值；当电流比电压越前时，其相位差 φ 为负值），且电压与电流的有效值符合下式：

$$I_m = U_m \omega C \quad 或 \quad \frac{U_m}{I_m} = \frac{U}{I} = \frac{1}{\omega C}$$

可见在电容元件电路中，电压的幅值（或有效值）与电流的幅值（或有效值）的比值为 $\frac{1}{\omega C}$，它的单位也是欧姆。当电压 U 一定时，$\frac{1}{\omega C}$ 越大，电流 I 越小。可见它对电流具有起阻碍作用的物理性质，所以称为容抗，用 X_C 表示，即：

$$X_c = \frac{1}{\omega C} = \frac{1}{2\pi f C}$$

容抗 X_C 与电容 C、频率 f 成反比，因此电容对低频电流的阻碍作用很大。对直流（f=0）而言，$X_C \to \infty$，可视为开路。同样应该注意，容抗只是电压与电流的幅值或有效值之比，而不是它们的瞬时值之比。

如用相量表示电压与电流的关系，则 $\dot{U} = U e^{j0^\circ}$，$\dot{I} = I e^{j90^\circ}$，故有：

$$\frac{\dot{U}}{\dot{I}} = \frac{U}{I} e^{j(0^\circ - 90^\circ)} = \frac{U}{I} e^{-j90^\circ} = jX_C = j\frac{1}{\omega C}$$

或
$$\dot{U}=-j\dot{I}X_C=-j\frac{1}{\omega C}\dot{I}$$

相量式也表示了电压与电流的有效值关系和相位关系，即电压与电流的有效值符合欧姆定律（$U=IX_C$），相位上电压滞后于电流 90°。因为电流相量 $\dot{I}$ 乘上-j 后即向后旋转 90°，所以称-jX_C 为复容抗。

2. 交流电路中电容元件上的功率

根据电压 u 与电流 i 的变化规律和相互关系，便可找出瞬时功率的变化规律，即：
$$p=ui=UI\sin 2\omega t$$

由上式可见，p 是一个幅值为 UI 并以 2ω 角频率随时间而变化的交变量，如图 5-2（d）所示。当 u 和 i 正负相同时，p 为正值，电容处于充电状态，它从电源取用电能；当 u 和 i 正负相反时，p 为负值，电容处于放电状态，它把电能归还电源。

电容元件电路的平均功率也为零，即电容元件的交流电路中没有能量消耗，只有电源与电容元件间的能量互换。这种能量互换的规模用无功功率 Q 来衡量，我们规定无功功率等于瞬时功率 p_C 的幅值。

为了同电感元件电路的无功功率相比较，我们设电流 $i=I_m\sin\omega t$ 为参考正弦量，则得到电容元件的无功功率为：
$$Q=-UI=-I^2X_C$$

即电容元件电路的无功功率取负值。

三、阻抗的概念与正弦交流电路分析

在实际电路中，除白炽灯照明电路为纯电阻电路外，其他电路几乎都是包含了电感或电容的复杂混合电路。

1. RLC 串联交流电路的阻抗与相量形式的欧姆定律

电阻、电感与电容元件串联的交流电路如图 5-3（a）所示，注意在电路中各元件通过同一电流 i。

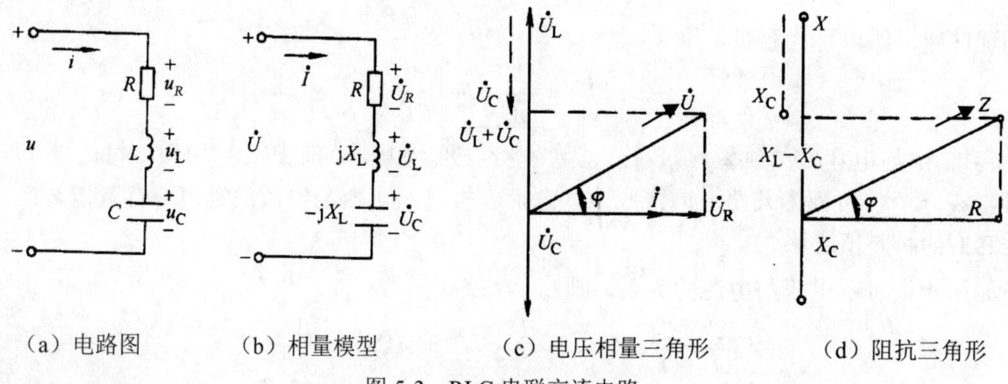

（a）电路图　（b）相量模型　（c）电压相量三角形　（d）阻抗三角形

图 5-3 RLC 串联交流电路

根据基尔霍夫电压定律可以列出：

$$u = u_R + u_L + u_C = iR + L\frac{di}{dt} + C\int i dt$$

设电流 $i = I_m \sin\omega t$，代入上式得：

$$u = u_R + u_L + u_C = I_m R\sin\omega t + \omega L I_m \sin(\omega t + 90^\circ) + \frac{I_m}{\omega C}\sin(\omega t - 90^\circ)$$

如图 5-3（b）所示，上式各正弦量用有效值相量表示后则有：

$$\dot{U} = \dot{U}_R + \dot{U}_L + \dot{U}_C = \dot{I}R + jX_L\dot{I} + (-jX_C)\dot{I}$$

该式称为相量形式的基尔霍夫定律。

上式又可以写成：

$$\dot{U} = \left[R + j(X_L - X_C)\right]\dot{I}$$

令：$X = X_L - X_C$，$Z = R + j(X_L - X_C) = R + jX$

则：$\frac{\dot{U}}{\dot{I}} = Z$　或　$\frac{\dot{U}}{\dot{I}} = Z$

上述两式中，X 称为电抗，表示电路中电感和电容对交流电流的阻碍作用的大小，单位为欧姆（Ω）；Z 称为复阻抗，它描述了 RLC 串联交流电路对电流的阻碍以及使电流相对电压发生的相移。习惯上称上式为正弦交流电路的相量式欧姆定律。在阻抗的连接中将详细介绍复阻抗 Z 及相量式欧姆定律的应用。

2. 电流电压关系与电压三角形、阻抗与阻抗三角形

因为电路中各元件上的电流相同，故以电流 $\dot{I}$ 为参考相量作出电路的电流与电压相量图，如图 5-3（c）所示。在相量图上，各元件电压 u_R、u_L、u_C 的相量 $\dot{U}_R$、$\dot{U}_L$、$\dot{U}_C$ 相加即可得出电源电压 u 的相量 $\dot{U}$，由于电压相量 $\dot{U}$、$\dot{U}_R$ 和 $(\dot{U}_L + \dot{U}_C)$ 组成了一个直角三角形，故称这个三角形为电压三角形。

利用电压三角形便可以求出电源电压的有效值，即：

$$U = I\sqrt{R^2 + (X_L - X_C)^2}$$

由上式可见，这种电路中电压与电流的有效值（或幅值）之比为 $\sqrt{R^2 + (X_L - X_C)^2}$，它就是复阻抗 Z 的模，它的单位也是欧姆，具有对电流起阻碍作用的性质，我们称它为电路的阻抗，用 $|Z|$ 表示，即：

$$|Z| = \sqrt{R^2 + (X_L - X_C)^2} = \sqrt{R^2 + \left(\omega L - \frac{1}{\omega C}\right)^2}$$

有了阻抗 $|Z|$，则：

$$U = I \cdot |Z|$$

即 RLC 串联电路中的电流与电压的有效值符合欧姆定律。

另外，$|Z|$、R、$(X_L\text{-}X_C)$ 三者之间的关系也可以用一个阻抗三角形来表示，阻抗三角形是一

个直角三角形，如图 5-3（d）所示。阻抗三角形和电压三角形是相似三角形，故电源电压 u 与电流 i 之间的相位差 φ 既可以从电压三角形得出，也可以从阻抗三角形得出：

$$\varphi = \mathrm{arctg}\frac{U_{\mathrm{L}} - U_{\mathrm{C}}}{U_{\mathrm{R}}} = \mathrm{arctg}\frac{X_{\mathrm{L}} - X_{\mathrm{C}}}{R}$$

可以看出，上式中的电压与电流的相位差 φ 也是复阻抗 Z 的复角，又称为阻抗的阻抗角，故复阻抗 Z 可以表示为：

$$Z = |Z|\angle\varphi \quad \text{或} \quad Z = |Z|\mathrm{e}^{j\varphi}$$

而且，从前面的分析可知，复阻抗 Z 的模表示了电路对交流电流阻碍作用的大小，复角 φ 表示了电路使交流电流相对于电压的相移，故前面我们说：复阻抗 Z 描述了交流电路对电流的阻碍以及三角形使电流相对电压发生的相移。

3. 电路的性质

阻抗 $|Z|$、电阻 R、感抗 X_{L} 及容抗 X_{C} 不仅表示电压 u 及其分量 u_{R}、u_{L} 及 u_{C} 与电流 i 之间的大小关系，而且也表示了它们之间的相位关系。随着电路参数的不同，电压 u 与电流 i 之间的相位差 φ 也就不同，因此 φ 角的大小是由电路（负载）的参数决定的。我们一般根据 φ 角的大小来确定电路的性质。

（1）如果 $X_{\mathrm{L}}>X_{\mathrm{C}}$，则在相位上电流 i 比电压 u 滞后，$\varphi>0$，这种电路是电感性的，简称为感性电路。

（2）如果 $X_{\mathrm{L}}<X_{\mathrm{C}}$，则在相位上电流 i 比电压 u 超前，$\varphi<0$，这种电路是电容性的，简称为容性电路。

（3）当 $X_{\mathrm{L}}=X_{\mathrm{C}}$ 即 $\varphi=0$ 时，电流 i 与电压 u 同相，这种电路是电阻性的，称为谐振电路，谐振电路后面会详细介绍。

4. 阻抗的连接

实际的交流电路往往不只是 RLC 串联电路，它可能是同时包含电阻、电感和电容的复杂的混联电路，在这些交流电路中用复阻抗来表示电路各部分对电流与电压的作用，我们就可以用相量法像分析直流电路一样来分析正弦交流电路了。

（1）阻抗的串联。

由前面的知识可知，如果 R、L、C 串联，如图 5-4 所示，其电路等效复阻抗：

$$Z = R + jX_{\mathrm{L}} + (-jX_{\mathrm{C}})$$

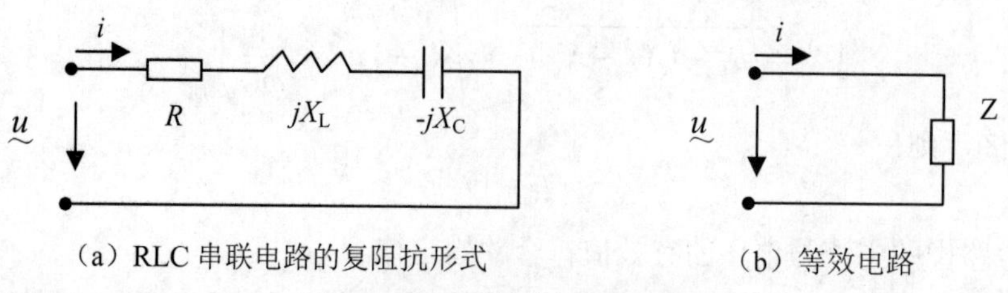

（a）RLC 串联电路的复阻抗形式　　（b）等效电路

图 5-4　RLC 串联电路的复阻抗

即 RLC 串联电路的等效复阻抗为各元件的复阻抗之和。

如图 5-5 所示为两复阻抗串联电路。

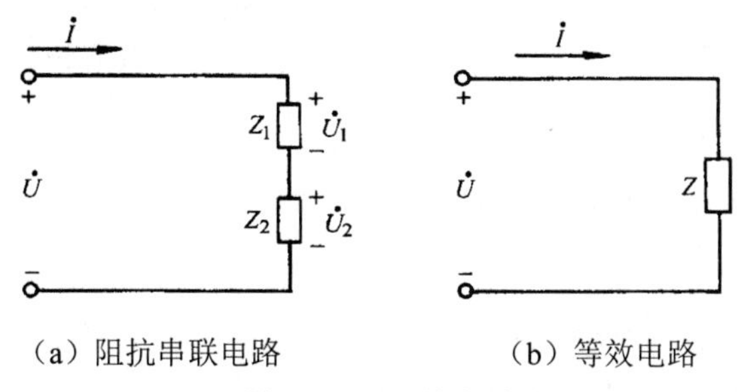

图 5-5　阻抗的串联

由基尔霍夫电压定律可得：

$$\dot{U}=\dot{U}_1+\dot{U}_2=\dot{I}Z_1+\dot{I}Z_2=\dot{I}(Z_1+Z_2)=\dot{I}Z$$

式中 Z 称为串联电路的等效阻抗，可见：

$$Z=Z_1+Z_2$$

即串联电路的等效复阻抗等于各串联复阻抗之和。图 5-5（a）等效简化为图 5-5（b）。

（2）阻抗的并联。

图 5-6（a）所示是两阻抗并联电路。

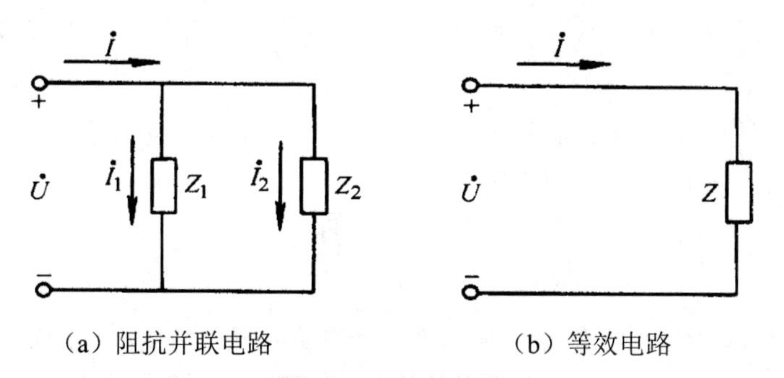

图 5-6　阻抗的并联

$$\dot{I}=\dot{I}_1+\dot{I}_2=\frac{\dot{U}}{Z_1}+\frac{\dot{U}}{Z_2}=\dot{U}\left(\frac{1}{Z_1}+\frac{1}{Z_2}\right)=\frac{\dot{U}}{Z}$$

由基尔霍夫电流定律可得：

式中 Z 称为并联电路的等效阻抗，可见：

$$\frac{1}{Z}=\frac{1}{Z_1}+\frac{1}{Z_2}$$

即并联电路的等效阻抗的倒数等于各并联阻抗倒数的和。图 5-6（a）等效简化为图 5-6（b）。

总结以上可得：

- 电阻、电感、电容元件的交流伏安特性是元件对交流电压和电流的约束关系。当交流电压和电流为正弦量时，这种约束关系可用相量形式表示，由此引出了感抗 X_L 和容抗 X_C，电感、电容是储能元件，电感具有“阻交通直”特性，电容具有“隔直通交”特性。
- 一个无源网络的阻抗 Z 等于端口电压相量 U 与输入电流相量 I 之比，阻抗 Z 在正弦交流电路的分析中有着非常重要的作用。

四、正弦交流电路的功率和功率因数

1. 功率

RLC 串联电路的瞬时功率为：

$$P = ui = U_m \sin(\omega t + \varphi) \cdot I_m \sin \omega t$$

由数学关系可以得到 $P = UI\cos\varphi - UI\cos(2\omega t + \varphi)$，故电路的平均功率为：

$$P = \frac{1}{T}\int_0^t p\mathrm{d}t = \frac{1}{T}\int_0^t [UI\cos\varphi - UI\cos(2\omega t + \varphi)]\mathrm{d}t = UI\cos\varphi$$

由于 RLC 电路中只有电阻元件 R 上要消耗能量，L 和 C 上有功功率为 0，于是：

$$P = UI\cos\varphi = URI = I^2 R$$

而电感元件与电容元件要储放能量，即它们与电源之间要进行能量互换，相应的无功功率可以根据电感元件电路与电容元件电路中的无功功率得到：

$$Q = UI\sin\varphi$$

另外，在交流电路中，把电压与电流有效值的乘积称为视在功率 S，单位为伏安（VA），即：

$$S = UI = I^2 |Z|$$

以上三个公式是计算正弦交流电路中功率的一般公式，而且由这三个式子可见，有功功率、无功功率与视在功率间有一定的关系，即：

$$S = \sqrt{P^2 + Q^2}$$

2. 功率因数

由以上推导可知，RLC 混合电路中负载取得的功率不仅与发电机的输出电压及输出电流的有效值的乘积有关，而且还与电路（负载）的参数有关。电路所具有的参数不同，电压与电流之间的相位差 φ 也就不同，在同样的电压 U 和电流 I 下，电路的有功功率和无功功率也就不同。

因此，电工学中将 $P = URI = I^2 R = UI\cos\varphi$ 中的 $\cos\varphi$ 称为功率因数。

只有在电阻负载（如白炽灯、电阻炉等）的情况下，电压与电流才同相，其功率因数为 1。对其他负载来说，其功率因数均介于 0 与 1 之间，这时电路中发生能量互换，出现无功功率 $Q = UI\sin\varphi$。无功功率的出现使电能不能充分利用，其中有一部分能量即在电源与负载之间进行能量互换，增加了线路的功率损耗。所以对用电设备来说，提高功率因数一方面可以使电源设备的容量得到充分利用，同时也能使电能得到大量节约。

功率因数不高，根本原因就是电感性负载的存在。例如工程施工中常用的异步电动机，在额定负载时功率因数约为0.7～0.9左右，如果在轻载时其功率因数就更低。电感性负载的功率因数之所以小于1，是由于负载本身需要一定的无功功率。从技术经济的观点出发，合理地连接电容可以解决这个矛盾，以达到提高功率因数的实际意义。

按照供电规则，高压供电的工业企业平均功率因数不低于 0.9。提高功率因数常用的方法就是将电感性负载并联静电电容器（设置在用户或变电所中），其电路图和相量图如图5-7所示。

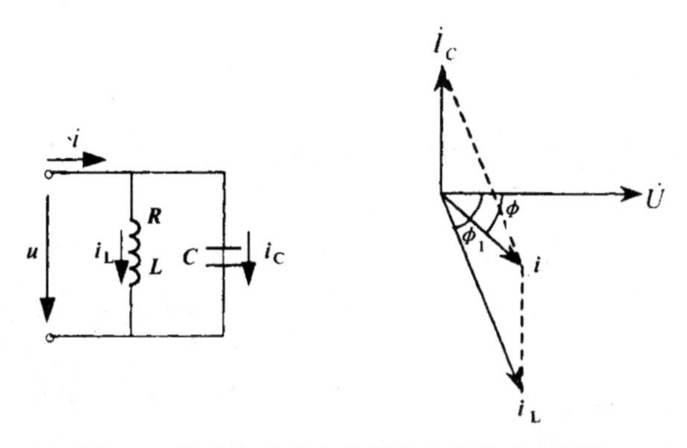

图 5-7　并联电感和电容提高电路的功率因数

【任务实施】

（1）简述电阻、电感、电容元件上电压与电流之间的关系，它们之间的区别是什么？

（2）什么是有功功率、无功功率、视在功率，三者有什么关系？

任务二　电子镇流器电路的分析

【任务描述】

荧光灯是生活中非常常见的照明设备，它发出和太阳近似的白光，但是却比白炽灯省电，所以作为采光设备已非常普及。

但是荧光灯的发光机理和普通白炽灯有很大区别，所以必须有一套特殊的供电电路，我们称具有像荧光灯驱动电路一样的工作特点的电路为镇流器。本任务讲述荧光灯的结构特点、工作过程及镇流器电路的原理。

【任务分析】

要了解荧光灯的结构特点、工作过程、荧光灯驱动电路——镇流器各部件的工作特点和传统的电感镇流器、电子镇流器电路的工作原理。

【任务目标】

- 掌握荧光灯的工作原理与工作特点。
- 认识并掌握电子镇流器电路的工作原理。

【相关知识】

一、荧光灯

1. 荧光灯的构造

荧光灯（或称低压汞蒸气灯）是现今一般照明最普遍采用的放电灯类型，几乎全球通用，特别是办公室的照明。

荧光灯的灯管（如图 5-8 所示）是一根 15~38mm 直径的玻璃管，在管内壁上涂上一层荧光粉，灯管两端各有一个灯丝。灯丝由钨丝绕成，用以发射电子。荧光灯管内抽成真空后充有一定量的惰性气体和少量的汞气（水银蒸气）。惰性气体有利于日光灯的启动，并延长灯管的使用寿命；水银蒸气作为主要的导电材料，当管内产生辉光放电时发出一种波长极短的不可见光（紫外线），这种光激发日光灯管内壁的荧光粉转换为近似日光的可见光。

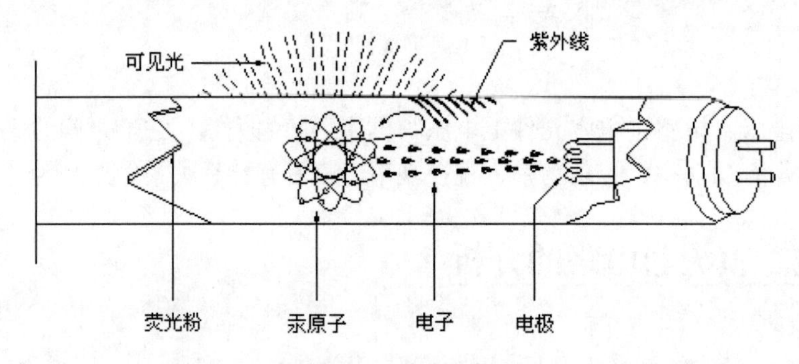

图 5-8　荧光灯管

与白炽灯不同，荧光灯不能直接接驳到电源上去，电路中必须有限制电流通过荧光灯的器件，这可以是配备启动器开关的电磁式镇流器（一般或低损耗型）或高频电子镇流器。为方便启动，多数荧光灯均以预热电压的方法在燃亮前预热电压。

荧光灯能否发挥最大效能很大程度上取决于所用控制器的功能。单靠电源供电电压，荧光灯不能正常地操作，必须在电灯电路上加一些器件。控制器起着多种作用如下：

- 限制及稳定电灯的电流。
- 每半个循环没有电压通过之际仍确保电灯持续操作。
- 为电灯初次启动提供燃亮电压。

- 在燃亮时为预热电极提供能源。
- 达到其他需求，如确保有高功率因数、限制谐波失真、抑制电磁波干扰、限制短路及启动电流、延长寿命、降低损耗及噪声等。

2. 荧光灯电路的组成及工作过程

（1）荧光灯电路的组成。

电路由荧光灯管、镇流器、启辉器组成，原理电路如图 5-9 所示。

- 光灯管：前面已详述。
- 启辉器。启辉器主要由辉光放电管和电容器组成，其内部结构如图 5-10 所示。其中辉光放电管内部的倒 U 形双金属片（动触片）是由两种热膨胀系数不同的金属片组成的；通常情况下，动触片和静触片是分开的；小容量的电容器可以防止启辉器动静触片断开时产生火花而烧坏触片。

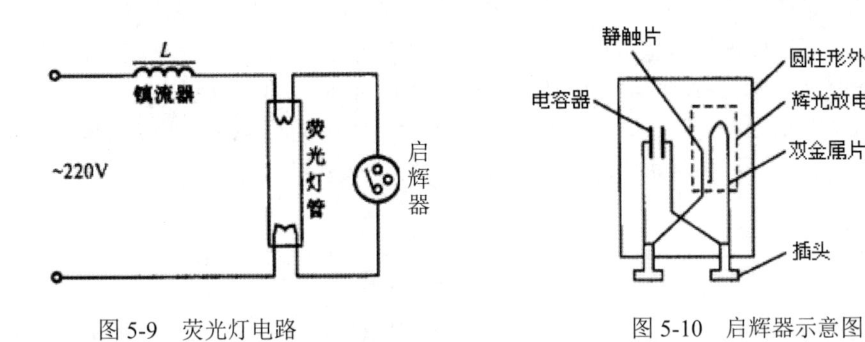

图 5-9 荧光灯电路　　　图 5-10 启辉器示意图

- 镇流器。镇流器是一个带有铁心的电感线圈。它与启辉器配合产生瞬间高电压使荧光灯管导通，激发荧光粉发光，还可以限制和稳定电路的工作电流。

（2）荧光灯电路的工作过程。

惰性气体能帮助灯管易于点燃，并有保护电极延长灯管使用时间的作用。在荧光灯电路开始接通电源的时候，灯管尚不能点燃，此时启辉器内发生辉光放电，使其中的双金属片受热翘起导致触点闭合，接通灯丝电路，电流即流经镇流器、灯管两端的灯丝和启辉器，其值约是灯管正常工作电流的两倍，这时灯丝很快加热而发射电子。在启辉器内触头闭合以后，辉光放电停止，约过零点几秒的时间，双金属片冷却并恢复原状，造成灯丝电路突然断开。在电路断开的瞬间，镇流器中产生很高的自感电动势，此电动势作用在灯管的两端，促使灯管点燃，荧光灯便进入正常工作状态。灯管点燃以后，电路中的电流将在镇流器上产生较大的电压降落，灯管两端的电压锐减，从而使得和灯管并联的启辉器因承受的电压过低而不再启辉。这就是荧光灯的点燃过程。

3. 影响荧光灯寿命的因素

荧光灯不能再点燃和不发光的主要原因是阴极上电子发射物质的完全消耗和汞在灯管内的耗竭。影响荧光灯寿命的有制造方面的原因和运用方面的因素。在制造方面，荧光灯的寿命主要由惰性气体充入的压力、汞充入量和阴极上电子发射物质的数量来决定；在运用方面的因素主要有以下几种：

- 灯管电流的大小。灯管工作电流增加时，寿命会降低。电流比额定值增加 1%时，寿命将降低 1.7%；电流比额定值小时，寿命将增加。但电流过小时，寿命反而又降低。这是因为工作电流过小时阴极温度过低，电极上电子物质的溅射加大所致。
- 阴极灯丝质量好坏。荧光灯的寿命主要取决于其阴极发射电子能力和耐离子轰击能力，因此如果阴极与镇流器或灯管匹配不当，则最容易受到损坏。当阴极发射的电子不足以点燃荧光灯或灯丝受离子轰击产生断丝时，灯管的寿命也就终结了。所以，如何改善提高阴极发射电子的效能以及阴极灯丝的耐轰击能力就成为了影响荧光灯寿命的关键问题。目前，荧光灯采取直热灯丝方式加热阴极激发电子，温度低于 1000℃，相对于白炽灯而言，对真空状态下的钨丝脆性几乎不会产生，基于阴极的主要功能是“储粉”和“加热”，不同功率的荧光灯可以采用相同规格的灯丝，可见荧光灯阴极对螺旋灯丝的选型范围较大，只要裹着电子粉的灯丝不断，镇流器比较可靠，制灯企业就可以简单地生产出寿命达到 5000 小时左右的荧光灯，有的也可以标称6000～8000 小时，这种粗放型的生产方式在国内节能灯企业中普遍存在。在国内电子技术高度发达的今天，由于荧光灯灯丝创新技术的滞后，导致了国产荧光灯的整体寿命水平难以突破 10000 小时。

二、镇流器电路分析

1. 电感镇流器荧光灯

电感镇流器荧光灯电路如图 5-11 所示。当开关 S1 闭合时，220V 交流电加到电感 L、荧光管灯丝和启辉器 S 上。双金属片之间的气体辉光放电形成电流，双金属片受热而膨胀，动片向静片靠近，这段时间内灯丝被加热。当动片与静片接触后，启辉器 S 便停止辉光放电，双金属片冷却收缩使动片与静片断开，电路中的电流亦突然消失，在电感镇流器中就产生一比电源电压高的感应电动势，这个电动势与电源串联起来加到灯管两阴阳极之间，灯丝发射电子碰撞管内气体，使其电离引起弧光放电，此时管内的温度升高，继而使液态汞汽化游离，形成管内电流，发出不可见的紫外线，紫外线激发管内壁涂覆的荧光粉，发出柔和的荧光。荧光灯启动后，电感镇流器便限制灯管的电流，使荧光灯处于正常发光状态。

很明显，电感镇流器荧光灯电路简单、造价便宜，但电感镇流器体积大且笨重，功率因数较低（0.5 左右），其耗能占灯功率的 20%左右，尤其是 50Hz 的交流电给荧光灯带来频闪效应，对视力有影响，而且电源电压低于 180V 时启动困难。启动过程中产生音频噪声，与其配合的启辉器也容易损坏。为了克服这些缺点，电子镇流器应运而生。

2. 电子镇流器荧光灯

如图 5-12 所示为电子镇流器荧光灯电路原理图。

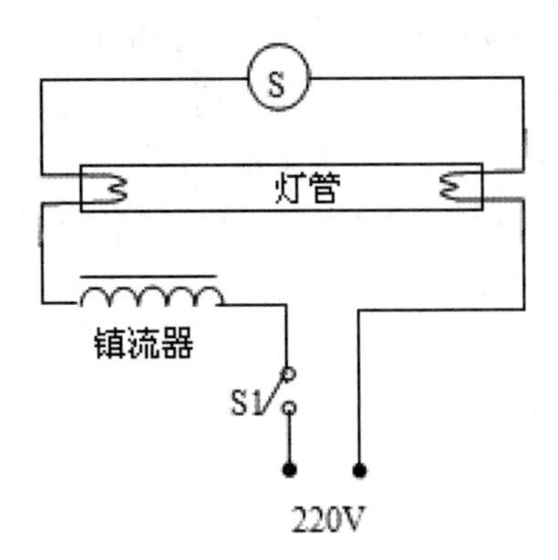

图 5-11　电感镇流器荧光灯电路

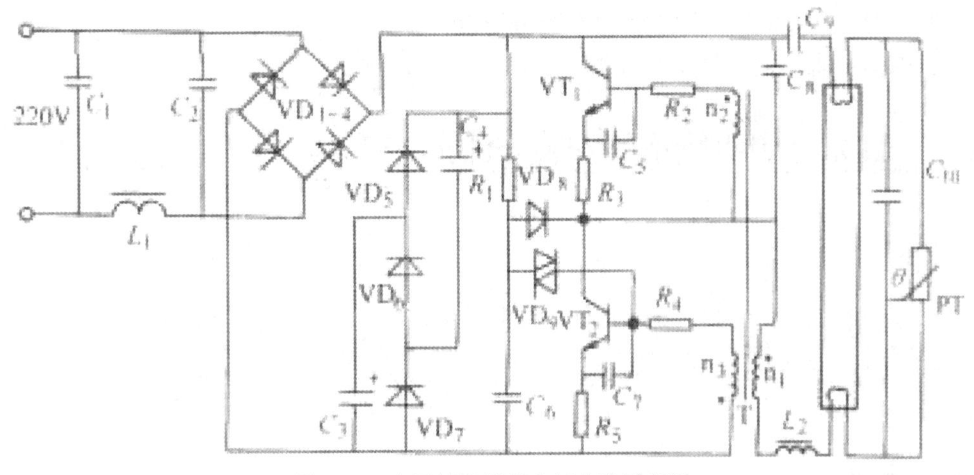

图 5-12　电子镇流器荧光灯电路原理图

（1）高频滤波电路：由 C_1、C_2、L_1 组成，滤波电子镇流器产生高频电压，防止干扰电网。

（2）整流电路：由 VD_1～VD_4 组成，获得脉动直流电压。

（3）特殊滤波电路：由 VD_5～VD_7、C_3、C_4 组成，对脉动直流电压滤波获得 220V 左右的直流电压。

（4）流动触发电路：由 R_1、C_6、VD_9 组成，启动时为 VT_2 提供触发电压。

（5）自激振荡电路：由 VT_1、VT_2、R_2～R_5、C_5、C_7、C_9、C_{10}、PT_C、L_2 和磁环变压器组成，产生频率为 25kHz 的自激振荡，使 C_9 交替充电放电，形成管内电流，维持灯管发光。

工作过程为：接通电源时，220V 左右的直流电压经 R_1 向 C_6 充电，当电压升高至 32V 时，VD_9 导通，给 VT_2 基极提供触发脉冲，VT_2 首先导通。此时，直流电源经 C_9，灯丝、PT_C、L_2、VT_2、R_5 构成闭合回路，给 C_9 充电。由于磁环变压器 T 上三个绕组 n_1、n_2、n_3 的互感作用，VT_2 很快截止，VT_1 导通，C_9 被放电，如此反复循环，电路产生 25kHz 的高频振荡。电路起振后，C_6经 VD_8 和 VT_2 不停地放电使 VD_9 不再产生触发电压，启动电路停止工作。高频电流通过 L_2、PT_C、C_9 预热灯丝约 1s 后，PT_C 元件因发热达到居里温度，电阻值增大到 10MΩ 以上，这时 C_9、C_{10} 和 L_2 等构成的串联谐振电路产生谐振，由于 C_{10} 的容量远小于 C_9，故在 C_{10} 上产生足够高的谐振电压，点亮灯管，灯管一旦被点亮，LC 串联电路失谐，灯管两端电压降为 100V 左右。这时 L_2 起限流作用，C_{10} 通过的极小电流对灯丝起辅助加热作用。另外，当 VT_2 由导通变为截止时，L_2 上的自感电动势与电源整流后的电压叠加在一起，会使 VT_2 承受上千伏的高频电压，容易使 VT_2 击穿，C_8 可有效降低这个电压。

【任务实施】

（1）组织学生到实训室观察荧光灯的构造，认识并研究荧光灯镇流器电路，利用万用表识别电路中的各元件，利用示波器观察电路各节点的信号波形，使学生对荧光灯镇流器电路有感官认识，加深对电路工作原理和电路设计的理解。

（2）课后要求学生完成实验报告。

任务三　日光灯照明线路的安装与测试

【任务描述】

日光灯是日常生活中经常使用的一种用电设备，作为一名合格的维修电工，掌握日光灯的安装与故障排除方法是非常重要的。

【任务分析】

要了解日光灯的各安装部件及其作用，熟练使用安装工具安装日光灯，学会日光灯常见故障的排除方法。

【任务目标】

- 认识日光灯的各安装部件及其作用，掌握其安装方法。
- 掌握日光灯的安装规程，练习日光灯的安装。
- 掌握日光灯一般故障的检修方法。

【相关知识】

一、日光灯照明线路

1. 日光灯及其附件的结构

日光灯照明线路主要由灯管、启辉器、启辉器座、镇流器、灯座、灯架等组成。

（1）灯管。由玻璃管、灯丝、灯头、灯脚等组成，其外形结构如图 5-13（a）所示。玻璃管内抽成真空后充入少量汞（水银）和氩等惰性气体，管壁涂有荧光粉，在灯丝上涂有电子粉。

灯管的常用规格有 6W、8W、12W、15W、20W、30W、40W 等。灯管外形除直线形外，也有制成环形或 U 形的。

（2）启辉器。由氖泡、纸介质电容器、出线脚、外壳等组成，氖泡内有∩形动触片和静触片，如图 5-13（b）所示。常用规格有 4～8W、15～20W、30～40W，还有通用型 4～40W 等。

（3）启辉器座。常用塑料或胶木制成，用于放置启辉器。

（4）镇流器。主要由铁心和线圈等组成，如图 5-13（c）所示。使用时镇流器的功率必须与灯管的功率及启辉器的规格相符。

（5）灯座。灯座有开启式和弹簧式两种。灯座规格有大型的，适用于 15W 及以上的灯管；有小型的，适用于 6～12W 的灯管。

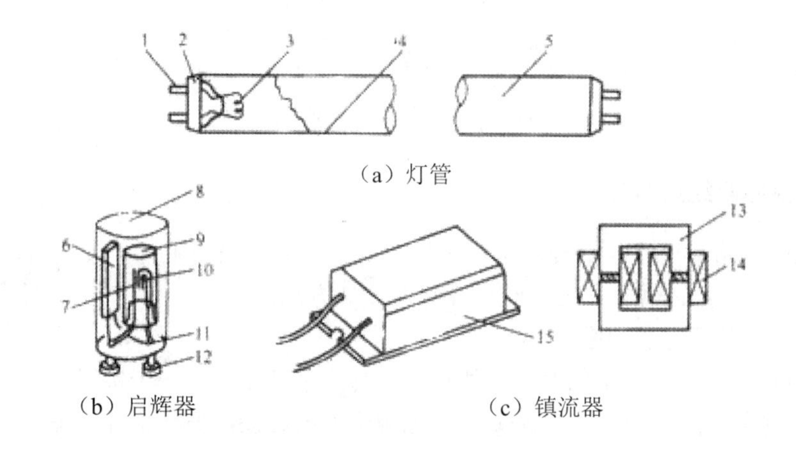

（a）灯管

（b）启辉器　　（c）镇流器

1—灯脚；2—灯头；3—灯丝；4—荧光粉；5—玻璃管；6—电容器；7—静触片；8—外壳；9—氖泡；10—动触片；11—绝缘底座；12—出线脚；13—铁心；14—线圈；15—金属外壳

图 5-13　日光灯照明装置的主要部件结构

（6）灯架。有木制和铁制两种，规格应与灯管相配合。

日光灯工作原理图如图 5-14 所示。

2. 镇流器的作用

镇流器在电路中除上述作用外还有两个作用：一是在灯丝预热时限制灯丝所需的预热电流，防止预热电流过大而烧断灯丝，保证灯丝电子的发射能力；二是在灯管启辉后，维持灯管的工作电压和限制灯管的工作电流在额定值，以保证灯管稳定工作。

3. 启辉器内电容器的作用

该电容器有两个作用：一是与镇流器线圈形成 LC 振荡电路，延长灯丝的预热时间和维持感应电动势；二是吸收干扰收音机和电视机的交流杂声。

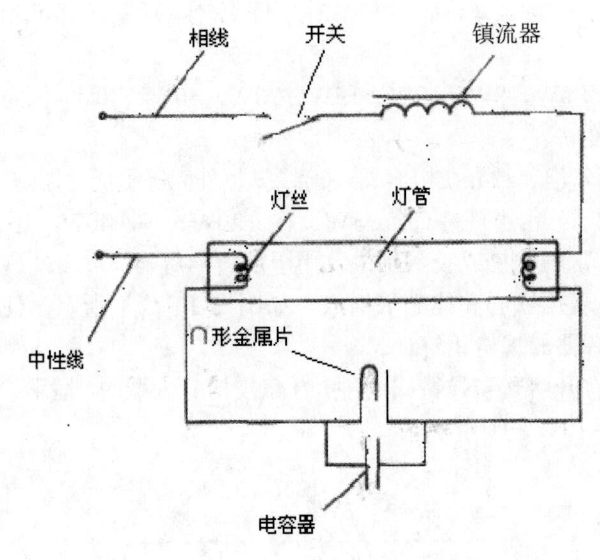

图 5-14　荧光灯工作原理图

二、日光灯照明线路的安装

日光灯照明线路中导线的敷设，木台、接线盒、开关等照明附件的安装方法与要求与白炽灯照明线路基本相同。现在主要介绍荧光灯的安装方法。

荧光灯的接线装配方法如图 5-15 所示。

（1）用导线把启辉器座上的两个接线桩分别与两个灯座中的一个接线桩连接。

（2）把一个灯座中余下的一个接线桩与电源中性线连接，另一个灯座中余下的一个接线桩与镇流器的一个线头相连。

（3）镇流器的另一个线头与开关的一个接线桩连接。

（4）开关的另一个接线桩接电源相线。

接线完毕后，把灯架安装好，旋上启辉器，插入灯管。注意当整个日光灯重量超过 1kg 时应采用吊链，载流导线不承受重力。

三、荧光灯照明线路常见故障分析

（1）接通电源后，荧光灯不亮。

故障原因：①灯脚与灯座、启辉器与启辉器座接触不良；②灯丝断；③镇流器线圈断路；④新装荧光灯接线错误。

对应故障原因的检修方法：①转动灯管或启辉器，找出接触不良处并修复；②用万用表电阻挡检查灯管两端的灯丝是否已断，可换新灯管；③修理或调换镇流器；④找出接线错误处。

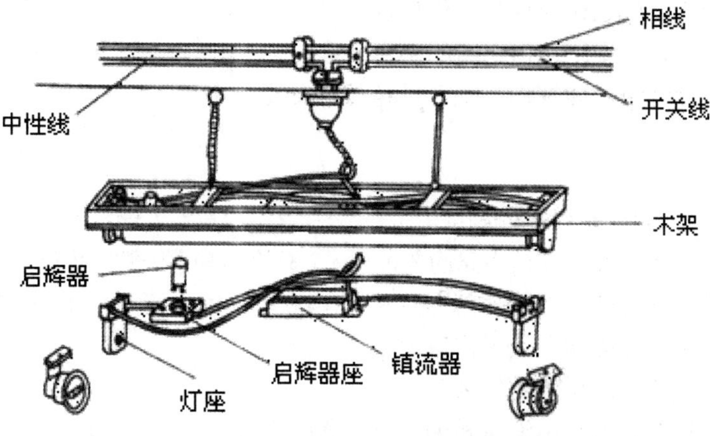

图 5-15　荧光灯线路的装配图

（2）荧光灯光闪动或只有两头发光。

故障原因：①启辉器氖泡内的动静触片不能分开或电容器被击穿短路；②镇流器配用规格不合适；③灯脚松动或镇流器接头松动；④灯管陈旧；⑤电源电压太低。

对应故障原因的检修方法：①更换启辉器；②调换与荧光灯功率适配的镇流器；③修复接触不良处；④换新灯管；⑤如有条件采取稳压措施。

（3）光在灯管内滚动或灯光闪烁。

故障原因：①新灯管暂时现象；②灯管质量不好；③镇流器配用规格不合适或接线松动；④启辉器接触不良或损坏。

对应故障原因的检修方法：①开用几次可消除故障现象；②换灯管试一下；③调换合适的镇流器或加固接线；④修复接触不良处或调换启辉器。

（4）镇流器过热或冒烟。

故障原因：①镇流器内部线圈短路；②电源电压过高；③灯管闪烁时间过长。

对应故障原因的检修方法：①调换镇流器；②检查电源；③按故障（3）检查闪烁原因并排除。

【任务实施】

（1）组织学生到实训室认识并练习使用各种安装工具。

（2）认真观察并总结日光灯安装操作过程。

（3）安装日光灯。

（4）对故障日光灯进行检修。

【项目总结】

（1）掌握电感、电容正弦交流电路的分析方法。

（2）掌握日光灯的工作原理与工作特点。

（3）认识并掌握电子镇流器电路的工作原理。

（4）掌握日光灯的安装规程，练习日光灯的安装。

【项目训练】

通过本项目的学习回答以下问题：

（1）如何计算 RLC 串联交流电路的各种功率？什么是功率因数？提高功率因数有何意义？

（2）什么是电路的性质？试画出容性 RLC 串联电路的电流与电压相量图。

（3）试简述荧光灯的构造及工作原理。

（4）荧光灯镇流器的作用是什么？

（5）试分析传统的电感镇流器和电子镇流器电路的原理。

（6）日光灯各安装部件的名称及其作用是什么？

（7）简述安装日光灯的操作规程及注意事项。

（8）引起日光灯闪烁的原因有哪些？

6 吊扇线路的安装与测试

【项目导读】

我们生活中用的电都是单相电，生活中的用电器如洗衣机、电风扇、吹风机等是怎样将电能转化为机械能的呢？

吊扇是一种典型而普遍的家用电器，在电工操作中我们怎样来正确的安装它？在安装过程中需要注意些什么呢？

任务一　磁场、磁路、电磁感应定律

【任务描述】

电与磁是相互转化、相互作用的，电能产生磁，磁场又会对电场产生影响，磁理论是生产上制造各种换能器（如实现电能—机械能转化的电动机）的基础，所以学习磁的基本理论知识是从事电动机等生产制造的理论基础。

【任务分析】

生产中，利用电到磁的转化、磁与电的相互作用发明了电动机，掌握磁场的基本知识和磁场对导线的作用方法是从事电动机研究、制造与使用的基础。

【任务目标】

- 掌握磁感应强度、磁通、磁导率等各项参数的意义。

- 掌握安培环路定律、电磁感应定律等磁场的基本定律。
- 了解铁磁材料的铁磁性能。

【相关知识】

中学物理中学过了磁力线的概念，磁力线是定性描述磁场的方法。磁力线上任一点的切线方向和该点处的磁场方向一致（右手定则）；磁场强的地方，磁力线较密，反之磁力线较疏。不同形状的电流所产生的磁场的磁力线如图 6-1 和图 6-2 所示。

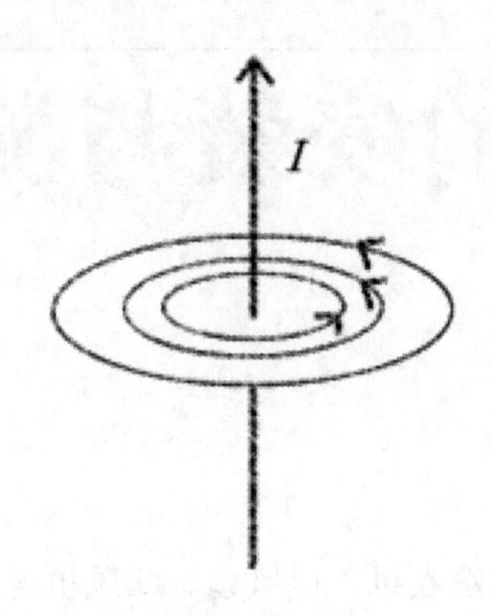

图 6-1　直线电流产生的磁力线

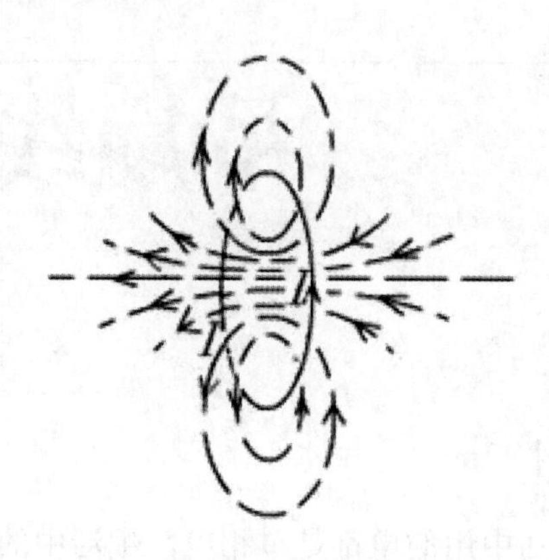

图 6-2　环形电流产生的磁力线

一、磁路的基本物理量

1. *磁感应强度 B*

定义：表示磁场内某点的磁场强弱和方向的物理量，是矢量。

磁感应强度与电流之间的方向关系可用右手螺旋定则来确定，其大小可用公式：

$$B=\frac{F}{U}$$

来衡量。磁场内某一点的磁感应强度可用该点磁场作用于 1m 长通有 1A 电流的导体上的力 F 来衡量，该导体与磁场方向垂直。

单位：特斯拉（T）即韦伯/米 ^{2}　　$1T=1Wb/m^2$

如果磁场内各点的磁感应强度的大小相等、方向相同，则这样的磁场称为均匀磁场。

2. *磁通 ϕ*

磁感应强度 B 与垂直于磁场方向的面积 S 的乘积称为通过该面积的磁通 ϕ，即：

$$\phi=BS \text{ 或 } B=\frac{\phi}{S}$$

磁感应强度在数值上可以看成与磁场方向相垂直的单位面积所通过的磁通，故又称为磁通密度。

根据电磁感应定律的公式：$e=-N\dfrac{\mathrm{d}\phi}{\mathrm{d}t}$ 可知，在国际单位制中，磁通的单位是伏·秒，通常称为韦[伯]（Wb）。

3. *磁场强度*

磁场强度 H 是计算磁场时所引用的一个物理量，也是矢量。通过它来确定磁场与电流之间的关系，即：

$$\oint H\mathrm{d}l=\sum I$$

上式是安培环路定律（或称为全电流定律）的数学表达式，它是计算磁路的基本公式。

$\oint H\mathrm{d}l$ 是磁场强度矢量 H 沿任意闭合回线 l（常取磁通作为闭合回线）的积分，$\sum I$ 是穿过该闭合回线所围面积的电流的代数和。电流的正负是这样规定的：任意选定一个闭合回线的围绕方向，凡是电流方向与闭合回线围绕方向之间符合右手螺旋定则的电流作为正，反之为负。

$$\oint H\mathrm{d}l=H_{\mathrm{x}}l_{\mathrm{x}}=H_{\mathrm{x}}\times 2\pi x$$

$$\sum I=NI$$

所以有：

$$H_{\mathrm{x}}=\frac{NI}{2\pi x}=\frac{NI}{l_{\mathrm{x}}}$$

其中，N 是线圈的匝数，l_{x} 是半径为 x 的圆周长，H_{x} 是半径 x 处的磁场强度。

注意：*磁场强度 H 与磁感应强度 B 的名称很相似，切勿混淆。H 是为计算的方便引入的物理量。*

4. *磁导率 μ*

磁导率 μ 是一个用来表示磁场媒质磁性的物理量，也就是衡量物质导磁能力大小的物理量。它与磁场强度的乘积就等于磁感应强度，即：

$$B=\mu H$$

大小：真空中的磁导率用 μ_0 表示，实验测得 μ_0 为一常数。非铁磁性物质的 μ 近似等于 μ_0，而铁磁性物质的磁导率很高，$\mu>>\mu_0$。

单位：亨/米（H/m）

几种常用磁性材料的磁导率如表 6-1 所示。

表 6-1 几种常用磁性材料的磁导率

材料名称	铸铁	硅钢片	镍锌铁氧体	锰锌铁氧体	坡莫合金
相对磁导率 $\mu_r=\mu/\mu_0$	200～400	7000～10000	10～1000	300～5000	2×10^4～2×10^5

二、磁场的基本定律

磁路与磁场有什么关系呢？请看图 6-3 和图 6-4 所示。

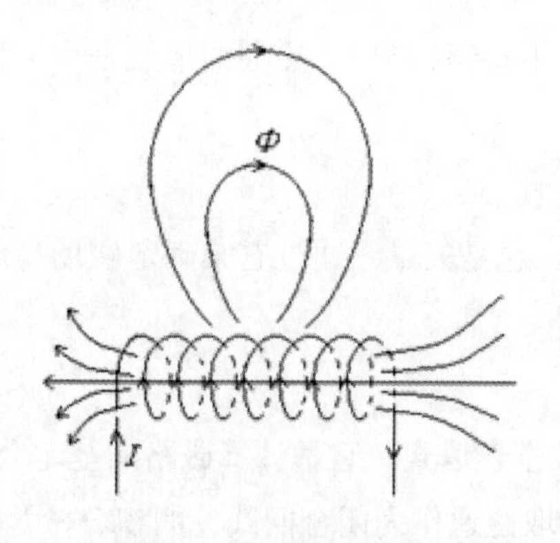

图 6-3　载流线圈的磁场

图 6-4　环形铁心的磁场

在图 6-3 中，一个没有铁心的载流线圈所产生的磁通量是弥散在整个空间的，而在图 6-4 中，同样的线圈绕在闭合的铁心上时，由于铁心的磁导率 μ 很大（数量级通常在 10^2～10^6 以上），远远高于周围空气的磁导率，这就使绝大多数的磁通量集中到铁心内部并形成一个闭合通路。这种人为造成的磁通的路径称为磁路。实质上，磁路就是局限在一定范围内的磁场，但与磁场问题相比，磁路问题相对简单一些。前面介绍的有关磁场的物理量和定律均适合于磁路，但也有其基本定律。

1. *安培环路定律*

安培环路定律如下：

$$\oint_l \vec{H} \cdot \mathrm{d}\vec{l} = \sum I$$

计算电流代数和时，与绕行方向符合右手螺旋定则的电流取正号，反之取负号。

若闭合回路上各点的磁场强度相等且其方向与闭合回路的切线方向一致，则：

$$Hl = \sum I = NI = F$$

$F=NI$ 称为磁动势，单位是安（A）。

2. *磁路欧姆定律*

磁路欧姆定律如下：

$$\phi = \frac{NI}{\dfrac{l}{\mu S}} = \frac{F}{R_{\mathrm{m}}}$$

其中，N 为线圈匝数，F 为磁通势，R_{m} 为磁阻，是表示磁路对磁通具有阻碍作用的物理量，l 是磁路的平均长度，S 为磁路的截面积。

意义：上式建立起 ϕ 磁路物理量与电流 I 电路物理量之间的关系式，因而是综合分析磁路与电路问题的桥梁。

3. *磁路基尔霍夫定律*

磁路基尔霍夫第一定律：

$$\phi_1=\phi_2+\phi_3 \quad 或 \quad \sum\phi k=0$$

磁路基尔霍夫第二定律：

$$NI=H_1l_1+H_3l_3 \quad 或 \quad \sum NI=\sum Hl$$

应用：磁路基尔霍夫两大定律相当于电路中的基尔霍夫两大定律，是计算带有分支的磁路的重要工具。分支磁路如图 6-5 所示。

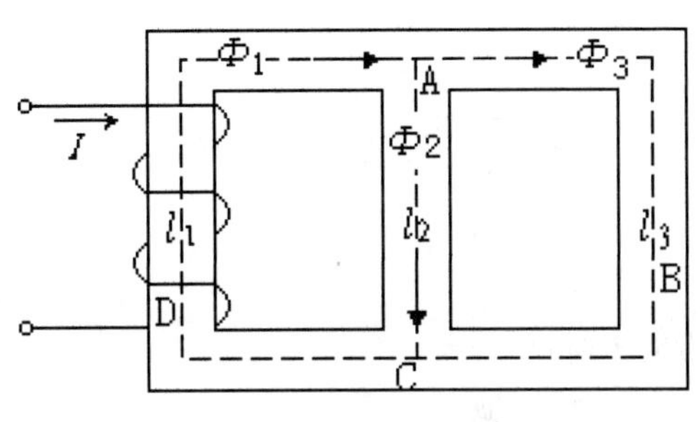

图 6-5　分支磁路

磁路与电路相关参数的比较如表 6-2 所示。

表 6-2　磁路与电路相关参数的比较

磁路	电路
磁动势 F	电动势 E
磁通 ϕ	电流 I
磁感应强度 B	电流密度 J
磁阻 $R_m=l/\mu_S$	电阻 $R=l/r_S$
欧姆定律 $\varphi=NI/R_m$	欧姆定律 $I=E/R$

4. 法拉第电磁感应定律、楞次定律与动生电动势

（1）法拉第电磁感应定律、楞次定律。

变化的磁场在闭合电路中产生的电流，即感应电流。

楞次定律：闭合回路中产生的感应电流具有确定的方向，它总是使感应电流所产生的通过回路面积的磁通量去补偿或者反抗引起感应电流的磁通量的变化。

法拉第电磁感应定律：对一匝线圈有感应电动势：

$$\varepsilon=-\frac{\mathrm{d}\phi}{\mathrm{d}t}$$

式中的负号反映了感应电动势的方向。法拉第电磁感应定律的应用如下：

- 选定回路 L 的正方向。
- ϕ 的方向与回路 L 的正方向成右手螺旋关系时 ϕ 为正，反之为负。
- 若 $\mathrm{d}\phi>0$，则 $\varepsilon<0$，表明 ε 的方向与 L 的正方向相反；若 $\mathrm{d}\phi<0$，则 $\varepsilon>0$，表明 ε 的方向与 L 的正方向相同。

N 匝线圈串联：

$$\psi=\sum_i \phi_i \quad \text{（全磁通或磁链）}$$

$$\varepsilon=-\frac{\mathrm{d}\psi}{\mathrm{d}t}$$

当每一匝线圈的磁通都是 ϕ 时：

$$\psi=N\phi$$

$$\varepsilon=-N\frac{\mathrm{d}\phi}{\mathrm{d}t}$$

法拉第抓住感应电动势，比感应电流更本质。

（2）动生电动势。

1）动生电动势产生的机理——洛仑兹力：

在图 6-6 中：

$$\varepsilon=-\frac{\mathrm{d}\phi}{\mathrm{d}t}=-\frac{B\cdot\mathrm{d}s}{\mathrm{d}t}=-\frac{B\cdot l\mathrm{d}x}{\mathrm{d}t}=-Blv$$

方向：$b\to a$。产生动生电动势的原因是洛仑兹力：

$$\vec{f}=-e\vec{v}\times\vec{B}$$

电子在 b 端集中，建立起来的静电场使电子受到电场力：

$$\vec{f}_{电}=-e\vec{E}$$

当 $\vec{f}=-\vec{f}_{电}$时，就达到了平衡状态。

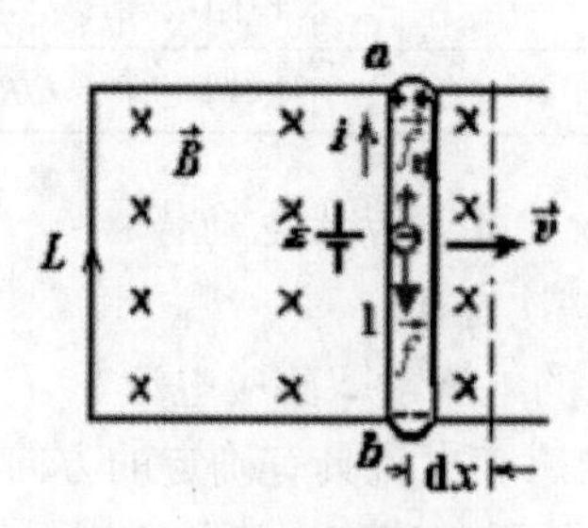

图 6-6　导体切割磁感线

a 端电势高，b 端电势低，ab 相当一个电源；在电源内部电流是从电势低处流向电势高处的。

作切割磁力线的金属棒中的电子所受的洛仑兹力提供了电源中的非静电力，该非静电场的强度为：

$$\vec{E}_{非}=\frac{\vec{f}}{-e}=\vec{v}\times\vec{B}$$

2）动生电动势的计算方法。

由电动势的定义：

$$\varepsilon\equiv\oint_L\vec{E}_{非}\cdot d\vec{l}$$

现在有：

$$\varepsilon_{动}\equiv\oint_L(\vec{v}\times\vec{B})\cdot d\vec{l}$$

式中的$\vec{v}$和$\vec{B}$都是$d\vec{l}$处的$\vec{v}$和$\vec{B}$。对不均匀磁场或导线上各个部分速度不同的情况，利用上式原则上都能求得$\varepsilon_{动}$。

三、铁磁材料的磁性能

自然界中有电的良导体，如各类金属材料；也有导磁性能好的材料，如表 6-3 中列举的铁、镍、钴、硅钢、合金等。按导磁性能的好坏，大体上可将物质分为两类：磁性材料（也称为铁磁材料）和非磁性材料。常用的磁性材料与非磁性材料如表 6-3 所示，磁性材料与非磁性材料导磁性比较如表 6-4 所示。

表 6-3　常用的磁性材料与非磁性材料

材料类型	磁性材料	非磁性材料
材料名称	铁、镍、钴、钆及其合金	水银、铜、硫、氯、氢、银、金、锌、铅、氧、氮、铝、铂等

表 6-4　磁性材料与非磁性材料导磁性比较

材料类型	磁性材料	非磁性材料
导磁性	μ_r>>1，高导磁性，在磁场中可被强烈磁化	$\mu_r\approx1$，不能被强烈磁化

1. 高导磁性

为什么磁性物质具有被磁化的特性呢？因为磁性物质不同于其他物质，有其内部特殊性。我们知道电流产生磁场，在物质的分子中由于电子环绕原子核运动和本身的自转运动而形成分子电流，分子电流也要产生磁场，每个分子相当于一个基本小磁场。同时，在磁性物质内部还分成许多小区域。由于磁性物质的分子间有一种特殊的作用力而使每一区域的分子磁铁都排列整齐，显示磁性。这些小区域称为磁畴。在没有外磁场的作用时，各个磁畴排列混乱，磁场相互抵消，对外就显示不出磁性来。在外磁场作用下（例如在铁心线圈中的励磁电流所产生的磁场的作用下），其中的磁畴就顺外磁场方向转向，显示出磁性来。随着外磁场的增强（或励磁电流的增大），磁畴就逐渐转到与外磁场相同的方向上。这样便产生了一个很强的与外磁场同方向的磁化磁场，而使磁性物质内的磁感应强度大大增加。这就是说磁性物质被强烈地磁化了。

非磁性材料没有磁畴的结构，所以不具有磁化的特性。

2．磁饱和性

对磁性物质来说，由于磁化所产生的磁化磁场不会随着外磁场的增强而无限地增强。当外磁场（或励磁电流）增大到一定值时，全部磁畴的磁场方向都转向与外磁场的方向一致。这时磁化磁场的磁感应强度达到饱和值。如图 6-7 所示为 *B-H* 磁化曲线。

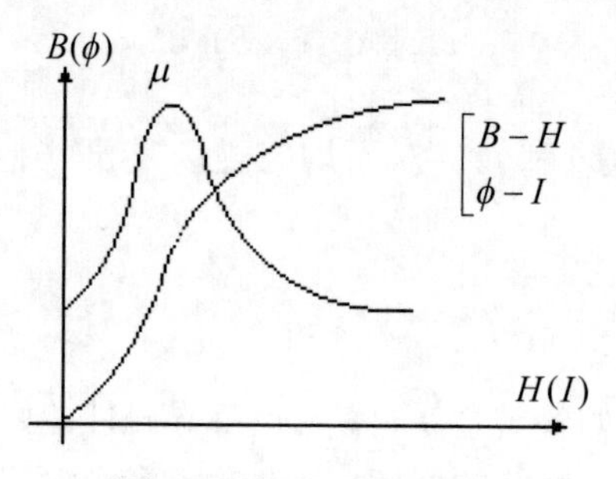

图 6-7　*B-H* 磁化曲线

当有磁性物质存在时，*B* 与 *H* 不成正比，所以磁性物质的磁导率 $\mu=B/H$ 不是一个常数，随 *H* 而变。

对于非磁性材料来说：

- $B(\phi)$正比于 $H(I)$，无磁饱和现象。
- $\mu=\dfrac{B}{H}=\text{tg}\alpha$ 为一常数，μ 不随 $H(I)$的变化而变化。

3．磁滞性

B 的变化滞后于 *H* 的变化，故名磁滞特性。

当铁心由铁磁构成，线圈通有交变电流时，铁心受到交变磁化，一个周期内的 *B-H*（*φ-I*）曲线如图 6-8 所示。其特点有：

- 当电流 I=0（H=0）时，即铁心中当外磁场为零时，仍保留部分磁性，此时的 B_2 称为剩磁。
- 若使 B=0，则应继续加反向电流（反向磁场）到达 3 点，此时将 B=0 的 H 值即 H_3 值称为矫顽力。
- 表示 *B* 与 *H* 的变化关系的闭合曲线称为磁滞回线，即 *B* 的变化滞后于 *H* 的变化。
- 磁滞的作用有以下两个：
  - ➢ 铁心反复磁化所具有的磁滞现象将产生热量并耗散掉，称为磁滞损耗，其大小与磁滞回线的面积成正比。

- 根据磁滞回线面积的大小，又可继续将磁性材料分为三类：软磁材料、永磁材料、矩磁材料。

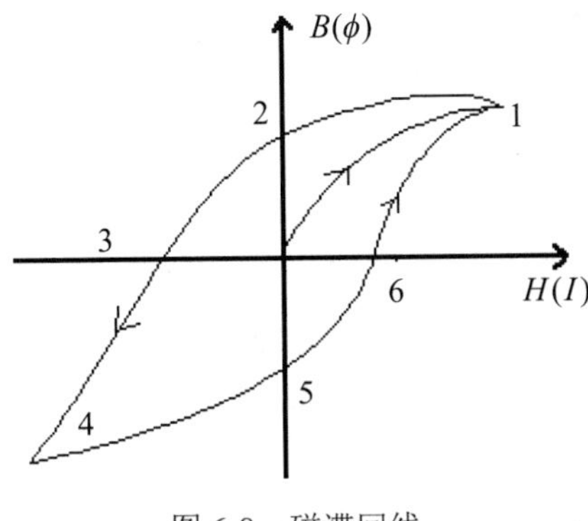

图 6-8　磁滞回线

四、交流铁心线圈电路

线圈又叫绕组，是由普通导线缠绕而成的，缠绕一圈称为一匝，所以线圈都有匝数的概念，一般线圈的匝数都大于 1。这里的普通导线也不是裸线，而是包有绝缘层的铜线或铝线，因此线圈的匝与匝之间是彼此绝缘的。变压器铁心线圈如图 6-9 所示。

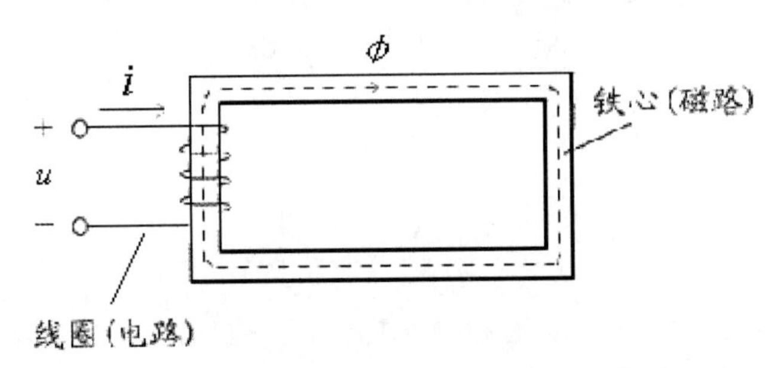

图 6-9　变压器铁心线圈

线圈通电后有电流，所以线圈构成了电路的主体，其作用是完成电能的传输或信号的传递。不同的电工设备，铁心的形状也不同，有闭合的，也有不闭合的。

铁心具有汇聚磁通、使铁心内部的磁场增强的作用。那又为什么必须使内部磁场加强呢？实际上，各种电工设备的工作都是借助于电能→磁场→电能的转换完成的，形象地说，只有大吨位的轮船才能运载大批的货物，为满足工作的需要，必须使内部磁场加强。从分析方法角度，引入铁心后，将磁场问题转化为磁路问题，从而简化了分析的难度。

1. 从磁路分析得到电磁关系式

交流接触器的磁路如图 6-10 所示，直流电动机的磁路如图 6-11 所示。

图 6-10　交流接触器的磁路　　　　图 6-11　直流电动机的磁路

（1）电磁关系：

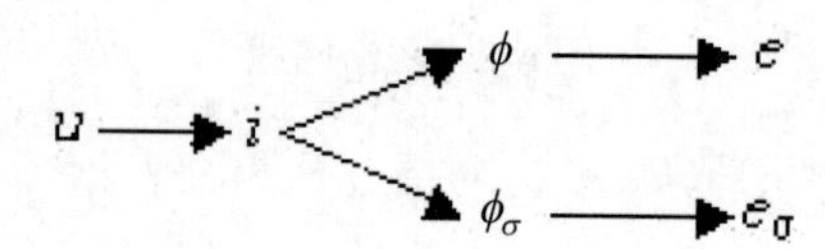

（2）e、e_σ 方程的建立：

$$e=-N\frac{\mathrm{d}\phi}{\mathrm{d}t}=-N\frac{\mathrm{d}(\phi_n\sin\omega t)}{\mathrm{d}t}=-N\omega\phi_m\cos\omega t$$

$$=2\pi fN\phi_m\sin(\omega t-90^\circ)=\sqrt{2}E\sin(\omega t-90^\circ)$$

$$e_\sigma=-N\frac{\mathrm{d}\phi_\sigma}{\mathrm{d}t}=-\frac{\mathrm{d}(L_\sigma i)}{\mathrm{d}t}=-L_\sigma\frac{\mathrm{d}i}{\mathrm{d}t}$$

其中，E 为电动势的有效值，L_σ 为漏电感。

（3）电磁关系式的建立：

$$E=\frac{2\pi fN\phi_m}{\sqrt{2}}=4.44fN\phi_\mathrm{m}$$

应用：上式还不能直接应用，只有和电压电流关系式结合在一起才能发挥其重要价值。

2. 从电路分析得到电压电流关系式

从电路的角度建立铁心线圈的等效电路图（如图 6-12 所示），分析中考虑了线圈电阻的损耗。应用 KVL 得：

$$u-R_i=-e-e_\sigma$$

$$u=R_i-e-e_\sigma=R_i-e+L_\sigma\frac{\mathrm{d}i}{\mathrm{d}t}$$

由于 u、i 为正弦量，故相量表示式为：

$$\dot{U}=R\dot{I}+jX_\sigma\dot{I}-\dot{E}=(R+jX_\sigma)\dot{I}-\dot{E}$$

其中，$X_\sigma=\omega L_\sigma$ 为漏磁感抗。

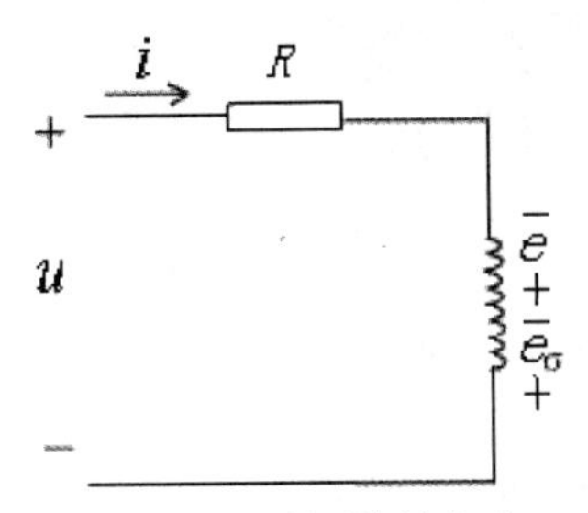

图 6-12　线圈等效电路

3. 功率损耗

$$P = UI\cos\varphi = \Delta P_{\text{Cu}} + \Delta P_{\text{Fe}} = I^2R + I^2R_{\text{o}}$$

式中，I 是线圈电流，R 是线圈电阻，R_{o} 是和铁损相应的等效电阻。

铜损 $\Delta P_{\text{Cu}} = I^2R$ 由线圈导线发热引起。

铁损 $\Delta P_{\text{Fe}} = I^2R_{\text{o}}$ 主要是由磁滞和涡流产生的。

【任务实施】

（1）在电磁感应现象中产生的电动势叫感应电动势，探讨感应电动势的存在、产生条件及大小的决定因素。

教师：用 CAI 课件展示出图 6-13 所示的两个电路。

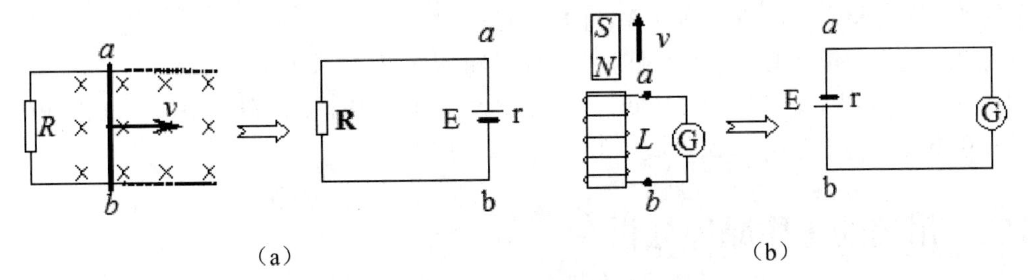

图 6-13　电磁感应现象

在图 6-13（a）中，哪部分相当于电源？图 6-13（b）中呢？

导体 *ab* 两端、螺线管 *ab* 两端有电动势，故导体 *ab*、螺线管 *ab* 相当于电源。

两图中，若电路是断开的，有无感应电流？有无感应电动势？

电路断开，肯定无电流，但有电动势。

产生感应电动势的条件是什么？

回路中的磁通量发生变化。

比较产生感应电动势的条件和产生感应电流的条件，你有什么发现？

在电磁感应现象中，不论电路是否闭合，只要穿过电路的磁通量发生变化，电路中就有

感应电动势，因此研究感应电动势更有意义。

（2）探究影响感应电动势大小的因素。

感应电动势大小跟什么因素有关？

安排学生实验，如图 6-14 所示，要求：①将条形磁铁迅速地插入螺线管中，记录表针的最大摆幅；②将条形磁铁缓慢地插入螺线管中，记录表针的最大摆幅。

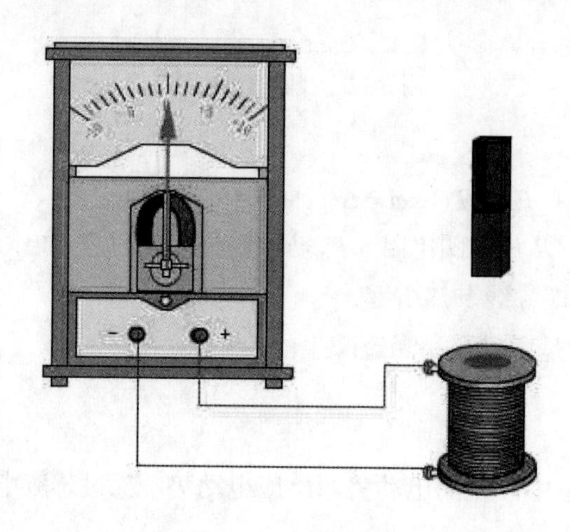

图 6-14　实验连接图

分析论证：

问题 1：在实验中，电流表指针偏转的原因是什么？

问题 2：电流表指针的偏转程度跟感应电动势的大小有什么关系？

问题 3：该实验中，将条形磁铁从同一高度插入线圈中，快插入和慢插入有什么相同和不同？

教师引导学生分析实验（课件展示），回答以上问题。

任务二　吊扇的工作原理分析

【任务描述】

吊扇是生活中常见的用电设备，对于一名合格的维修电工来说，掌握吊扇的基本原理对于安装、维修吊扇是很有必要的。

吊扇的原理牵扯到很多知识，如电、磁以及利用电磁现象使吊扇转动的原理，还有吊扇的控制电路，这涉及到弱电电路的基本知识与技能。

【任务分析】

通过学习电磁的基本知识，理解电与磁相互作用的原理；通过电磁相互作用，分析单相电机转动的基本原理；通过实例分析吊扇以及吊扇电路，增进对相关知识的理解。

【任务目标】

- 了解单相电机的结构。
- 理解单相电机内部旋转磁场产生的机理。
- 掌握单相电机转子转动的基本原理。
- 认识吊扇的结构，会分析吊扇控制电路。

【相关知识】

自 1916 年我国第一台电风扇诞生后，至今全国电风扇厂已有 3400 余家，1985 年底全国家用电风扇拥有量已达 4508 万台，家庭普及率为 17.88%（其中城镇 63.93%、农村 4.71%），1982 至 1985 年的年递增率为 21.75%。

一、电风扇的分类

1. 按用途分类

- 扇风风扇。
- 排气风扇。

2. 按安装方式分类

- 吊扇。转速低、风叶长、不带风罩、风量大，用于大面积扇风，如剧场、影院、餐厅、会议室等公共场所，近年来设计制造的风叶直径小于 1m 的短杆吊扇已逐渐进入家庭客厅、卧室等处。
- 台扇。转速高，每分钟约 1400 转，带风罩，台扇的扇叶大小不等，最大为 400mm（16 英寸），台扇是目前国内生产最多应用最广的一种电风扇。

3. 按电动机结构分类

- 电容式风扇。电容式风扇起动性能好，单位时间、单位功率所输出的风量大，即电能转换为风能的效率高。
- 罩极式风扇。罩板式风扇的特点是电动机定子结构简单、制造方便，但由电能转换为风能的效率低。

4. 按功能分类

有可摇头与不摇头（分遥控、直控）、定时与不定时、可调速与不可调速（分电抗器调速、电机绕组抽头调速）等类型。还有一种新型箱式电风扇（又称转叶式电风扇）除电机开关外，几乎全部用塑料成型加工而成。

二、吊扇的结构

吊扇的结构图如图 6-15 所示。

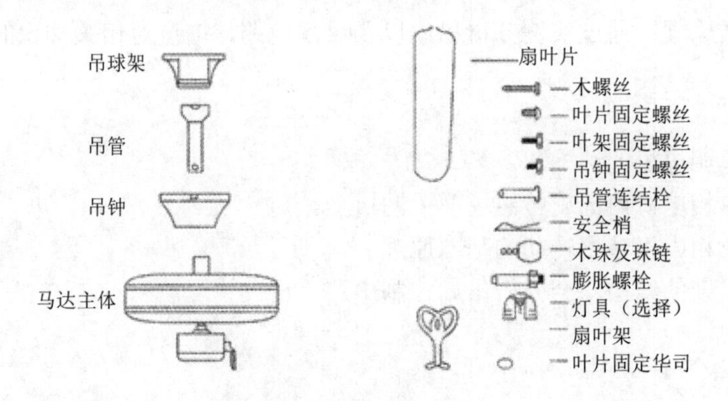

图 6-15　吊扇的结构图

三、吊扇的工作原理

吊扇主要有两种：一种是可以调速的容量较大的吊扇，它的工作原理就是一台单相异步电动机的工作原理，只不过是将鼠笼转子包住嵌有两相绕组的定子，由于单相电源不能产生旋转磁场，因此其中一个绕组必须串联电容器来达到分相的目的；另一种是微风吊扇，它的工作原理是一台采用永久磁铁励磁的同步电动机，由于同步电动机较难起动，因此必须采用一个弹簧来帮助它起动。这里重点介绍一下单相电动机的工作原理。

单相交流电动机（如图 6-16 和图 6-17 所示）只有一个绕组，转子是鼠笼式的。当单相正弦电流通过定子绕组时，电动机就会产生一个交变磁场，这个磁场的强弱和方向随时间作正弦规律变化，但在空间方位上是固定的，所以又称这个磁场是交变脉动磁场。这个交变脉动磁场可以分解为两个以相同转速、旋转方向互为相反的旋转磁场，当转子静止时，这两个旋转磁场在转子中产生两个大小相等、方向相反的转矩，使得合成转矩为零，所以电动机无法旋转。当我们用外力使电动机向某一方向旋转时（如顺时针方向旋转），这时转子与顺时针旋转方向的旋转磁场间的切割磁力线运动变小，转子与逆时针旋转方向的旋转磁场间的切割磁力线运动变大。这样平衡就被打破了，转子所产生的总的电磁转矩将不再是零，转子将顺着推动方向旋转起来。

要使单相电动机能自动旋转起来，可在定子中加上一个起动绕组，起动绕组与主绕组在空间上相差 90°，起动绕组要串接一个合适的电容，使得与主绕组的电流在相位上近似相差 90°，即所谓的分相原理。这样两个在时间上相差 90° 的电流通入两个在空间上相差 90° 的绕组将会在空间上产生（两相）旋转磁场。在这个旋转磁场的作用下，转子就能自动起动，起动后，待转速升到一定时，借助于一个安装在转子上的离心开关或其他自动控制装置将起动绕组断开，正常工作时只有主绕组工作。因此，起动绕组可以做成短时工作方式。但有很多时候，起动绕组并不断开，我们称这种电动机为电容分相式单相电动机，要改变这种电动机的转向，可由改变电容器串接的位置来实现。

图 6-16　单相电动机

图 6-17　单相电动机分解示意图

单相电动机内部构造示意图如图 6-18 所示。

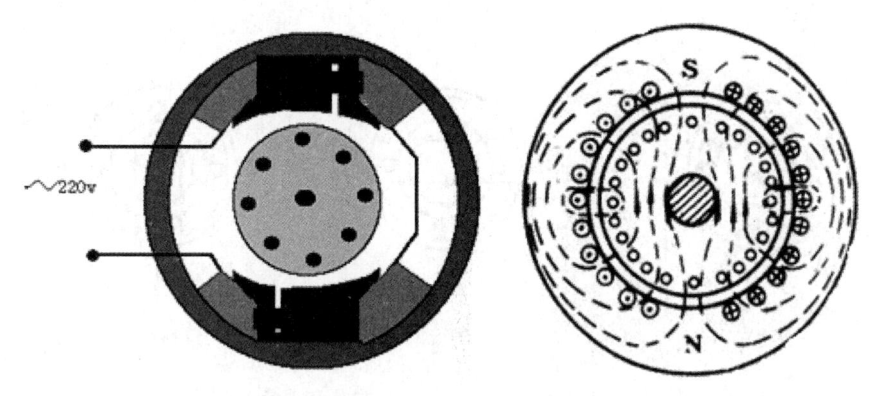

（a）定子内部接线图　　（b）旋转磁场

图 6-18　单相电动机内部构造示意图

如图 6-19 所示的电路为电容分相式异步电动机。在它的定子中装置一个起动绕组 B，它与工作组 A 在空间相隔 90°。绕组 B 与电容串联，使两个绕组中的电流在相位上近于相差 90°，这就是分相。这样，在空间相差 90°的两个绕组分别通有在相位上相差 90°（或接近 90°）的两相电流，也能产生旋转磁场，如图 6-20 和图 6-21 所示。

设两相电流为：

$$i_{\mathrm{A}} = I_{\mathrm{Am}} \sin \omega t$$

$$i_{\mathrm{B}} = I_{\mathrm{Bm}} \sin \omega t + 90°$$

两相电流所产生的合成磁场是在空间旋转的，在这一旋转磁场的作用下，电动机的转子就转动起来了。在接近额定转速时，有的借助离心力的作用把开关 S 断开（在起动时是靠弹簧使其闭合的），以切断起动绕组。有的采用起动继电器把它的吸引线圈串接在工作绕组的电路中。在起动时由于电流较大，继电器动作，其常开触点闭合，将起动绕组与电源接通。随着转速的升高，工作绕组中电流减小，当减小到一定值时，继电器复位，切断起动绕组。也有的

是在电动机运行时不断开起动绕组（或仅切除部分电容）以提高功率因数和增大转矩。

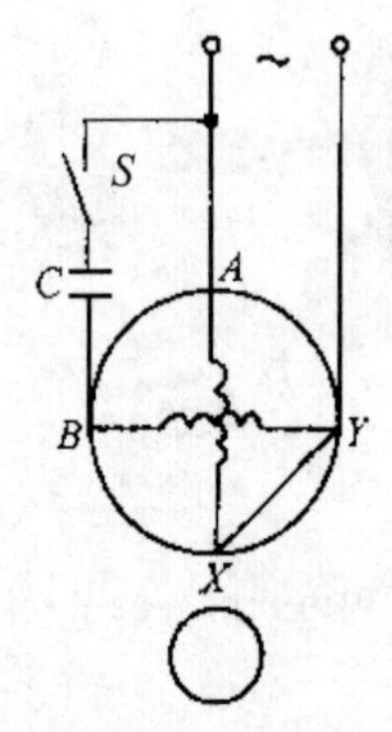

图 6-19 电容分相式异步电动机

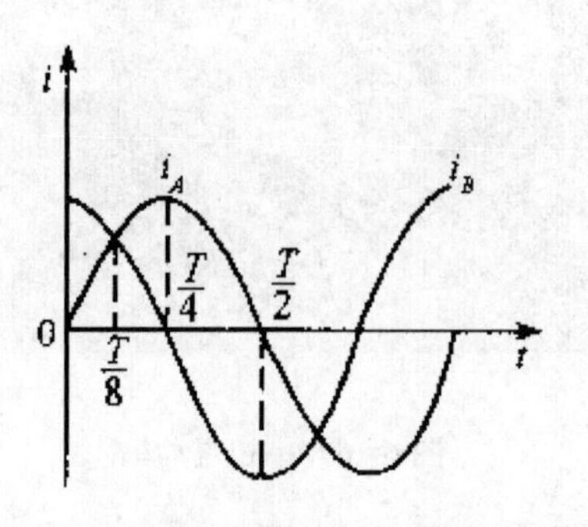

图 6-20 两相电流存在相位差

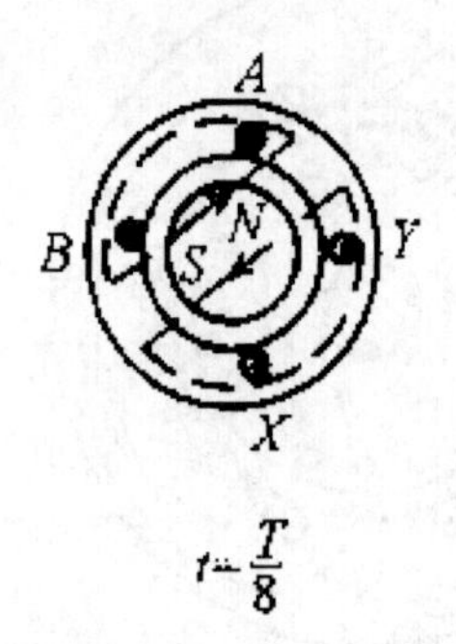

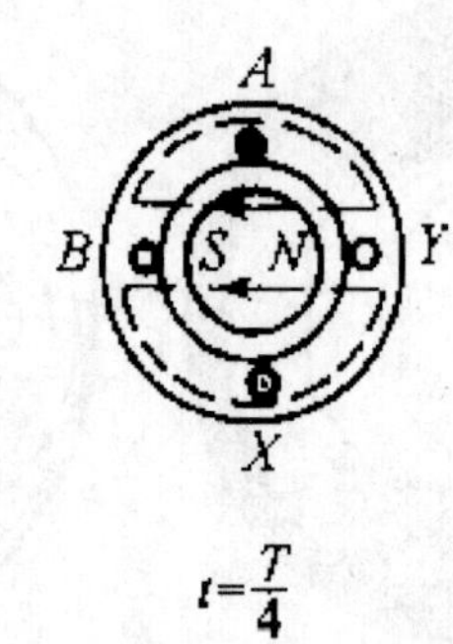

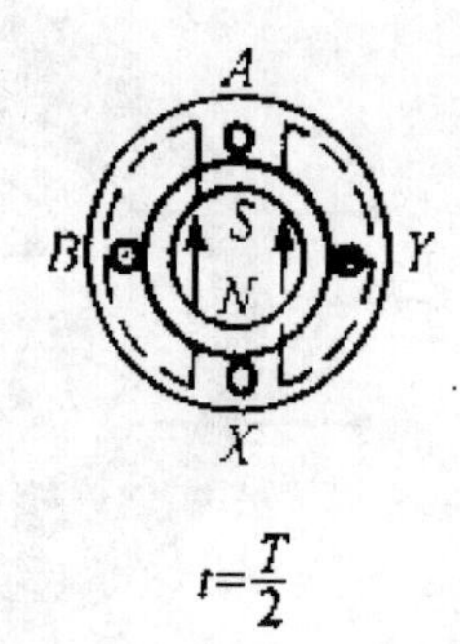

图 6-21 由于两相电流相位差的原因磁场旋转起来

改变电容器 C 的串联位置，可使单相异步电动机反转。

单相电动机除了用于风扇中，还用在很多其他家用电器上，如洗衣机、电冰箱、抽油烟机、电吹风等。

四、吊扇的调速

旧的调速器就是一个电感，电感在交流电路上相当于电阻，但耗电少。旧式调速器及电路图如图 6-22 所示。

风扇是通过调压控制转速的，串上一个电感（电阻）分掉一部分电压，分多了就慢多一点。新的调速器是双向可控硅斩波降压的，几乎不耗电。

交流电的供电变化是按正弦线变化的，用可控硅在每个周期的中间把它打断（不通），减少供电时间，并利用可变电阻改变电容的充电速度，控制打断的早晚（减少的数量），控制平均电压，达到调速的目的。下面以一款电子调速器来说明电子调速的原理。该电风扇的电子调速器电路由电源电路、可控振荡器和控制执行电路组成，如图 6-23 所示。

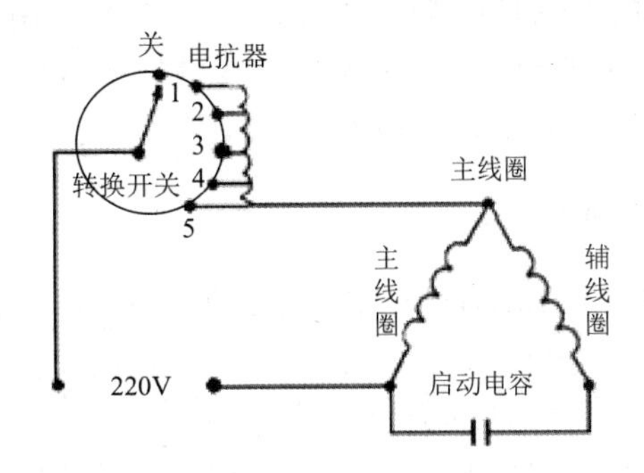

图 6-22　旧式调速器及电路图

（a）调速开关

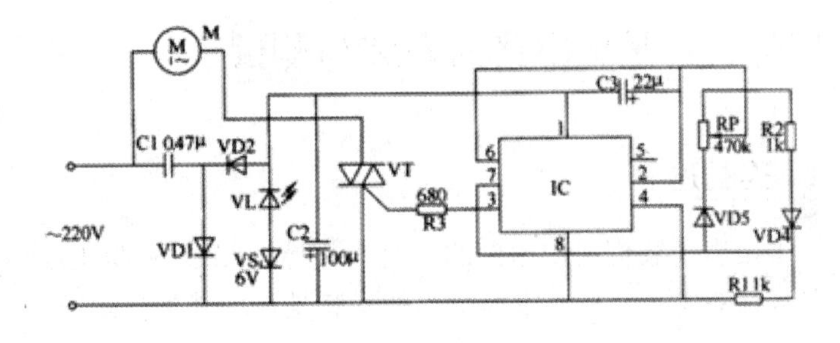

（b）电路图

图 6-23　新式调速器及电路图

电源电路由降压电容器 *C*1、整流二极管 VDl、VD2、滤波电容器 *C*2、电源指示发光二极管 VL 和稳压二极管 VS 组成。

可控振荡器由时基集成电路 IC、电阻器 *R*1、*R*2、电容器 *C*3、电位器 R_P 和二极管 VD3、VD4 组成。

控制执行电路由风扇电动机 M、晶闸管 VT、电阻器 *R*3 和 IC 第 3 脚内电路组成。交流 220V 电压经 *C*1 降压、VD1 和 VD2 整流、VL 和 VS 稳压及 *C*2 滤波后，为 IC 提供约 8V 的直流电压。

可控振荡器振荡工作后，从 IC 的 3 脚输出周期为 10s、占空比连续可调的振荡脉冲信号，利用此脉冲信号去控制晶闸管 VT 的导通状态。

调节 R_P 的阻值即可改变脉冲信号的占空比（调节范围为 1%～99%），控制风扇电动机 M 转速的高低，产生模拟自然风（周期为 10s 的阵风）。

改变 *C*3 的电容量可以改变振荡器的振荡周期，从而改变模拟自然风的周期。

元器件选择：*R*1～*R*3 选用 1/4W 碳膜电阻器或金属膜电阻器；R_P 选用合成膜电位器或有机实心电位器；*C*1 选用耐压值为 450V 的涤纶电容器或 C_{BB} 电容器，*C*2 和 *C*3 均选用耐压值为 16V 的铝电解电容器；VD1 和 VD2 均选用 IN4007 型硅整流二极管，VD3 和 VD4

均选用 IN4148 型硅开关二极管；VS 选用 1/2W、6.2V 的硅稳压二极管；VL 选用 φ5mm 的绿色发光二极管；VT 选用 MACg4A4（1A、400V）型双向晶闸管；IC 选用 NE555 或 CD7555 型时基集成电路。

【任务实施】

（1）利用动画演示形象地讲解单相电动机旋转磁场的产生。

（2）带领学生到实训室认识单相电动机，认识单相电动机的内部构造，仔细观察绕组的绕制方法，并说明为什么要这样绕。

（3）组织学生到实训室观察并学习吊扇的结构及各部件的作用。

（4）讲解吊扇电路，观察调速器结构，分析各元件的作用。

任务三　吊扇电路的安装与测试

【任务描述】

吊扇是我们经常用到的一种用电器，吊扇内部的主要构造就是一台单相电动机，对于一名合格的电工而言，掌握吊扇的安装是一项基本技能。

【任务分析】

吊扇的安装需要用到很多方面的技能，如机械结构的安装固定、各种工具的熟练使用、吊扇电路的安装、室内的布线技术等，都是基本的而且要掌握的技能。

【任务目标】

- 了解吊扇的构造与接线方法。
- 熟练各种操作工具的使用。
- 掌握吊扇的安装规程。

【相关知识】

吊扇各部件名称如图 6-24 所示。

一、安装程序

（1）固定吊装。

木板天花板时，将固定座及吊球架直接用木螺钉钻在木方上；混凝土天花板时，用电钻钻孔，将膨胀螺栓固定在天花板上，再将固定座及吊球架安装上去，如图 6-25 所示。吊扇的机械结构如图 6-26 所示。

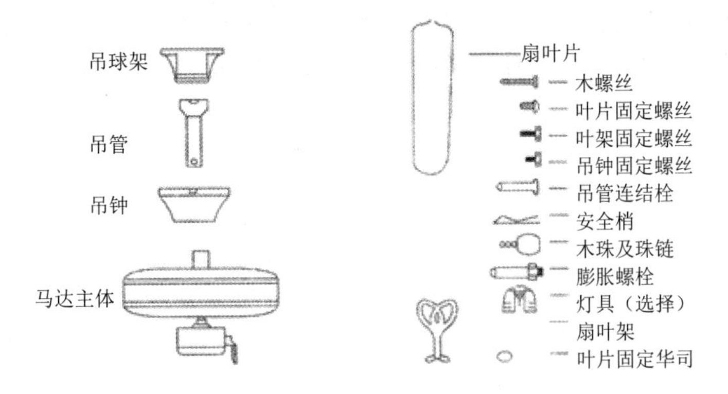

图 6-24 吊扇各部件名称

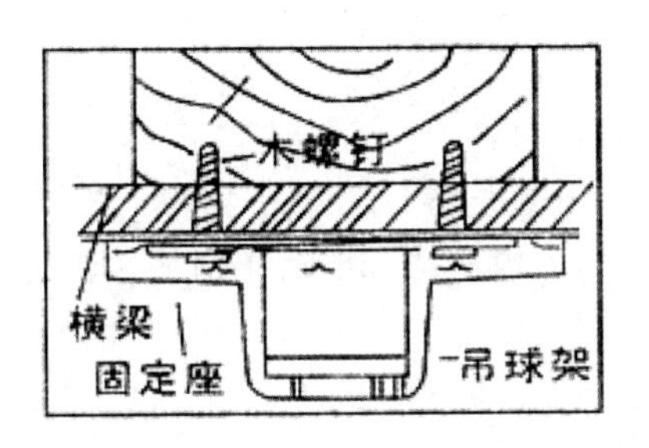

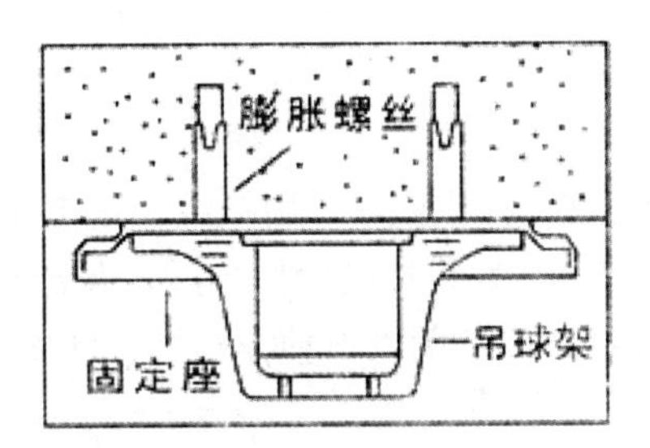

图 6-25 吊球架与天花板的固定安装

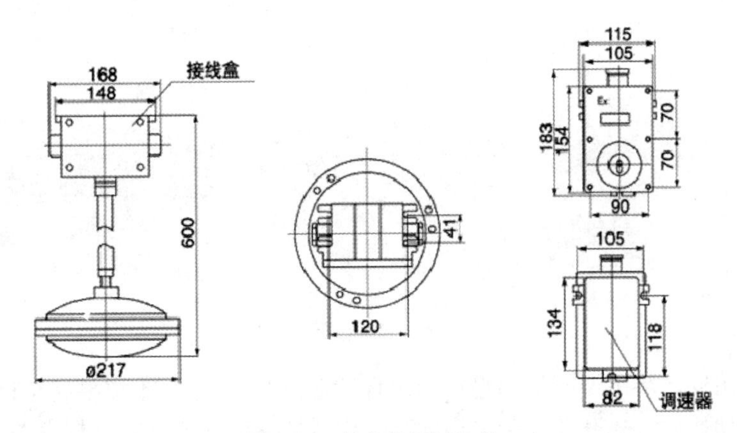

图 6-26 吊扇的机械结构

（2）安装吊管。依天花板高度选用适当长度的吊管，吊扇叶子距地面距离不得少于 2.5m。

（3）安装叶片、叶架：将叶片固定螺丝先穿入叶片固定华司，再将叶片固定于叶架上，固定叶架于马达面。

（4）安装吊球于吊架。将吊球置入吊架，转动吊杆，使吊球凹沟和吊架凸耳啮合（吊球凹沟必须和吊架凸耳啮合）。吊球接线方法如图 6-27 所示。

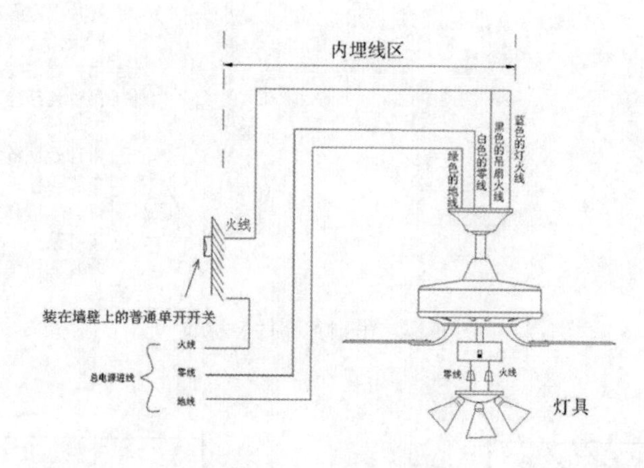

图 6-27　吊球接线方法

（5）接电源线。用接线头连接吊扇出口线和电源线，电源负极（-）线接吊扇白色线，电源正极（+）线接吊扇黑色线，吊扇蓝色线为灯线，应和吊扇黑色线共同接于电源正极（+）线或接墙壁开关以单独控制灯，如图 6-28 所示。

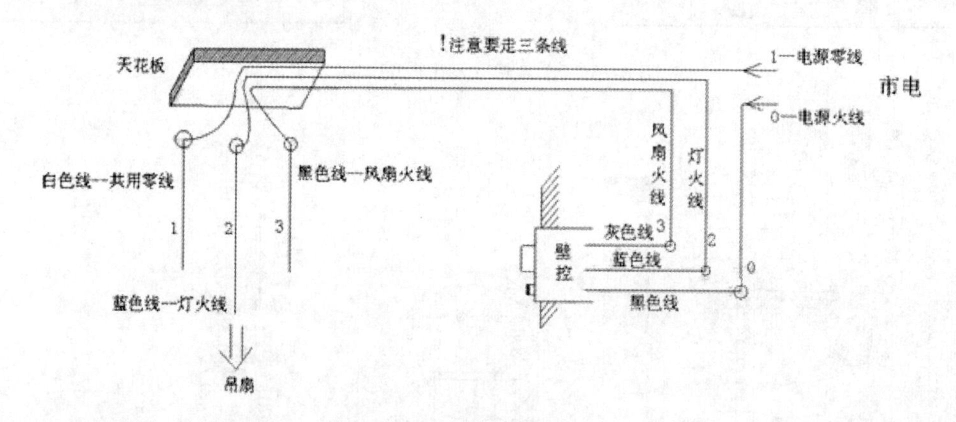

图 6-28　加壁控接线方法

（6）安装吊钟：将吊架两侧的吊钟固定螺丝退出 2～3 牙，不需要完全退出。

（7）开关切换：拉式开关控制吊扇的高、中、低三段转速，正反转开关控制叶片的旋转方向。

二、安装注意事项

（1）吊扇挂钩应安装牢固，吊扇挂钩的直径不应小于吊扇悬挂销钉的直径，且不得小于 8mm。

（2）吊扇悬挂销钉应装设防振橡胶垫，销钉的防松装置应齐全、可靠。

（3）吊扇扇叶距地面高度不宜小于 2.5m。

（4）吊扇组装时，应符合以下要求：

- 严禁改变扇叶角度。
- 扇叶的固定螺钉应装设防松装置。
- 吊杆之间、吊杆与电机之间的螺纹连接，其啮合长度每段不得小于 20mm，且应装设防松装置。

（5）吊扇应接线正确，运转时扇叶不应有明显颤动。

【任务实施】

带领学生到实训室认识吊扇的各个部件，说明吊扇的安装规程与安装注意事项，指导学生进行吊扇安装操作。

【项目总结】

（1）掌握交流电路的功率、功率因数等电路参数的意义。

（2）掌握磁路、电磁感应定律。

（3）理解单相电动机的工作原理。

（4）熟练常用工具的使用，掌握吊扇的安装方法。

【项目训练】

通过本项目的学习回答以下问题：

（1）磁感应强度与磁场强度有什么区别？

（2）简述法拉第电磁感应定律的内容。

（3）如图 6-29 所示，U 形导线框固定在水平面上，右端放有质量为 m 的金属棒 ab，ab 与导轨间的动摩擦因数为 μ，它们围成的矩形边长分别为 L_1、L_2，回路的总电阻为 R。从 t=0 时刻起，在竖直向上方向加一个随时间均匀变化的匀强磁场 B=kt（k>0），那么在 t 为多大时金属棒开始移动？

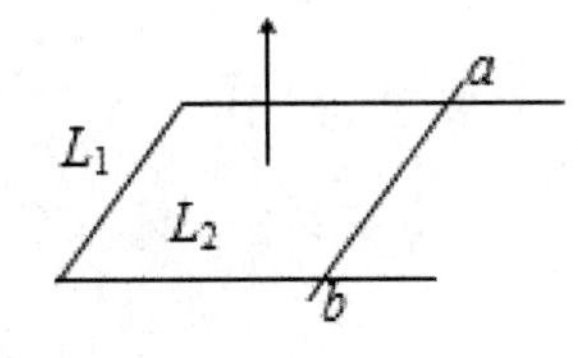

图 6-29　题（3）用图

（4）说明单相电动机的内部构造及各部件的名称。

（5）试述单相电动机内部旋转磁场的产生原理。

（6）简述单相电动机由于内部磁场旋转而使转子转动的原理。

（7）简述吊扇的转动原理。

（8）吊扇的基本构造，即各部件的名称及作用是什么？

（9）吊扇调速器分为哪几种？试分析旧式调速器和可控硅无级调速器的原理。

（10）简述吊扇的安装规程和安装注意事项。

7

低压配电盘的安装与调试

【项目导读】

在日常生产中，我们经常会在一些生产设备的周围看到配电箱或是配电盘，里面包含了很多控制电器，它们构成了整个生产设备中重要的电气部分，是整个生产设备的控制中枢，起着极其重要的作用。那么在生产中配电盘是如何安装的呢？又需要进行怎样的调试才能满足我们的控制要求呢？

任务一　认识电力系统

【任务描述】

电能是现代社会中最重要也是最方便的能源。由于电能不仅便于输送和分配、易于转换为其他的能源，而且便于控制、管理和调度，易于实现自动化，因此电能广泛应用于国民经济、社会生产和人民生活的各个方面。我们每天都在与电打交道，如照明、家用电器、电梯、计算机等都需要用电，那么电能是怎样产生、传输并分配到每家每户的呢？

【任务分析】

要了解电能的产生、传输和分配，需要了解电力系统，即电能产生、传输、分配的各个组成环节。

【任务目标】

- 掌握电力系统的组成。

- 了解发电基本知识。
- 了解电力网的组成和输配电基本知识。
- 了解电力系统用户的有关知识。

【相关知识】

由于电能不能大量储存，电能的生产、传输、分配和使用就必须在同一时间内完成。受生产条件的限制，电厂一般都建在离用电点较远的地方。这就需要将发电厂发出的电能通过输电线路、配电线路和变电所配送，将发电厂、输配电线路和用电设备有机地连成一个“整体”。我们将这个由发电、输电、变电、配电和用电 5 个环节组成的“整体”称为电力系统，如图 7-1 所示。

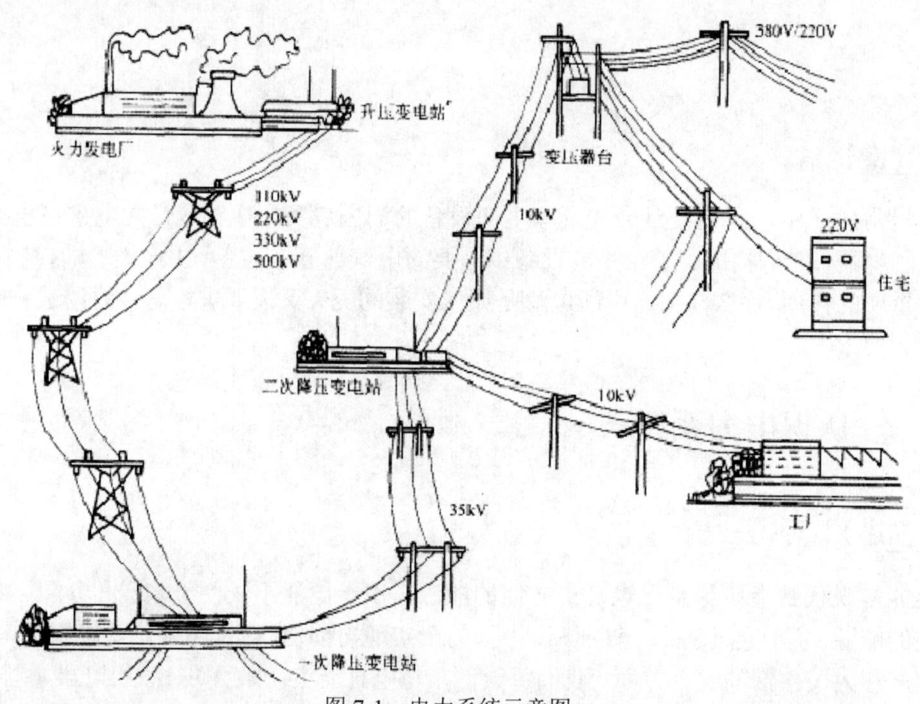

图 7-1　电力系统示意图

下面简单介绍从发电厂到用户的发电、输电、配电的过程。

一、发电厂

发电厂将一次能源变为电能，它是电力系统的中心环节。根据一次能源的不同发电厂可分为水力发电厂、火力发电厂、风力发电厂、核能发电厂、太阳能发电厂等。火电是利用煤、石油、天然气为燃料，加热水蒸汽推动汽轮机转动带动发电机发电。水电主要是利用水的落差推动水轮机带动发电机发电，如装机 21 台/271.5 万千瓦的葛洲坝水电站及装机 26 台/1820 万千瓦的三峡水电站。核电是利用核燃料在原子反应堆裂变释放核能，将水加热成高温高压的蒸汽，再推动汽轮机转动并带动发电机旋转发电，如广州的大亚湾核电站、浙江的秦山核电站等。近年来，国家也开始建立起一批利用绿色能源和再生能源进行发电的发电厂，如风力发电厂、潮汐发电厂、太阳能发电厂、地热发电厂和垃圾发电厂等，以逐步缓解未来能源短缺的问题，倡导绿色环保，并做到因地制宜、合理利用。

根据发电厂的容量大小及供电范围，发电厂可分为区域性发电厂、地方性发电厂和自备发电厂等。区域性发电厂大多建在水力、煤炭资源丰富的地区附近，其容量大，距离用电中心远，往往是几百公里以至一千公里以上，需要超高压输电线路进行远距离输电。地方性发电厂一般为中小型发电厂，建在用户附近。自备发电厂建在大型厂矿企业附近，作为自备电源，对重要的大型厂矿企业和电力系统起到后备作用。

一般发电厂的发电机发出的电是对称的三相正弦交流电（有效值相等，相位分别相差120°，三相电压为e_U、e_V、e_W），如图7-2所示。在我国，发电厂发出的电压等级主要有10.5kV、13.8kV、15.75kV、18kV等，频率为50Hz。由于发电厂发出的电压不能满足各种用户的需要，同时电能在输送过程中会产生不同的损耗，所以需要在发电厂和用户之间建电力网，将电能安全、可靠、经济地输送分配给用户。

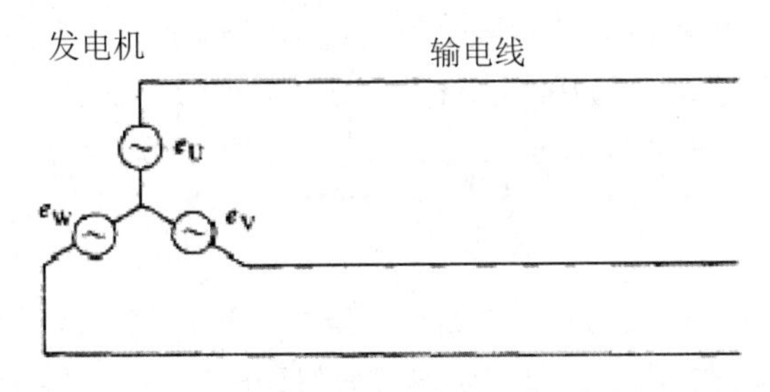

图7-2　对称的三相电源

二、电力网

电力系统中连接发电厂和用户的中间环节称为电力网，它由各种电压等级的输配电线路和变电所组成。电力网按其功能可分为输电网和配电网。输电网是电力系统的主网，它是由35kV及以上的输电线和变电所组成的，作用是将电能输送到各地区配电网或直接输送给大型企业用户。配电网是由10kV及以下的配电线路和配电变压器组成的，作用是将电能送至各类用户。

1. 输电线路

高压、超高压远距离输电是各国普遍采用的途径。在传输容量相同的条件下，高电压输电能减少输电电流，从而减少电能损耗。送电距离越远，要求输电线的电压越高。目前我国国家标准中规定的输电电压等级有35kV、66kV、110kV、220kV、330kV、500kV等多种。输送电能通常采用三相三线制交流输电方式。随着电能输送的距离越来越长，输送的电压也越来越高；我国也已采用高压直流输电方式，把交流电转化成直流电后再进行输送。

电力输电线路一般都采用铜芯铝绞线，通过架空线路把电能送到远方的变电所。但在跨越江河和通过闹市区以及不允许采用架空线路的区域，则需要采用电缆线路。电缆线路投资较大且维护困难。

2. 变电所

根据变电所在电力系统中所承担的任务和性质不同，可分为升压变电所和降压变电所。升压变电所多建在发电厂内，把发电厂发出的电压升高，通过高压输电网络将电能送向远方。降压变电所常建在用电区域，将高压的电能适当降压后向该地区用户供电。根据供电的范围不同，降压变电所可分为一次（枢纽）变电所和二次变电所。一次变电所是从 110kV 以上的输电网受电，将电压降到 35～110kV，供给一个大的区域用电。这是一个地区或城市的主要变电所，其供电范围大，全所停电后将使该地区中断供电。二次变电所，大多数从 35～110kV 输电网络受电，将电压降到 6～10kV，向较小的范围供电。

3. 配电线路

配电就是电力的分配，从配电变电站到用户终端的线路称为配电线路。配电线路的电压简称配电电压。电力系统电压高低的划分有不同的方法，但通常以 1kV 为界限来划分。额定电压在 1kV 及以下的系统为低压系统，额定电压在 1kV 以上的系统为高压系统。常用的高压配电线的额定电压有 3kV、6kV 和 10kV 三种，常用的低压配电线的额定电压为 380V/220V。由 10kV、6kV 或 3kV 高压供电的称为高压用户，由 220V/380V 低压供电的称为低压用户。

三、用户

电力系统中的所有用电部门均为电力系统的用户。根据用户的重要程度和对供电的可靠性来分级，用电负荷可以分为以下三个级别，且各级别的负荷分别采用相应的方式供电：

- 第一类负荷：指中断供电将造成人身伤亡、重大政治影响、重大经济损失或公共场所秩序严重混乱的负荷。对第一类负荷，应有两个或两个以上独立电源供电，当其中一个电源发生故障时，另一个电源应能自动投入运行，同时还必须增设应急电源。
- 第二类负荷：指中断供电将造成较大的经济损失（如大量产品报废）或造成公共场所秩序混乱的负荷（如大型体育场馆、剧场等）。对第二类负荷，尽可能要有两个独立的电源供电。
- 第三类负荷：不属于第一、二类负荷者均是第三类负荷。第三类负荷对供电没有什么特别的要求，可以非连续性地供电，如小市镇公共用电、机修车间等，通常用一个电源供电。

根据用户用电容量的大小和规模，用户可以接在电力网的各个电压等级中。目前，我国对大多数企业的供电电压为 10kV 或 35kV，110kV 和 220kV 受电的用户不多。对居民的生活用电，则多采用 380V/220V 系统供电。

【任务实施】

组织学生参观当地的发电厂或变电所、单位配电房等变发电或配电系统，使学生对电力系统形成初步的感性认识，加深对理论知识的理解。参观后要求学生完成参观报告。

任务二　电气图相关知识

【任务描述】

电气识图是一门非常重要的专业课，其中配电盘的电气图是非常重要的一部分，配电盘的安装与调试都是依照电气图实现的。作为一名电气技术人员，必须对电气图的相关知识有一定的了解，这样才能完成配电盘的安装与调试。

【任务分析】

要掌握低压配电盘的安装技巧，必须能识读、绘制电气图，还应该掌握电气图的分类及作用。

【任务目标】

- 了解电气图的表达形式与分类。
- 掌握电气图的主要特点。
- 掌握绘制、识读电气原理图、电气元件布置图和电气安装接线图的基本原则。
- 了解电气图的相关国家规定。

【相关知识】

电气图是用国家统一规定的电气符号按制图规则表示电气设备相互连接顺序的图形。

这里的电气设备是指发电、输电、变电、配电、用电等设备及其控制、连接、保护、测量、监控、指示等设备及连接导线、母线、电缆等。用电设备包括动力、照明、弱点（电信、广播音响、电视、电脑管理与监控、防火防盗报警系统）等耗用电能的设备。

一、电气图的分类

按照所表达对象的类别、规模大小、使用场合要求及表达方式等的不同，电气图的种类和数量有较大的差别。其表达方式主要有以下两种：

（1）概略类型的图：这是表示系统、分系统、装置、部件、设备、软件中各项目之间的主要关系和连接的相对简单的简图，概略图不涉及具体的实现方式，主要有系统图或框图、功能表图、逻辑图和程序图等，是体现设计人员对某一电气项目的初步构想、设想，用以表示理论或理想的电路。

（2）详细类型的图：详细类型的电气图是将概略图具体化，将设计理论、思想转变为实施的电气技术文件。低压配电盘的电气图是典型的详细类型的图，又可以分为以下几种：

1）电气原理图。

电路图是根据生产机械运动形式对电气控制系统的要求，采用国家统一规定的电气图形符号和文字符号，按照电气设备和电器的工作顺序排列，详细表示电路、设备或成套装置的全部基本组成连接关系的一种图，它不涉及电器元件的结构尺寸、材料选用、安装位置和实际配线方法。

电路图详细表示了该电路中各电气设备（或元器件）的全部组成和相互连接顺序关系，用于详细表示、理解该电路的组成、相互连接、工作原理、分析和计算电路特性等。按照表达内容的不同又可分为以下两大类：

- 一次电路图：也称为主电路图、一次接线图、一次原理图或电气主接线图。它是用国家统一规定的电气符号按制图规则表示主电路中电气设备（或元器件）相互连接顺序的图形，如图 7-3 所示左侧的电机部分回路。

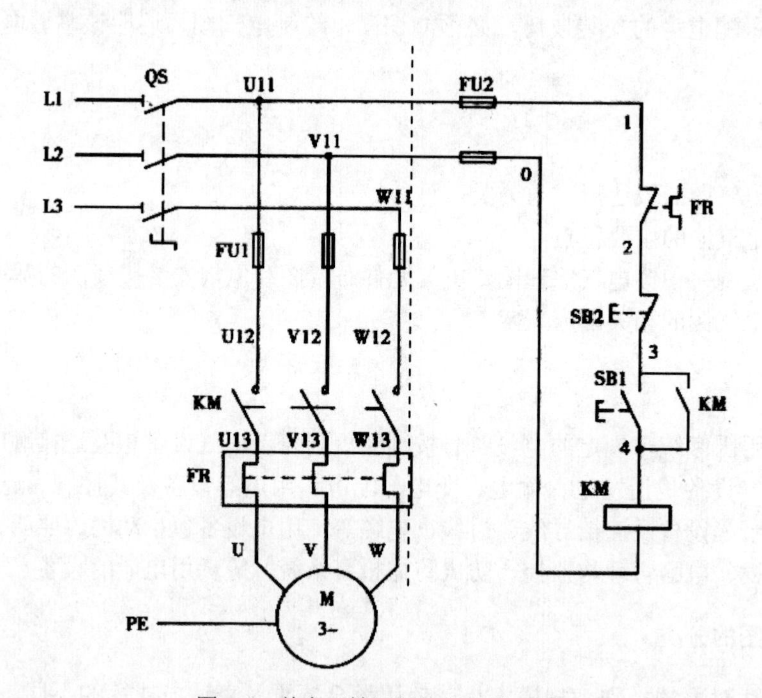

图 7-3　单向正转运行的电气原理图

- 二次电路图：也称为副电路图、二次接线图或二次回路图。它是利用国家统一规定的电气符号按制图规则表示副电路（即二次电路）中各电气设备（或元器件）相互连接顺序的图形，如图 7-3 所示右侧的线圈部分回路。

2）电器元件布置图。

电器元件布置图主要是表明电气设备上所有电器元件的实际位置，为电气设备的安装及维修提供必要的资料。电器元件布置图可以根据电气设备的复杂程度集中绘制或分别绘制。图中不需要标注尺寸，但是各电器代号应与有关图纸和电器清单上所有的元器件代号相同，在图中往往留有 10%以上的备用面积及导线管（槽）的位置，以供改进设计时用。

电器元件布置图的绘制原则如下：

- 绘制电器元件布置图时，机床的轮廓线用细实线或点划线表示，电器元件均用粗实线绘制出简单的外形轮廓。
- 绘制电器元件布置图时，电动机要和被拖动的机械装置画在一起；行程开关应画在获取信息的地方；操作手柄应画在便于操作的地方。
- 绘制电器元件布置图时，各电器元件之间，上下左右应保持一定的间距，并且应考虑器件的发热和散热因素，应便于布线、接线和检修。

图 7-4 所示为某车床电器元件布置图，其中 FU1～FU4 为熔断器，KM 为接触器，FR 为热继电器，TC 为照明变压器，XT 为接线端子板。

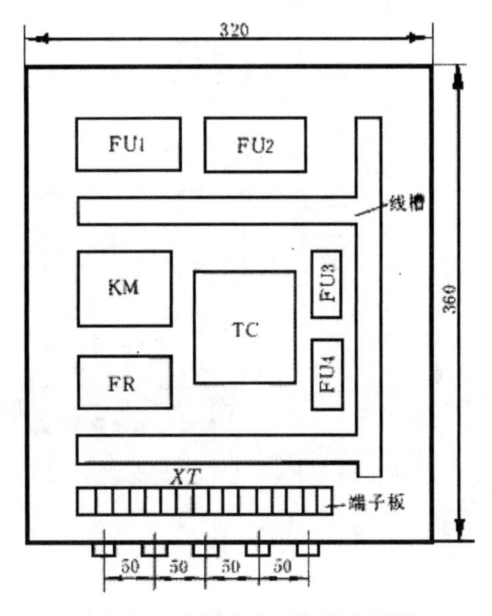

图 7-4　某机床电器元件布置图

3）电气安装接线图。

电气安装接线图主要用于电气设备的安装配线、线路检查、线路维修和故障处理。在图中要表示出各电气设备、电器元件之间的实际接线情况，并标注出外部接线所需的数据。在电气安装接线图中各电器元件的文字符号、元件连接顺序、线路号码编制都必须与电气原理图一致。电气安装接线图的绘制原则如下：

- 绘制电气安装接线图时，各电器元件均按其在安装底板中的实际位置绘出，元件所占图面按实际尺寸以统一比例绘制。
- 绘制电气安装接线图时，一个元件的所有部件绘在一起，并用点划线框起来，有时将多个电器元件用点划线框起来表示它们是安装在同一安装底板上的。
- 绘制电气安装接线图时，安装底板内外的电器元件之间的连线通过接线端子板进行连接，安装底板上有几条接至外电路的引线，端子板上就应绘出几个线的接点。
- 绘制电气安装接线图时，走向相同的相邻导线可以绘成一股线。

例如，图 7-5 所示就是根据上述原则绘制出的某机床电气安装接线图。

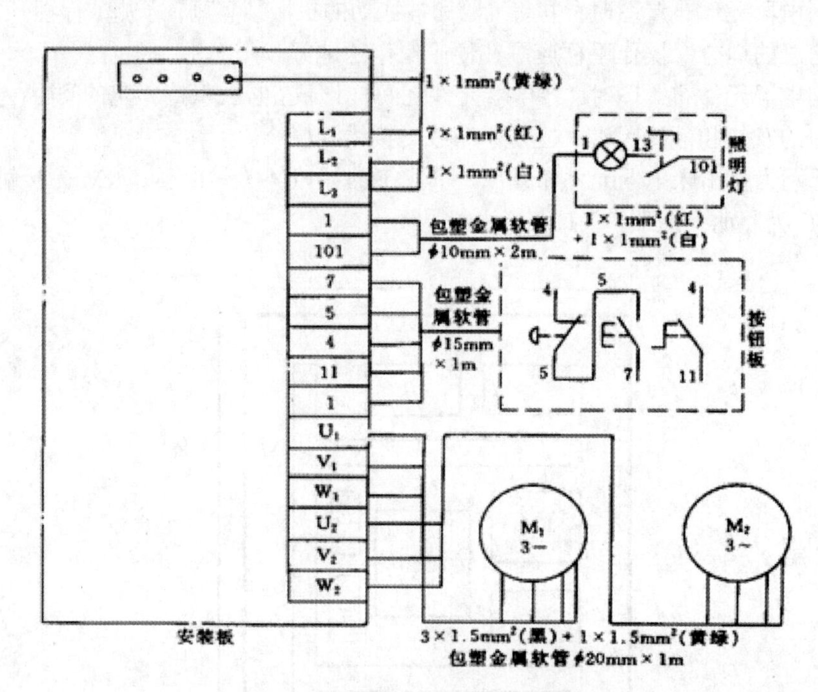

图 7-5 某机床电气安装接线图

二、电气图的主要特点

电气图与机械图、建筑图、地形图或其他专业的技术图相比，具有一些明显不同的特点。

（1）简图是电气图的主要表达形式。电气图的种类很多，但除了必须标明实物形状、位置、安装尺寸的图以外，大量的图都是简图，即是仅表示电路中各装置、设备、元器件等的功能及其连接关系的图。

简图具有以下特点：

- 各组成部分或元器件用电气图形符号表示，而不具体表示其外形、结构、尺寸等特征。
- 在相应的图形符号旁标注文字符号、数字编号。

● 按功能和电流流向表示各装置、设备及元器件的相应位置和连接顺序。

注意：简图仅是一种学术用语，而不是简化图、简略图的意思。之所以称简图，是为了与其他专业技术图的种类、画法加以区别。

（2）元器件和连接线是电气图的主要表达内容。电路通常是由电源、负载、控制元器件和连接导线 4 部分组成的。如果把电源设备、负载设备和控制设备都看成元器件，则各种电气元件和连接线就构成了电路，这样在用来表达各种电路的电气图中元器件和连接线就成为了主要的表达内容。

（3）图形符号、文字符号是组成电气图的主要要素。电气图中大量用简图表示，而简图主要是用国家统一规定的电气图形符号和文字符号表达描绘，因此电气图形符号和文字符号大大简化了绘图，它是电气图的主要组成成分和表达要素，如表 7-1 和表 7-2 所示。

表 7-1 常用电气图图形符号和文字符号

名称	图形符号	文字符号	名称	图形符号	文字符号
动合按钮		SB	动断按钮		SB
接触器动合触点		KM	接触器动断触点		KM
线圈（接触器、继电器）		KM KT K	信号灯		HL
继电器动合触点		符号同操作元件	继电器动断触点		符号同操作元件
延时闭合动合触点		KT	延时断开动合触点		KT
延时闭合动断触点		KT	延时断开动断触点		KT
热继电器热元件		KF	热继电器常闭触点		KF
熔断器		FU	三相断路器		QF
直流		DC	交流		AC
刀开关		Q	三相刀开关		Q
端子		X	可拆卸端子		X
端子板		XT	导线连接点		X
旋转开关 转换开关		QS	拉拔开关		Q

续表

名称	图形符号	文字符号	名称	图形符号	文字符号
接地		E	接机壳		E
三相鼠笼异步电动机	M 3~	M	三相绕线异步电动机		M

表 7-2　常用的辅助文字符号及线路、引出线标号

	名称	符号	名称	符号	名称	符号	名称	符号	名称	符号
辅助文字符号	高	H	正	FW	白	WH	闭合	ON	手动	MAN
	低	L	反	R	蓝	YF	断开	OFF	启动	ST
	升	U	中	M	直流	DC	附加	ADD	停止	STP
	降	D	红	RD	交流	AC	异步	ASY	控制	C
	主	M	绿	GN	电流	A	同步	SYN	信号	S
	辅	AUX	黄	YF	时间	T	自动	AUT		

	线路名称		标号	电动机接线点		标号
回路标号	交流电源	第一组	L1	绕组	第一组	U
		第二组	L2		第二组	V
		第三组	L3		第三组	W
		中性线	N		中性线	N
	直流电源	正极	L+			
		负极	L−			
	保护接地		PE			
	保护中性线		PEN			
	接地		E			

图形符号、文字符号以及必要的文字说明结合不仅构成了详细的电气图，而且对识图时区别组成部分的名称、功能、状态、对应关系和安装位置等非常有用。

（4）电气图中的元器件都是按正常状态绘制的。正常状态是指电器元件和设备的可动部分表示为未通电、未受外力作用或不工作的状态或位置，比如：

- 断路器、负荷开关、隔离开关、刀开关等应在断开位置。
- 按钮触点在未动作的位置，行程开关在非工作状态的位置。

- 继电器和接触器的线圈未通电，其触点处于还未动作的位置，如常开触点或常闭触点。
- 事故、备用、报警灯开关在设备、电路正常使用或正常工作的位置等。

三、电气图的基本构成

电气图一般由电路接线图、技术说明、主要电气设备（或元器件）及材料的明细表、标题栏和会签表等部分组成。

（1）电路接线图：电路是由电源、负载、控制元器件和连接导线组成的能实现预定功能的闭合回路。

（2）技术说明：技术说明或技术要求，用以注明电气接线图中的有关要点、安装要求及未尽事项等。其位置一般是：在主电路图图面的右下方、标题栏的下方；在二次回路图中的图面右上方或下方。

（3）主要电气设备及材料的明细表：用以注明电气接线图中的电路主要电气设备及材料的代号、名称、规格、型号、数量等，不仅便于读图，也是订货、安装时的重要依据。

（4）标题栏：又叫图标，具有该图样简要说明书的作用。它在图面的右下角，用于标注电气工程名称、设计类别、单位、图名、比例、尺寸单位，以及设计人、制图人、审核人、批准人和日期等。

四、绘制与识读电路图、布置图和接线图的原则

1. 电路图绘制与识读的原则

（1）电路图一般分为电源电路、主电路和辅助电路三部分。

电源电路画水平线，三相交流电源 L1、L2、L3 从上至下依次画出，如果有中性线 N 和保护线 PE，则应依次画在相线之下。直流电源一般“+”端在上，“–”端在下，电源开关要画水平。

主电路通过的是电动机的工作电流，电流比较大，因此一般在图纸上用粗实线垂直于电源画在电路图的左侧。辅助电路要跨接在两相电源之间，一般按照控制电路、指示电路和照明电路的顺序用细实线依次垂直画在主电路的右侧，并且能耗元件（如线圈）要画在电路图的下方，与下边的电源线相连。而电器的触头要画在能耗元件与上边的电源线之间。一般应按照自左至右、自上而下的排列来表示操作顺序。

（2）电路图中，电器元件不画实际的外形图，而应采用国家统一规定的电器图形符号表示。同一电器的各元件不按它们的实际位置画在一起，而是按其在线路中所起的作用分别画在不同的电路中，但它们的动作是相互关联的，必须用同一文字符号标注。若同一电路图中，相同的电器较多时，需要在电器元件后面加注不同的数字以示区别。各电器的触头位置都按电路未通电或未受外力作用时的常态位置画出，分析原理时应从触头的常态位置出发。

（3）电路图采用电路编号法，即对电路中的各个连接点用字母或数字编号。

主电路在电源开关的出线端按相序依次编号 U11、V11、W11。然后按从上至下、从左至右的顺序，每经过一个电器元件后编号要递增，如 U12、V12、W12；U13、V13、W13；……，单台三相交流电动机的三根引出线按相序依次标号为 U、V、W。对于多台电动机引出线的编号，为了不引起误解和混淆，应在字母前用不同的数字加以区别：1U、1V、1W；2U、2V、3W；……，如图 7-3 所示。

辅助电路编号按“等电位”原则，按从上至下、从左至右的顺序用数字依次编号，每经过一个电器元件后编号要依次递增。控制电路的起始数字必须是 1，其他辅助电路编号的起始数字依次递增 100，例如照明线路编号要从 101 开始，指示线路编号要从 201 开始等。

2. 接线图绘制与识读的原则

（1）接线图一般应表示以下内容：电气设备和电器元件的相对位置、文字符号、端子号、导线号、导线类型、导线截面积等。

（2）所有的电气设备和电器元件都应按其所在的实际位置绘制在图纸上，且同一电器的各元件应根据其实际结构使用与电路图中相同的图形符号画在一起，其文字符号以及接线端子的编号应与电路图中的标注相一致，以便对照检查接线。

（3）接线图中的导线有单根导线、导线组、电缆之分，可用连接线或中断线表示。凡是导线走向相同的可以合并，用线束来表示，到达接线端子或电器元件的连接点时再分别画出。用线束表示导线组、电缆时，可以用加粗的线条表示，在不引起误解的情况下，也可以采用部分加粗。

注意：在实际工作中，电气原理图、电器元件布置图和电气安装接线图应结合起来使用。

【任务实施】

如图 7-6 所示为某电动葫芦的电气控制线路，指出其中绘图不规范的地方。通过分析该线路的组成和各部分的功能熟悉电气原理图的结构特点，并参照实际装置学生分组绘制电气元件安装图。

电动葫芦是一种起重量小、结构简单的起重机，它广泛应用于工矿企业中，尤其是在修理和安装工作中用来吊运重型设备。

将电路分为主电路和控制电路两大部分来分析。

（1）主电路。

电源由开关 Q 引入。

升降电动机 M1 由上升、下降接触器 KM1、KM2 的主触点控制，移行电动机 M2 由向前、向后接触器 KM3、KM4 的主触点来控制。两台电动机均需实现双向运行控制。

升降电动机 M1 转轴上装有电磁抱闸 YB，它在断电停车时能抱住 M1 的转轴，使重物不能自行坠落。

（2）控制电路。

由 4 个复合按钮 SB1、SB2、SB3、SB4 和 4 个接触器 KM1、KM2、KM3、KM4 的吸引

线圈以及接触器的常闭互锁触点组成，完成两台电动机的双向起停控制。

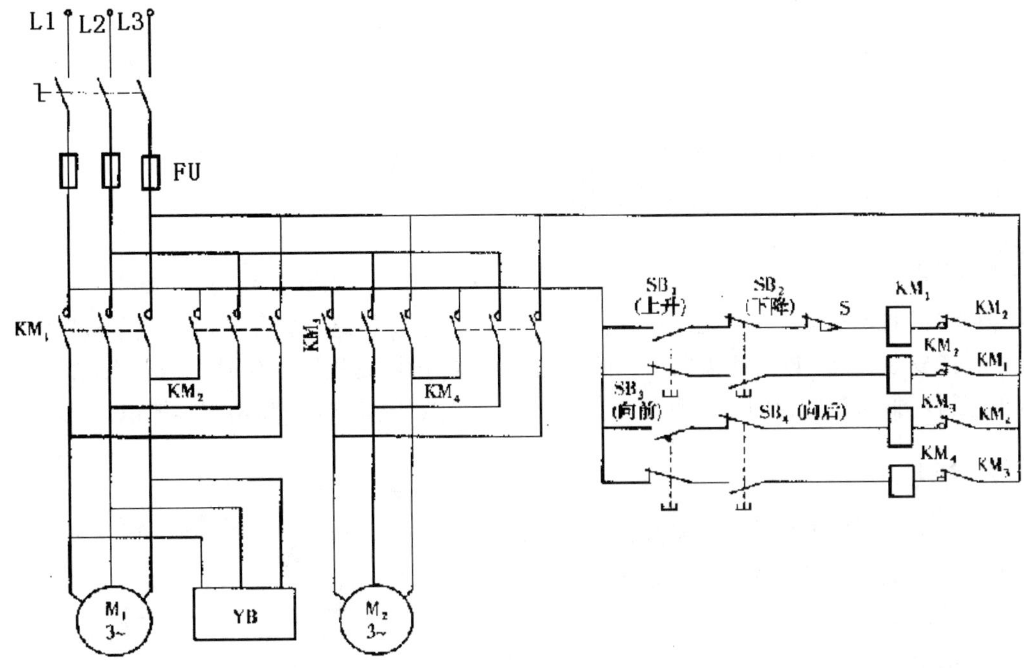

图 7-6 电动葫芦电气原理图

工作过程如下：

闭合电源开关 Q，按下上升起动按钮 SB1，接触器 KM1 的吸引线圈通电，KM1 主触点闭合，M1 主轴电动机起动，重物上升。在上升过程中，SB1 的常闭触点和 KM1 的互锁常闭触点始终断开，断开了下降控制回路，此时下降按钮 SB2 无效。如需停止上升，只要松开按钮 SB1 即可，同时下降控制电路恢复原状。

按下下降起动按钮 SB2，接触器 KM2 的吸引线圈通电，KM2 主触点闭合，M1 主轴电动机起动，重物下降。在下降过程中，SB2 的常闭触点和 KM2 的互锁常闭触点始终断开，断开了上升控制回路，此时上升按钮 SB1 无效。如需停止下降，只要松开按钮 SB2 即可，同时上升控制电路恢复原状。

前后移动控制与此相似，由 SB3、SB4 控制向前、向后接触器 KM3、KM4，使移行电动机 M2 正反向运行，带动重物前后移动。

由此可见，电动机 M1、M2 均采用点动控制及接触器常闭触点和复合按钮的双重互锁的正反转控制方式。这种点动控制方式保证了操作人员离开工作现场时所有电动机均自行断电。

任务三　低压配电盘的安装

【任务描述】

低压配电盘的安装是根据电气图的要求把实际的电器元件、导线、电缆、电动机等设备完整组合在一起的过程，必须要满足所设计的动作要求。

【任务分析】

配电盘的种类很多，有高压和低压之分，有家用照明线路、机床线路、电子线路等。各种配电盘的安装方法、规则和需要注意的问题都不尽相同，这里以三相异步电动机正反转的安装为例来讲解低压配电盘的安装顺序、工艺要求、需要注意的问题和调试等知识。

【任务目标】

- 了解低压配电盘的安装顺序。
- 掌握低压配电盘的安装工艺。
- 熟悉低压配电盘的调试技巧。

【相关知识】

机械互锁及电气互锁的概念、连接方法及其在控制线路中所起的作用。

接触器控制的正反转控制电路的线路如图 7-7 所示。当误操作同时按正反向按钮 SB2 和 SB3 时，若采用图 7-7（a）所示的线路，将造成短路故障，如图中虚线所示，因此正反向工作间需要有一种联锁关系。通常采用图 7-7（b）所示的电路，将其中一个接触器的常闭触点串入另一个接触器线圈电路中，则任一接触器线圈先带电后，即使按下相反方向的按钮，另一接触器也无法得电，这种联锁通常称为“互锁”，即二者存在相互制约的关系。图 7-7（c）所示的电路可以实现不按停止按钮，直接按反向按钮就能使电动机反向工作。

一、训练工具、仪表及器材

工具：测试笔、螺钉旋具、斜口钳、尖嘴钳、剥线钳、电工刀等。

仪表：兆欧表、万用表。

器材：

（1）控制板一块（包括所用的低压电器器件）。

（2）导线及规格：主电路导线由电动机容量确定，控制电路一般采用截面为 1mm^2 的铜芯导线（BV），按钮线一般采用 0.75mm^2 的铜芯线（RV），导线的颜色要求主电路与控制电路必须有明显的区别。

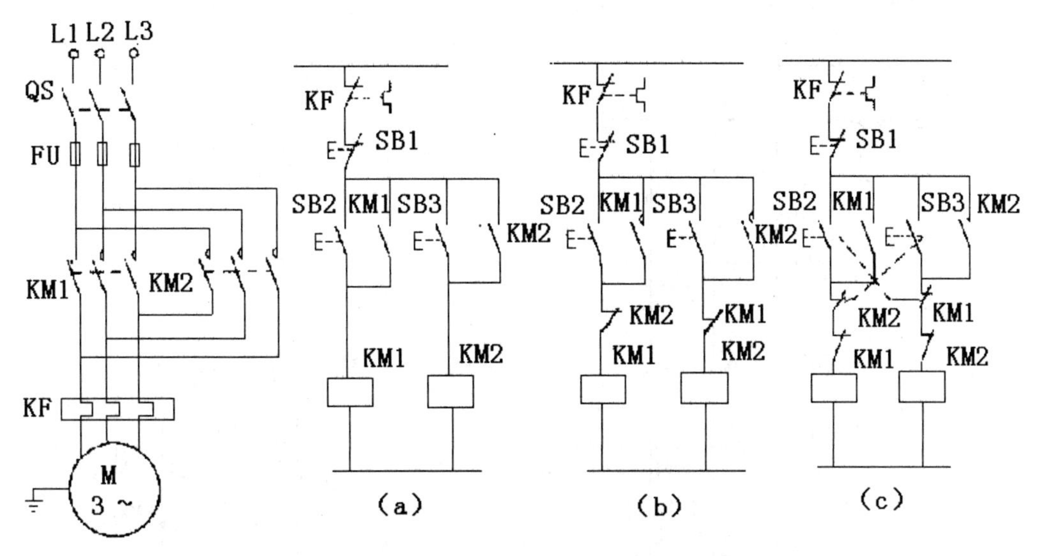

图 7-7　三相异步电动机正反转工作的控制线路图

（3）备好编码套管。

二、安装步骤及工艺要求

（1）根据原理图绘出电动机正反转控制电路的电器位置图和电气接线图。

（2）按原理图所示配齐所有电器元件并进行检验。

- 电器元件的技术数据（如型号、规格、额定电压、额定电流）应完整并符合要求，外观无损伤。
- 电器元件的电磁机构动作是否灵活，有无衔铁卡阻等不正常现象，用万用表检测电磁线圈的通断情况以及各触头的分合情况。
- 接触器的线圈电压和电源电压是否一致。
- 对电动机的质量进行常规检查（每相绕组的通断、相间绝缘、相对地绝缘）。

（3）在控制板上按电器位置图安装电器元件，如图 7-8（a）所示。工艺要求如下：

- 组合开关、熔断器的受电端子应安装在控制板的外侧。
- 各元件的安装位置应整齐、匀称、间距合理、便于布线及元件的更换。
- 紧固各元件时要用力均匀，紧固程度要适当。

（4）按图 7-8（c）所示的走线方法进行板前明线布线和套编码套管，板前明线布线的工艺要求如下：

- 布线通道尽可能地少，同路并行导线按主电路、控制电路分类集中，单层密排，紧贴安装面布线。
- 同一平面的导线应高低一致或前后一致，不能交叉。非交叉不可时，应水平架空跨越，但必须走线合理。

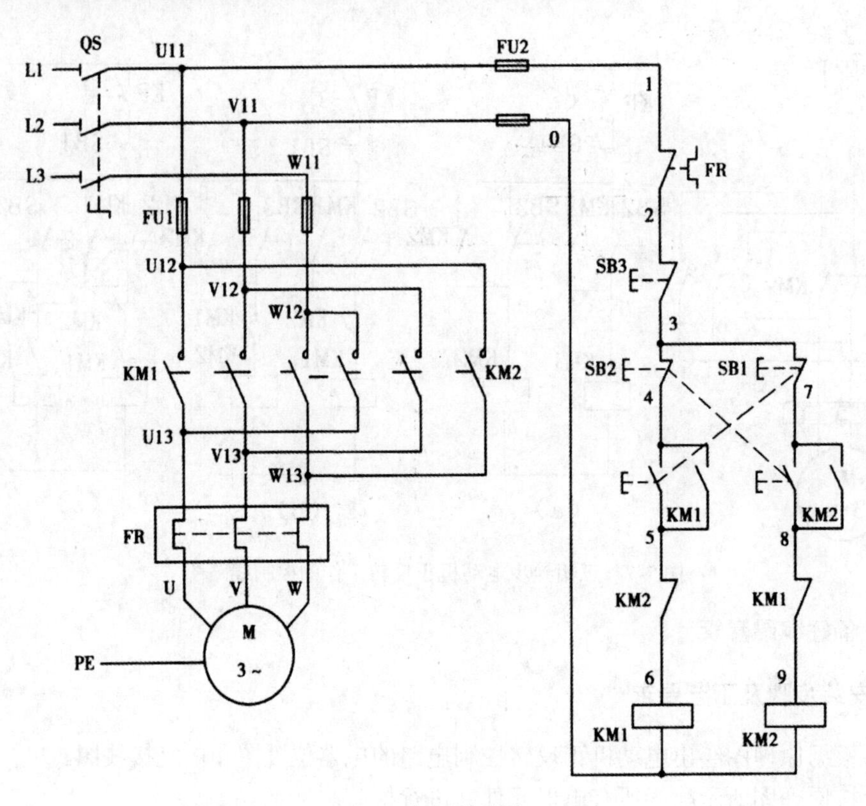

（a）电气原理图

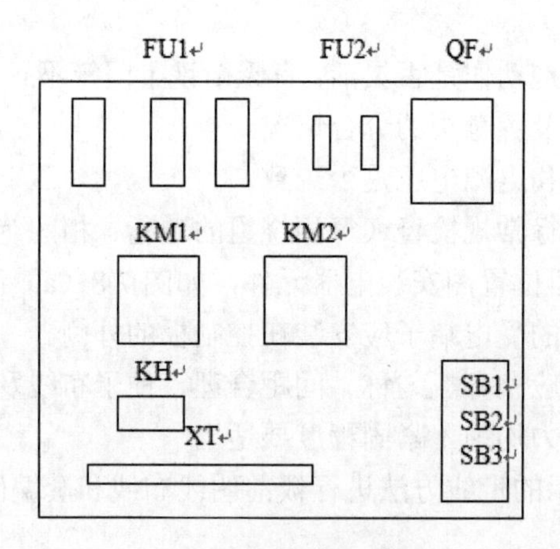

（b）电器元件布置图

图 7-8　接触器连锁正反转控制线电路图

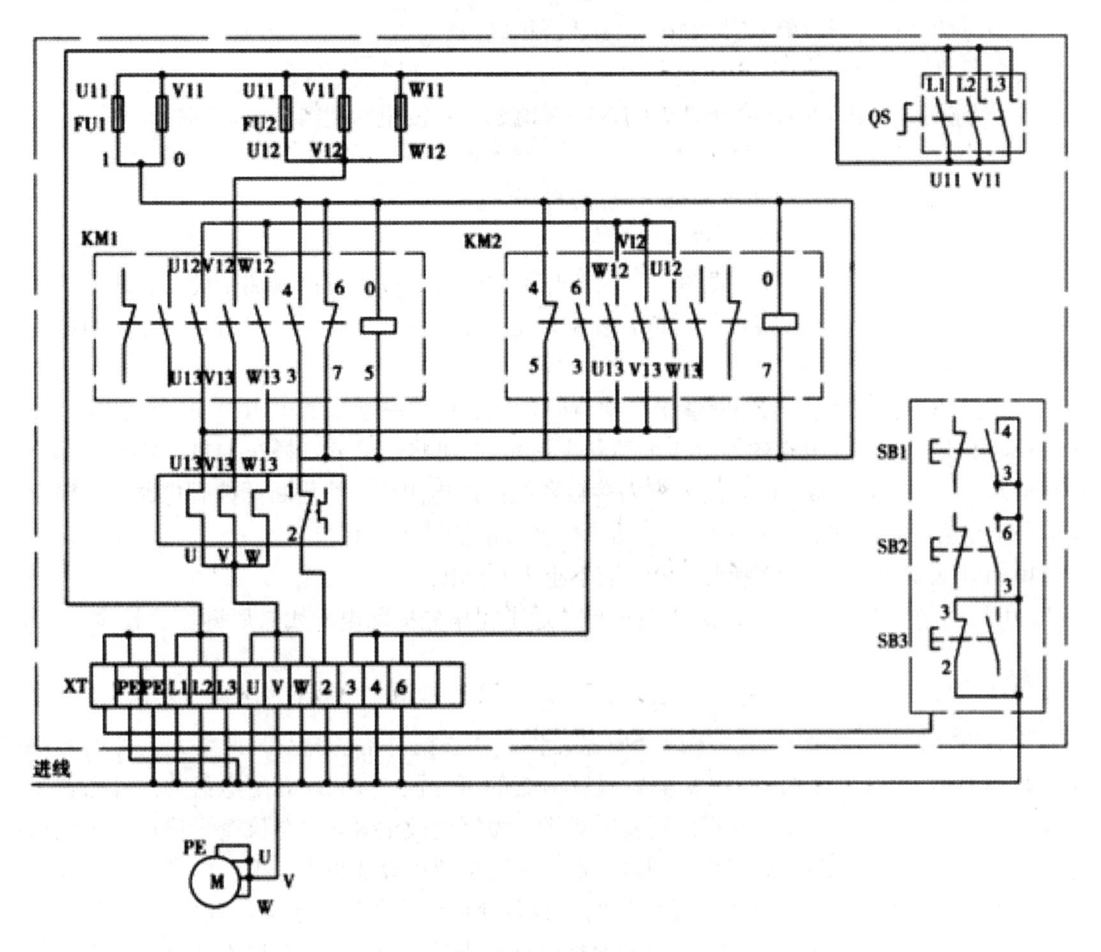

（c）电气安装接线图

图 7-8　接触器连锁正反转控制线电路图（续图）

- 布线应横平竖直、分布均匀，变换走向时应垂直。
- 布线时严禁损伤线芯，和导线绝缘。
- 布线顺序一般以接触器为中心，由里向外，由低至高，先控制电路，后主电路的顺序进行，以不妨碍后续布线为原则。
- 在每根剥去绝缘层导线的两端套上编码套管。所有从一个接线端子（或接线桩）到另一个接线端子（或接线桩）的导线必须连接，中间无接头。
- 导线与接线端子或接线桩连接时，不得压绝缘层、不反圈及不露铜过长。
- 同一元件、同一回路的不同接点的导线间距离应保持一致。
- 一个电器元件接线端子上的连接导线不得多于两根，每节接线端子板上的连接导线一般只允许连接一根。

（5）根据电气接线图检查控制板布线是否正确。

（6）安装电动机。

（7）连接电动机和按钮金属外壳的保护接地线（若按钮为塑料外壳，则按钮外壳不需要接地线）。

（8）连接电源、电动机等控制板外部的导线。

（9）自检。

1）按电路原理图或电气接线图从电源端开始逐段核对接线及接线端子处是否正确，有无漏接、错接之处。检查导线接点是否符合要求，压接是否牢固。接触应良好，以免带负载运行时产生闪弧现象。

2）用万用表检查线路的通断情况。检查时，应选用倍率适当的电阻挡并进行校零，以防短路故障发生。对控制电路的检查（可断开主电路），可将表笔分别搭在 U11、V11 线端上，读数应为∞。按下 SB1/SB2 时，读数应为接触器线圈的电阻值，然后断开控制电路，再检查主电路有无开路或短路现象，此时可用手动来代替接触器通电进行检查。

3）用兆欧表检查线路的绝缘电阻，应不小于 0.5MΩ。

（10）经指导教师检查无误后通电试车。通电完毕先拆除电源线，后拆除负载线。

【任务实施】

学生分组装配，根据设计方案选择电器元件，并根据设备情况及时调整元器件型号和材料种类。在满足设计要求的前提下，兼顾设计方案的可行性。按照现有配电盘的尺寸布置和安装电器元件，连接控制线路。发现问题及时整改，做好更改记录。安全检查无误后通电调试控制线路，排除故障。整理设计文件、图纸、资料，写出课程设计报告。报告内容包含课程设计的目的和要求、设计任务书、设计过程说明、设备使用说明和设计小结，列出参考资料目录。另外打印装订一本设备使用说明书，作为课程设计报告的一个附件。总结设计过程中出现的问题、分析思考题，回答指导教师提出的问题。

【项目总结】

（1）了解电力系统的组成及发电、输配电基本知识。

（2）了解电气图的分类及作用。

（3）掌握绘制、识读电路图、接线图和布置图的原则。

（4）掌握低压配电盘的安装工艺及需要注意的问题。

（5）熟练配电盘的安装技能。

（6）熟悉低压配电盘的调试与故障排除。

【项目训练】

通过本项目的学习回答以下问题：

（1）什么是电力系统？简述从发电厂到用户的发电、输电、配电过程。

（2）变电所和配电所的任务有什么不同？

（3）用电负荷分为几级？各采用什么方式供电？

（4）简述电气图的主要特点。

（5）什么是电气图中元件的“正常状态”？它在绘制电气图有什么关系？

（6）电气图一般由哪几部分组成？每部分有哪些主要内容？

（7）在安装过程中如何实现电动机的换相反转？

（8）结合实际操作，说明在按钮接线过程中应该注意哪些问题？

8 小型三相异步电动机控制线路的安装与调试

【项目导读】

通过开关、按钮、继电器、接触器等电气触点的接通或断开来实现的各种控制叫做继电－接触器控制，这种方式构成的自动控制系统称为继电－接触器控制系统。典型的控制环节有点动控制、单向自锁运行控制、正反转控制、行程控制、时间控制等。

本项目将学习三相电源的相关知识及三相异步电动机电气控制线路，重点讲解低压电器的结构与选择、三相异步电动机的基本控制形式等内容。

任务一　认识三相交流电路

【任务描述】

三相交流电源是由三个频率相同、振幅相等、相位依次互差 120°的交流电动势组成的电源。三相交流电较单相交流电有很多优点，它在发电、输配电、电能转换为机械能方面都有明显的优越性。在输送同样功率电能的情况下，三相输电线较单相输电线可节省有色金属 25%左右，而且电能损耗较单相输电时少。由于三相交流电具有上述优点，所以它获得了广泛应用。那么什么是三相交流电？它的表示形式是什么？低压供电系统的常见形式又有哪些？

【任务分析】

要认识三相交流电，必须学习三相交流电源的表达式、相量表示法、相量图、常用供电系统的形式等内容。

【任务目标】

- 掌握三相交流电的表示形式。
- 熟悉三相交流电的波形图和相量图。
- 掌握低压供电系统的常见形式。
- 了解各种供电系统的应用。

【相关知识】

一、三相电源的基本知识

1. 三相电动势

三相电动势的产生：如图 8-1 所示，若定子中放三个线圈（绕组）：U_1U_2、V_1V_2、W_1W_2，由首端（起始端、相头）指向末端（相尾），三个线圈在空间位置上彼此相隔 120°，转子装有磁极并以 ω 的速度旋转，便在三个线圈中产生三个单相电动势。

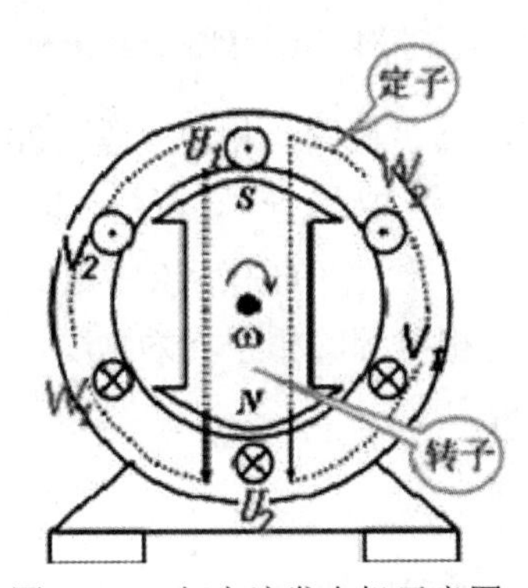

图 8-1　三相交流发电机示意图

2. 三相对称电源

供给三相电动势的电源称为三相电源，三个最大值相等、角频率相同而初相位互差 120°的三相电源则称为三相对称电源。如图 8-2 所示，它们的参考方向是始端为正极性，末端为负极性。

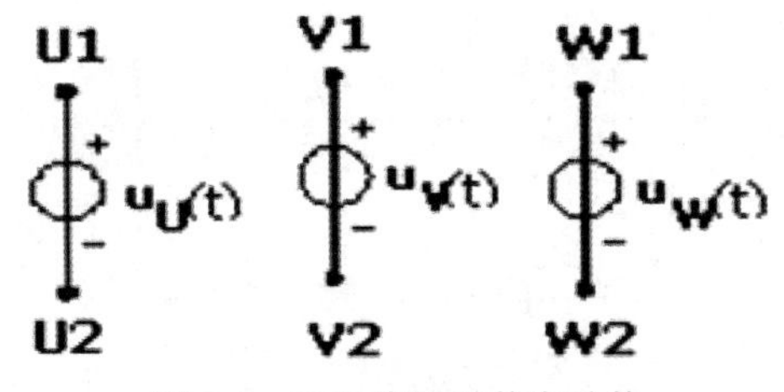

图 8-2　三相绕组及其电动势

三相电源的表示式：

$$u_{u(t)} = U_m \sin\omega t, u_{v(t)} = U_m \sin(\omega t - 120^\circ), u_{w(t)} = U_m \sin(\omega t + 120^\circ)$$

相量表示式及相量图、波形图，如图 8-3 所示。

$$U_U = \dot{U}\angle 0^\circ，U_V = \dot{U}\angle -120^\circ，U_W = \dot{U}\angle 120^\circ$$

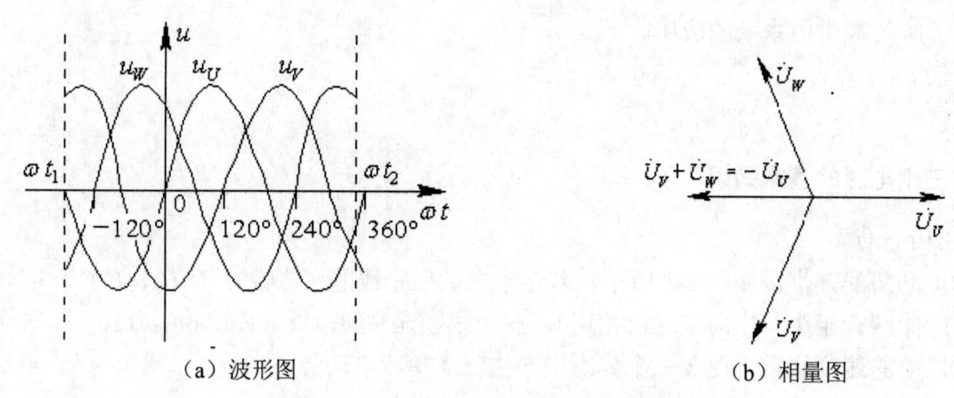

（a）波形图　　（b）相量图

图 8-3　三相对称电动势的波形图和相量图

三相电源的特征：大小相等，频率相同，相位互差 120º。对称三相电源的三个相电压瞬时值之和为零，即 $u_{u(t)} + u_{v(t)} + u_{w(t)} = 0$ 或 $\dot{U}_u + \dot{U}_v + \dot{U}_w = 0$ 。

相序：对称三相电压到达正（负）最大值的先后次序，U→V→W→U 为顺序，U→W→V→U 为逆序。本书中若无特殊说明，三相电源的相序均为顺序。

二、低压供电系统的常见形式

1. 三相三线制电路

定义：在电源与负载都是星形连接的电路中，连接电源与负载有三条输电线，即三根端线，这样的连接叫三相三线制，如图 8-4 所示。当负载是对称负载时，可以省略中性线，采用三相三线制连接。

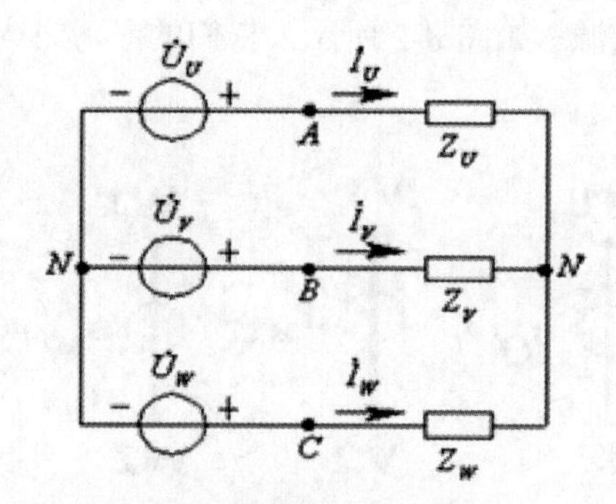

图 8-4　三相三线制电路简图

特点：线电流等于相电流，即 $I_l = I_p$，而 $\dot{I}_u + \dot{I}_v + \dot{I}_w = 0$，由于三个线电流的初相位不同，因此在某一瞬时不会同时流向负载，至少有一根端线作为返回电源的通路。

2. 三相四线制电路

定义：在电源与负载都是星形连接的电路中，连接电源与负载有四条输电线，即三根端线与一根中性线，这样的连接叫三相四线制，用 Y/Y0 表示，如图 8-5 所示。目前我国低压配电系统普遍采用三相四线制，线电压是 380V，相电压是 220V。当负载不是对称负载时，应采用三相四线制连接。

特点：

$$\dot{I}_U = \frac{\dot{U}_U}{\dot{Z}_U}，\dot{I}_v = \frac{\dot{U}_V}{\dot{Z}_V}，\dot{I}_W = \frac{\dot{U}_W}{\dot{Z}_W}$$

$$\dot{I}_N = \dot{I}_U + \dot{I}_V + \dot{I}_W$$

即线电流等于相电流 $I_l = I_p$，中性线电流等于各相电流代数和。

电压电流的相量图如图 8-6 所示。

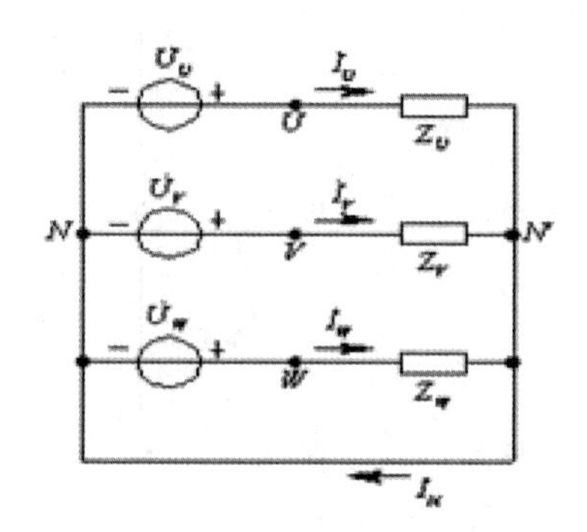

图 8-5 三相四线制电路简图

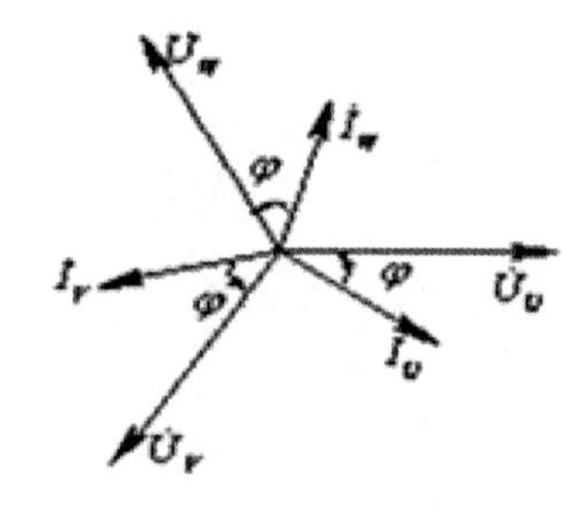

图 8-6 电压电流的相量图

3. 三相五线制电路

一般低压电网采用三相四线制供电，而家庭中负载使用单相 220V 电压，这就必然要引入一根相线和一根零线。为了实现保护接零，还必须再引入一条专用的保护接零线，直接接到零线干线上，这种接法有时不容易做到正确接线，留下事故隐患。目前，许多建筑的配电布线中采用三相五线制（如图 8-7 所示），设有专门的保护零线，接线方便，能起到良好的保护作用。各种参数同三相四线制电路。

【任务实施】

如图 8-8 所示，把三个单相负载的始端 a、b、c 分别接到电源（220V）的 A、B、C 线上，把负载末端 x、y、z 接在一起，就构成了三相三线制的电路（无中线）。如果是三相四线制电路（有中线），则将负载末端 x、y、z 接在一起再与电源的中性点相连。

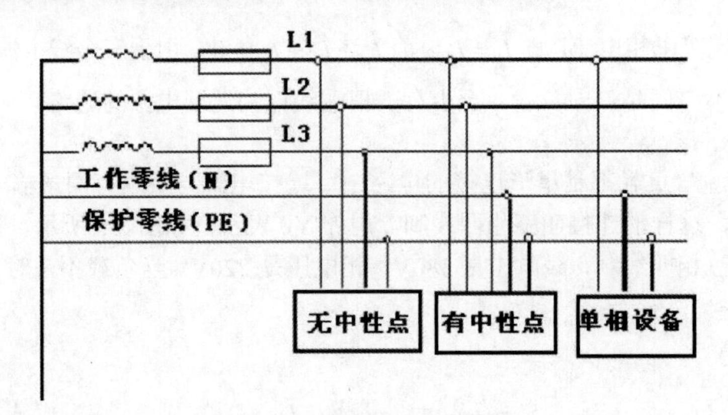

图 8-7　三相五线制电路图

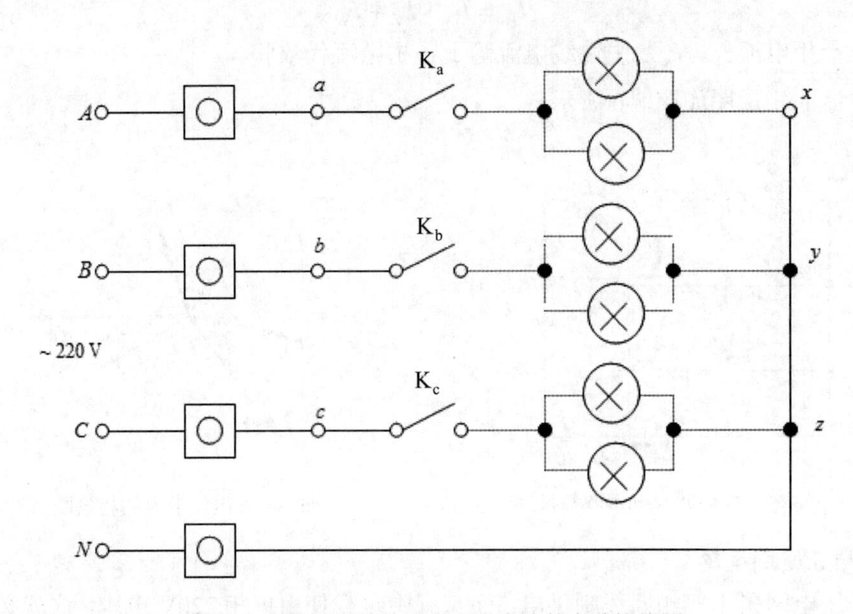

图 8-8　负载星形连接测电压和电流的实验接线图

检查无误后合上电源开关 K，然后进行如下测量：

（1）负载对称有中线：测量电压和电流的数据并填入表 8-1 中。

（2）负载对称无中线：测量电压和电流的数据并填入表 8-1 中。

（3）有中线时 *a* 相开路：将开关 K_a 断开，观察灯泡的亮度变化，测量电压和电流的数据并填入表 8-1 中。

（4）无中线时 *a* 相开路：将开关 K_a 断开，观察灯泡的亮度变化，测量电压和电流的数据并填入表 8-1 中。

（5）三相负载均不对称有中线：取 *a* 相 60W 灯泡一只加在 *c* 相上，观察灯泡的亮度变化，测量电压和电流的数据并填入表 8-1 中。

（6）三相负载均不对称无中线：取 *a* 相 60W 灯泡一只加在 *c* 相上，观察灯泡的亮度变化，测量电压和电流的数据并填入表 8-1 中。

表 8-1　负载星形连接时电压、电流的测量数据

星形	中线	U_{AB}（V）	U_{BC}（V）	U_{CA}（V）	U_A（V）	U_B（V）	U_C（V）	I_A（A）	I_B（A）	I_C（A）	I_N（A）
对称	有										
	无										
a 相开路（断开 K_a）	有				×						
	无				×						
取 *a* 相 60W 灯泡加在 *c* 相上	有										
	无										

由实验数据计算三相四线制电源和负载星形连接线电压和相电压的比值，并与理论值进行比较。进一步掌握三相交流电的各种特点。

任务二　三相对称电路与不对称电路的分析

【任务描述】

与单相交流电路不同，三相交流电路因为它的特殊性，其供电方式以及负载的连接方式会影响到电路的很多性质，如相电压与线电压的关系、相电流与线电流的关系、负载功率的计算方法等，所以对三相交流电供电方式以及负载连接方式进行研究分析、掌握它们的特点是非常必要的。

【任务分析】

要掌握由三相电源星形、三角形连接方式的不同所形成的对外电路供电的不同特点，如对外电路的端电压、端电流等；要掌握三相对称负载星形、三角形连接的电路特点；要掌握三相不对称负载星形、三角形连接的电路特点。

【任务目标】

- 掌握三相电源星形连接、三角形连接各电路参数的特点。
- 掌握对称、不对称三相负载的星形连接的特点。
- 掌握对称、不对称三相负载的三角形连接的特点。

【相关知识】

一、三相电源

三相电源由三相同步发电机产生。发电机的定子是 3 个结构相同、轴线互差 120°的绕组，转子产生按正弦规律分布的磁场，定子绕组切割转子的磁力线，产生 3 个幅值相等、频率相同、相位互差 120°的正弦电动势，如图 8-9 所示。

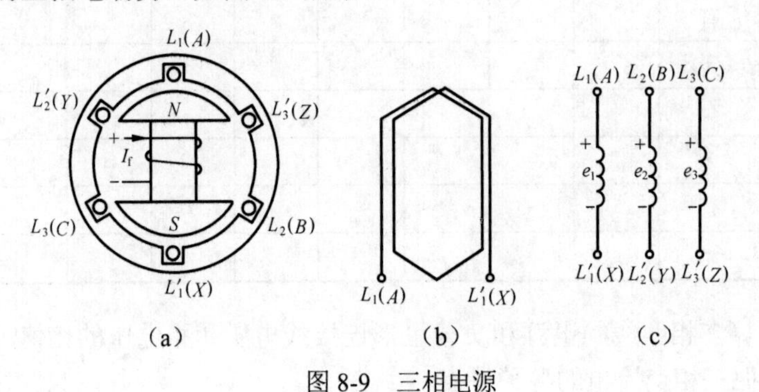

图 8-9　三相电源

以 e_1 为参考正弦量，它们的瞬时值表达式为：

$$e_1 = E_m \sin \omega t$$

$$e_2 = E_m \sin(\omega t - 120^\circ)$$

$$e_3 = E_m \sin(\omega t + 120^\circ)$$

式中，ω 为正弦电压变化的角频率，E_m 为幅值。

用有效值相量表示：

$$\dot{E}_1 = E\angle 0^\circ$$

$$\dot{E}_2 = E\angle -120^\circ$$

$$\dot{E}_3 = E\angle 120^\circ$$

三相电源是对称的：$e_1 + e_2 + e_3 = 0$

三相电源的波形图与相量图如图 8-10 所示。

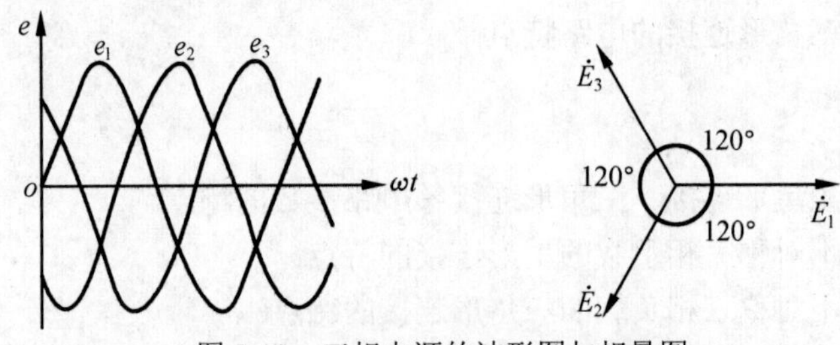

图 8-10　三相电源的波形图与相量图

1. 三相电源的星形连接

将三相绕组的三个末端 L_1、L_2 和 L_3 连接在一起后，与三个首端一起向外引出四根供电线，或者只从三个首端向外引出三根供电线，这种连接方法称为三相电源的星形连接。就供电方式而言，前者称为三相四线制，后者称为三相三线制，如图 8-11 所示。

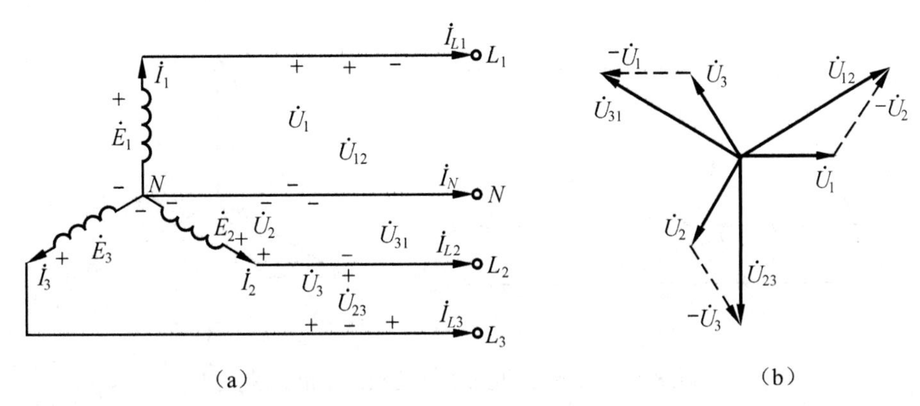

图 8-11 三相电源的星形连接图及相量图

常用术语如下：

- 端线：由电源始端引出的连接线。
- 中线：连接 N、N' 的连接线。
- 相电压：指每相电源（负载）的端电压。
- 线电压：指两端线之间的电压。
- 相电流：流过每相电源（负载）的电流。
- 线电流：流过端线的电流。
- 中线电流：流过中线的电流。

相电压：每相绕组两端的电压。

$$\dot{U}_1 = U_p\angle 0°，\dot{U}_2 = U_p\angle -120°，\dot{U}_3 = U_p\angle 120°$$

线电压：相线与相线之间的电压。

$$\dot{U}_{12} = \dot{U}_1 - \dot{U}_2 = U_l\angle 30°$$

$$\dot{U}_{23} = \dot{U}_2 - \dot{U}_3 = U_l\angle -90°$$

$$\dot{U}_{31} = \dot{U}_3 - \dot{U}_1 = U_l\angle 150°$$

相电流：每相绕组中的电流：$\dot{I}_1$、$\dot{I}_2$、$\dot{I}_3$。

线电流：端点输送出去的电流。

$$\dot{I}_{L1} = \dot{I}_1,\ \dot{I}_{L2} = \dot{I}_2,\ \dot{I}_{L3} = \dot{I}_3$$

负载对称时 $I_1 = I_p$，相位相同。

2. 三相电源的三角形连接

将三相电源中每相绕组的首端依次与另一相绕组的末端连接在一起形成闭合回路，然后从三个连接点引出三根供电线，这种连接方法称为三相电源的三角形连接或△形连接，显然这种供电方式只能是三相三线制，如图 8-12 所示。

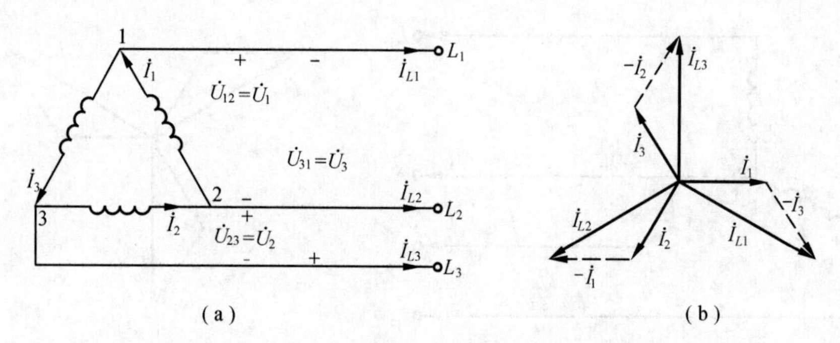

图 8-12 三相电源的三角形连接图及相量图

相电压：$\dot{U}_1 = U_{\rm p}\angle 0^\circ$，$\dot{U}_2 = U_{\rm p}\angle -120^\circ$，$\dot{U}_3 = U_{\rm p}\angle 120^\circ$

$$\dot{U}_{12} = \dot{U}_1 = U_1\angle 0^\circ$$

线电压：$\dot{U}_{23} = \dot{U}_2 = U_1\angle -120^\circ$

$$\dot{U}_{31} = \dot{U}_3 = U_1\angle 120^\circ$$

相电流：$\dot{I}_1$、$\dot{I}_2$、$\dot{I}_3$

$$\dot{I}_{\rm L1} = \dot{I}_1 - \dot{I}_3$$

线电流：$\dot{I}_{\rm L2} = \dot{I}_2 - \dot{I}_1$

$$\dot{I}_{\rm L3} = \dot{I}_3 - \dot{I}_2$$

二、三相负载

三相负载：由三相电源供电的负载称为三相负载。

三相负载的分类：对称三相负载和不对称三相负载。

1. 三相负载的星形连接

（1）对称三相负载的星形连接，如 8-13 所示。

1）连接方式。

2）线电压与相电压的关系：

$$\dot{U}_{\rm AB} = \dot{U}_{\rm A} - \dot{U}_{\rm B} = \dot{U}_{\rm A}(1 - 1\angle 120^\circ) = \sqrt{3}\angle 30^\circ \dot{U}_{\rm A}$$

$$\dot{U}_{\rm BC} = \dot{U}_{\rm B} - \dot{U}_{\rm C} = \sqrt{3}\angle 30^\circ \dot{U}_{\rm B}$$

$$\dot{U}_{\rm CA} = \dot{U}_{\rm C} - \dot{U}_{\rm A} = \sqrt{3}\angle 30^\circ \dot{U}_{\rm C}$$

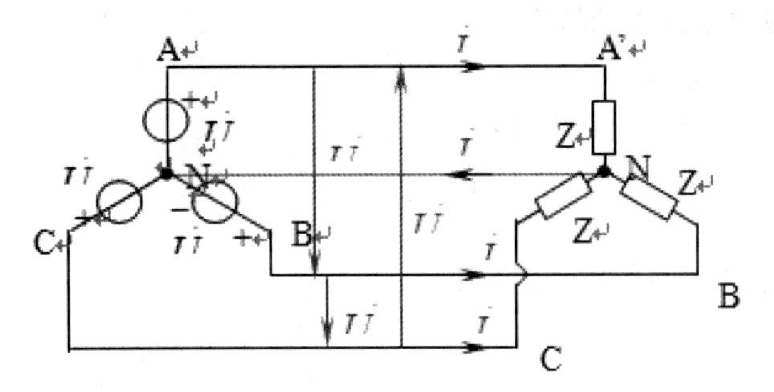

图 8-13　三相负载星形连接

- 相电压对称，线电压也对称。
- $U_{\mathrm{L}}=\sqrt{3}U_{\mathrm{P}}$。
- 线电压超前对应相电压 30°。

3）线电流与相电流的关系：$I_{\mathrm{p}}=I_{\mathrm{l}}$

4）中性线的作用：$\dot{I}_{\mathrm{N}}=0$

对三相不对称负载：

$$\dot{U}_{\mathrm{N'N}}=\frac{\dfrac{\dot{U}_{\mathrm{A}}}{Z_{\mathrm{A}}}+\dfrac{\dot{U}_{\mathrm{B}}}{Z_{\mathrm{B}}}+\dfrac{\dot{U}_{\mathrm{C}}}{Z_{\mathrm{C}}}}{\dfrac{1}{Z_{\mathrm{A}}}+\dfrac{1}{Z_{\mathrm{B}}}+\dfrac{1}{Z_{\mathrm{C}}}}\neq 0$$

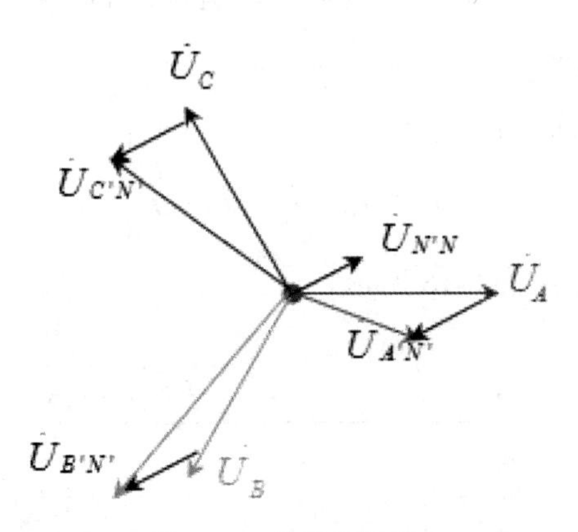

图 8-14　负载相量图

上式说明负载中性点 N' 与电源中性点 N 之间有电位差，使得负载的相电压不再对称，如图 8-14 所示。

特点：三相相互影响，互不独立。

通过分析，在三相四线制配电系统中，保险丝不能装在中线上。

5）对称三相负载星形连接的特例。

特例 1：对称负载的断相。

三相对称负载正常运行时的线电流：

$$I_A = I_B = I_C = I_P = \frac{U_P}{|Z|}$$

现 A 相负载发生断相，如图 8-15 所示。

$A'N'$ 断相：

$$I_A = 0，I_B = I_C = \frac{U_1}{2|Z|} = \frac{\sqrt{3}U_P}{2|Z|} = 0.866I_P$$

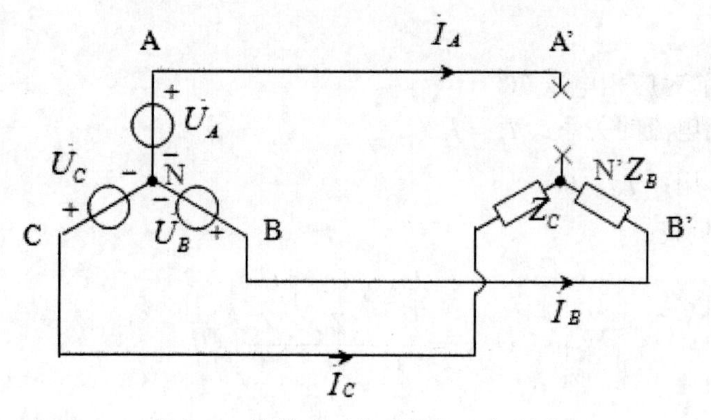

图 8-15 负载的三角形连接 A 相断路

特例 2：对称负载的短路。

三相对称负载正常运行时的线电流：

$$I_A = I_B = I_C = I_P = \frac{U_P}{|Z|}$$

现 A 相负载发生短路，如图 8-16 所示。

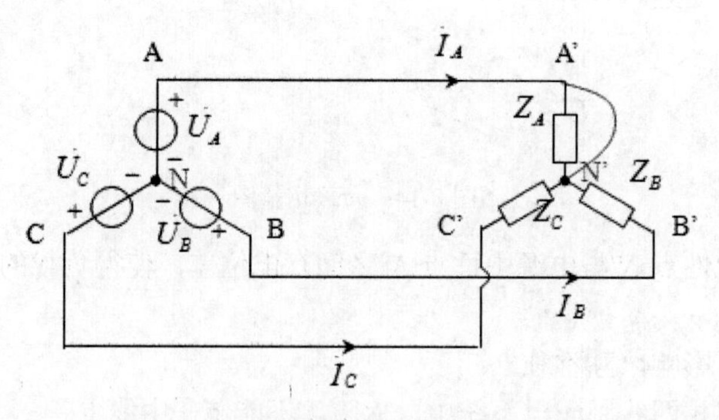

图 8-16 负载的三角形连接 A 相短路

$A'N'$ 短路：

$$I_{\rm B}=I_{\rm C}=\frac{U_1}{|Z|}=\sqrt{3}I_{\rm P}$$

$$\dot{I}_{\rm A}=-\dot{I}_{\rm B}-\dot{I}_{\rm C}=-\frac{\dot{U}_{\rm BA}}{Z}-\frac{\dot{U}_{\rm CA}}{Z}=\frac{\dot{U}_{\rm AB}-\dot{U}_{\rm CA}}{Z}$$

（2）不对称三相负载的星形连接。

工程实际使用中遇到的问题是将许多单相负载分成容量大致相等的三相，分别接到三相电源上，这样构成的三相负载通常是不对称的。对于这种电路需要使用三相四线制，如图 8-17（a）所示。该电路具有如下特点：

- 由于三相负载不对称，三相电流也不对称，其三相电流的矢量和不为零，必须引一根中线供电流不对称部分流过，即必须用三相四线制。
- 由于中性线的作用，电流构成了相互独立的回路。不论负载有无变动，各相负载承受的电源相电压不变，从而保证了各相负载的正常工作。
- 如果没有中线或者中线断开了，虽然电源的线电压不变，但各相负载承受的电压不再对称。有的相电压增高了，有的相电压降低了。这样不但使负载不能正常工作，有时还会造成事故。

一般情况下，中线电流小于端线电流，通常取中线的截面积小于端线的截面积。

通过分析得到三相不对称负载的各相支路的计算需要对 A、B、C 三个单项分别进行计算。

例 8-1　如图 8-17 所示，某三相不对称负载作 Y 形连接的电阻电路中，各相电阻分别是 $R_{\rm A}=R_{\rm B}=22\Omega$，$R_{\rm C}=11\Omega$。已知电源的线电压为 380V。求相电流、线电流和中线电流。

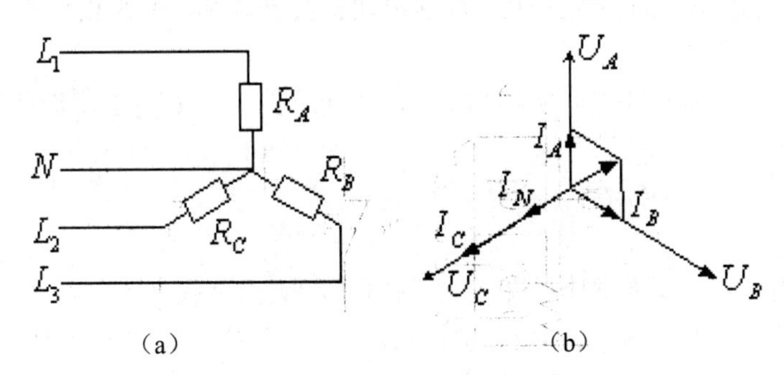

图 8-17　三相不对称负载 Y 形连接

解：参见图 8-17（a）所示得到每相所承受的相电压为：

$$U_{\rm P}=U_1/\sqrt{3}=380/\sqrt{3}=220{\rm V}$$

各相电流为：

$$I_{\rm A}=I_{\rm B}=U_{\rm P}/R=220/22=10{\rm A}$$

$$I_{\rm C}=U_{\rm P}/R_{\rm C}=220/11=20{\rm A}$$

各相的线电流等于同相的相电流。

纯电阻电路的电流和电压同相位，故三相电流之间的相位差依次为 120°。用矢量叠加法得到中线电流的值为 10A，相位与 U_C 同相位，如图 8-17（b）所示。

例 8-2 图 8-18 所示为由白炽灯组成的三相不对称负载电路。*A* 负载为两个 220V、60W 的灯泡，*B* 相为 6 个 220V、60W 的灯泡。试分析中线断开、*C* 相负载开路和短路时，*A* 相和 *B* 相负载的电压变化情况。

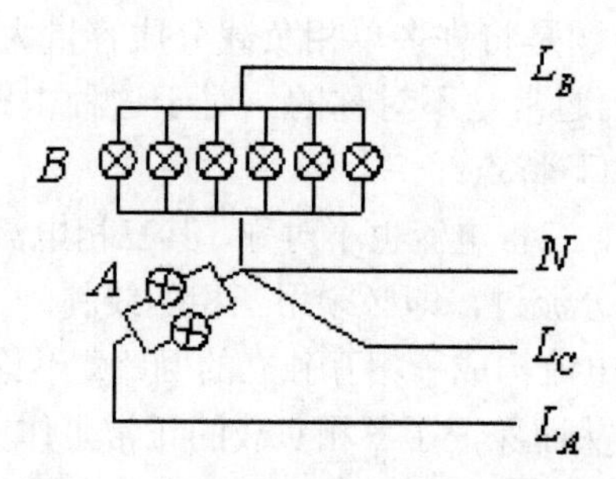

图 8-18 由白炽灯组成的三相不对称负载电路

解：中线断开、*C* 相开路时，R_A 和 R_B 串联后接在 U_{AB} 上。因为：

$$
\begin{aligned}
U_A &= [R_A/(R_A+R_B)]\times U_{AB} \\
&= [R_A/(R_A+R_A/3)]\times 380 \\
&= 285\text{V}
\end{aligned}
$$

所以：$U_B = 380-285 = 95\text{V}$

A 相负载承受的电压高于额定电压，灯泡很快就会被烧坏。而 *B* 相负载承受的电压低于额定电压，灯泡不能正常工作。

中线断开、*C* 相负载短路时，*A* 相和 *B* 相分别接到 U_{BC}、U_{CA} 上，均承受 380V 的电压，灯泡很快烧坏。

2. 三相负载的三角形连接

（1）连接方式。

△形连接没有零线，只能配接三相三线制电源，无论负载平衡与否各相负载承受的电压均为线电压，各相负载与电源之间独自构成回路，互不干扰，如图 8-19 所示。

必须注意，如果任何一相定子绕组接法相反，三个相电压之和将不为零，在三角形连接的闭合回路中将产生根大的环形电流，造成严重恶果。

（2）线电压与相电压的关系：$\dot{U}_L = \dot{U}_P$

（3）线电流与相电流的关系：

$$\dot{I}_{\mathrm{A}}=\dot{I}_{\mathrm{A'B'}}-\dot{I}_{\mathrm{C'A'}}=\sqrt{3}\angle-30°\dot{I}_{\mathrm{A'B'}}$$
$$\dot{I}_{\mathrm{B}}=\dot{I}_{\mathrm{B'C'}}-\dot{I}_{\mathrm{A'B'}}=\sqrt{3}\angle-30°\dot{I}_{\mathrm{B'C'}}$$
$$\dot{I}_{\mathrm{C}}=\dot{I}_{\mathrm{C'A'}}-\dot{I}_{\mathrm{B'C'}}=\sqrt{3}\angle-30°\dot{I}_{\mathrm{C'A'}}$$

- 相电流对称，线电流也对称。
- $I_{\mathrm{L}}=\sqrt{3}I_{\mathrm{P}}$。
- 线电流滞后对应相电流 30°。

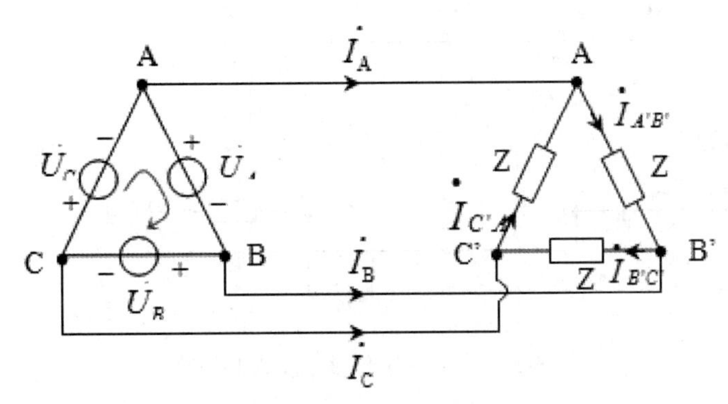

图 8-19　三角形连接图

（4）对称三相负载三角形连接的特例。

特例 1：对称负载的断相。

对称时，$I_{\mathrm{A}}=I_{\mathrm{B}}=I_{\mathrm{C}}=\sqrt{3}\dfrac{U_1}{|Z|}$

现 A 相负载发生断相，如图 8-20 所示。

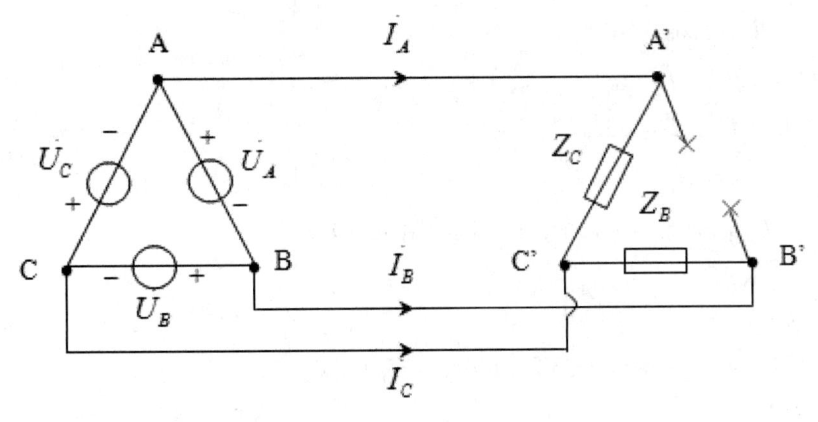

图 8-20　负载的三角形连接 A 相断路

$A'B'$ 断相：$I_A = I_B = \dfrac{U_1}{|Z|}$，$I_C = \sqrt{3}\dfrac{U_1}{|Z|}$

特例 2：对称负载的短路。

对称时：$I_A = I_B = I_C = \sqrt{3}\dfrac{U_1}{|Z|}$

现 A 相负载发生短路（如图 8-21 所示），电源短接烧掉。

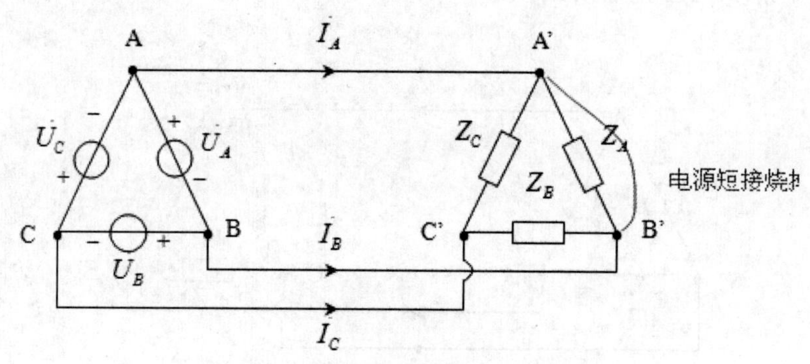

图 8-21　负载的三角形连接 A 相短路

三、三相功率

1. 有功功率（平均功率）

$$P = P_A + P_B + P_C$$
$$= U_{AP}I_{AP}\cos\varphi_{ZA} + U_{BP}I_{BP}\cos\varphi_{ZB} + U_{CP}I_{CP}\cos\varphi_{ZC}$$

对称时：$U_{AP} = U_{BP} = U_{CP} = U_P$，$I_{AP} = I_{BP} = I_{CP} = I_P$，$\varphi_{ZA} = \varphi_{ZB} = \varphi_{ZC} = \varphi_Z$

所以：$P = 3U_P I_P \cos\varphi_Z$

星形：$U_l = \sqrt{3}U_P$，$I_l = I_P$

三角形：$U_l = U_P$，$I_l = \sqrt{3}I_P$

故：$3U_p U_P = \sqrt{3}U_l I_l$

$P = \sqrt{3}U_l I_l \cos\varphi_Z$（$\varphi_Z$ 为每个阻抗的阻抗角）

$P = 3I_P^2 \mathrm{Re}[Z]$

2. 无功功率

对称时：$Q = 3U_P I_P \sin\varphi_Z = \sqrt{3}U_l I_l \sin\varphi_Z = 3I_P^2 \mathrm{Im}[Z]$

3. 视在功率

对称时：$S = \sqrt{P^2 + Q^2} = 3U_P I_P = \sqrt{3}U_l I_l$

4. 三相功率的测量（两瓦特表法）

$$p(t)=u_{\mathrm{A}}i_{\mathrm{A}}+u_{\mathrm{B}}i_{\mathrm{B}}+u_{\mathrm{C}}i_{\mathrm{C}}=u_{\mathrm{A}}i_{\mathrm{A}}+u_{\mathrm{B}}i_{\mathrm{B}}+u_{\mathrm{C}}(-i_{\mathrm{A}}-i_{\mathrm{B}})=(u_{\mathrm{A}}-u_{\mathrm{C}})i_{\mathrm{A}}+(u_{\mathrm{B}}-u_{\mathrm{C}})i_{\mathrm{B}}$$

$$P=\frac{1}{T}\int_0^T p(t)\mathrm{d}t=U_{\mathrm{AC}}I_{\mathrm{A}}\cos(\psi_{u_{\mathrm{AC}}}-\psi_{\mathrm{i_A}})+U_{\mathrm{BC}}I_{\mathrm{B}}\cos(\psi_{\mathrm{u_{BC}}}-\psi_{\mathrm{i_B}})$$

可见等式右端两次分别对应两个瓦特表的读数。两瓦特表法测功率图如图 8-22 所示。

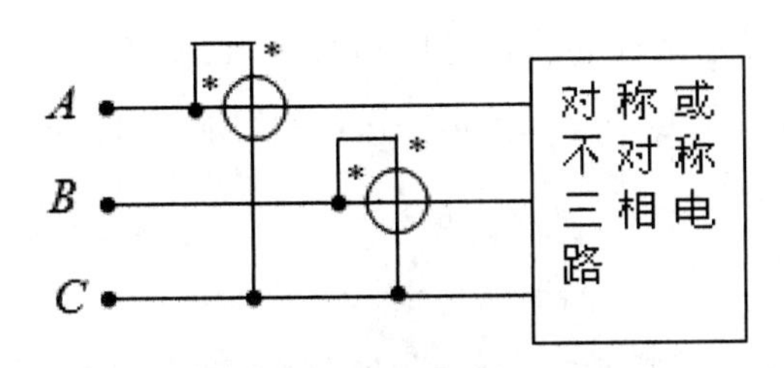

图 8-22　两瓦特表法测功率图

例 8-3　对称三相三线制的线电压$U_1=100\sqrt{3}\mathrm{V}$，每相负载阻抗$Z=10\angle60^\circ\Omega$，求负载为星形及三角形两种情况下的电流和三相功率。

解：负载星形连接时，相电压的有效值为：

$$U_{\mathrm{P}}=\frac{U_1}{\sqrt{3}}=100\mathrm{V}$$

设$\dot{U}_1=100\angle0^\circ\mathrm{V}$，负载线电流等于相电流：

$$\dot{I}_{\mathrm{L1}}=\dot{I}_1=\frac{\dot{U}_1}{Z}=\frac{100\angle0^\circ}{10\angle60^\circ}=10\angle-60^\circ\mathrm{A}$$

$$\dot{I}_{\mathrm{L2}}=\dot{I}_2=\frac{\dot{U}_2}{Z}=\frac{100\angle-120^\circ}{10\angle60^\circ}=10\angle-180^\circ\mathrm{A}$$

$$\dot{I}_{\mathrm{L3}}=\dot{I}_3=\frac{\dot{U}_3}{Z}=\frac{100\angle120^\circ}{10\angle60^\circ}=10\angle60^\circ\mathrm{A}$$

三相总功率为：

$$P=\sqrt{3}U_1I_1\cos\varphi=\sqrt{3}\times100\sqrt{3}\times10\times\cos60^\circ=1500\mathrm{W}$$

当负载为三角形连接时，相电压等于线电压。

设$\dot{U}_{12}=100\sqrt{3}\angle0^\circ\mathrm{V}$，相电流为：

$$\dot{I}_1=\frac{\dot{U}_{12}}{Z}=\frac{100\sqrt{3}\angle0^\circ}{10\angle60^\circ}=10\sqrt{3}\angle-60^\circ\mathrm{A}$$

$$\dot{I}_2=\frac{\dot{U}_{23}}{Z}=\frac{100\sqrt{3}\angle-120^\circ}{10\angle60^\circ}=10\sqrt{3}\angle-180^\circ\mathrm{A}$$

$$\dot{I}_3=\frac{\dot{U}_{31}}{Z}=\frac{100\sqrt{3}\angle120^\circ}{10\angle60^\circ}=10\sqrt{3}\angle60^\circ\mathrm{A}$$

线电流为：

$$\dot{I}_{L1} = \sqrt{3}\dot{I}_1\angle -30^\circ = 30\angle -90^\circ \text{A}$$

$$\dot{I}_{L2} = \sqrt{3}\dot{I}_2\angle -30^\circ = 30\angle -210^\circ = 30\angle 150^\circ \text{A}$$

$$\dot{I}_{L3} = \sqrt{3}\dot{I}_3\angle -30^\circ = 30\angle 30^\circ \text{A}$$

三相总功率为：

$$P = \sqrt{3}U_1 I_1 \cos\varphi = \sqrt{3}\times 100\sqrt{3}\times 30\times \cos 60^\circ = 4500\text{W}$$

由此可知，负载由星形连接改为三角形连接，相电流增加到$\sqrt{3}$倍，线电流增加到 3 倍，功率增加到 3 倍。

【任务实施】

对称三相电路的计算：如图 8-23 所示负载为△形连接的对称三相电路，每相负载阻抗 $Z = 20\angle 53.1^\circ\Omega$，对称三相电源电压中$\dot{U}_{ab} = 220\angle 0^\circ \text{V}$，正相序。试计算相电流$\dot{I}_{ab}$、$\dot{I}_{bc}$和$\dot{I}_{ca}$，线电流$\dot{I}_a$、$\dot{I}_b$和$\dot{I}_c$，并绘出电压和电流的相量图。

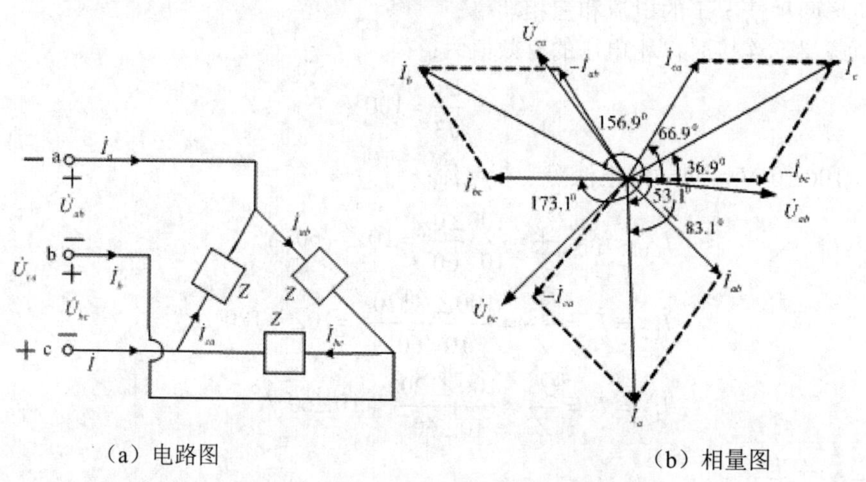

（a）电路图　　（b）相量图

图 8-23　负载为△形连接的对称三相电路

解题思路：本题是对三相电路的计算，负载对称△形连接，给定电源的线电压$\dot{U}_{ab} = 220\angle 0^\circ \text{V}$。按“先分离出一相计算，推知其他两相”的方法，先计算$\dot{I}_{ab}$，则推知$\dot{I}_{bc}$和$\dot{I}_{ca}$；根据对称△形连接线电流与相电流的关系，先计算出线电流$\dot{I}_a$，则可推知$\dot{I}_b$和$\dot{I}_c$，最后根据计算结果绘出相量图。绘出相量图时，先绘出电压$\dot{U}_{ab}$、$\dot{U}_{bc}$和$\dot{U}_{ca}$的相量，再绘出相电流$\dot{I}_{ab}$、$\dot{I}_{bc}$和$\dot{I}_{ca}$的相量，最后绘出线电流$\dot{I}_a$、$\dot{I}_b$和$\dot{I}_c$的相量。

解题方法：①计算本相负载中各相的电流。先计算一相电流$\dot{I}_{ab}$为：

$$\dot{I}_{ab}=\frac{\dot{U}_{ab}}{Z}=\frac{220\angle 0^\circ}{20\angle 53.1^\circ}=11\angle -53.1^\circ \text{A}$$

可以推知：

$$\dot{I}_{bc}=\dot{I}_{ab}\angle -120^\circ=11\angle -173.1^\circ \text{A}$$

$$\dot{I}_{ca}=\dot{I}_{ab}\angle -120^\circ=11\angle 66.9^\circ \text{A}$$

②计算各相的线电流。

按△形连接线电流与相电流的一般关系式：

$$\dot{I}_1=\sqrt{3}\dot{I}_P\angle -30^\circ$$

先计算出线电流 $\dot{I}_a$ 为：

$$\begin{aligned}\dot{I}_a&=\sqrt{3}\dot{I}_P\angle -30^\circ=\sqrt{3}\times 11\angle -53.1^\circ-30^\circ\\&=19.05\angle -83.1^\circ \text{A}\end{aligned}$$

可以推知：

$$\begin{aligned}\dot{I}_b&=\dot{I}_a\angle -120^\circ=19.05\angle -203.1^\circ\\&=19.05\angle 156.9^\circ \text{A}\end{aligned}$$

$$\dot{I}_c=\dot{I}_a\angle 120^\circ=19.05\angle 36.9^\circ \text{A}$$

根据电源和计算结果绘出电压和电流的相量图，如图 8-23（b）所示。

任务三　常用低压电器的拆装与使用

【任务描述】

低压电器是三相异步电动机继电控制线路的载体，没有相关低压电器的控制、保护等作用电动机不可能实现各种运动形式，那么低压电器都包括什么？它们的结构又是怎样的？它们又是如何实现各种控制、保护等功能的？

【任务分析】

在线路的安装和维修过程中，需要对低压电器进行正确、合理的识别、选择才能保证人身安全和设备运行的安全，并能满足不同的控制要求。常用的低压电器主要有刀开关、熔断器、断路器、接触器、主令电器、电磁式继电器等。

【任务目标】

- 了解常用低压电器的结构特点。

- 掌握常用低压电器的工作原理。
- 了解常用低压电器的使用场合与选型。

【相关知识】

低压电器是指工作在交流电压1200V及以下或直流电压1500V及以下电路中的电器，是电气设备控制系统中的基本组成元件，控制系统的优劣与所用的低压电器直接相关。电气技术人员只有掌握低压电器的基本知识和常用低压电器的结构及工作原理，并能准确选用、检测和调整常用低压电器元件，才能够分析电气设备控制系统的工作原理，处理一般故障及维修。

随着科学技术的飞速发展和自动化程度的不断提高，电器的应用范围日益扩大，品种不断增加，尤其是随着电子技术在电器中的广泛应用，近年来出现了许多新型电器，要求电气技术人员的不断学习和掌握新知识。

一、刀开关

刀开关是一种手动电器，常用的刀开关有HD型单投刀开关、HS型双投刀开关、HR型熔断器式刀开关、HZ型组合开关、HK型闸刀开关、HY型倒顺开关等。

（1）HD型单投刀开关。按极数分为1极、2极、3极几种，其示意图及图形符号如图8-24所示。图（a）为直接手动操作，图（b）为手柄操作，图（c）～（h）为刀开关的图形符号和文字符号。图（c）为一般图形符号，图（d）为手动符号，图（e）为三极单投刀开关符号。当刀开关用作隔离开关时，其图形符号上加有一个横杠，如图8-24（f）～（h）所示。

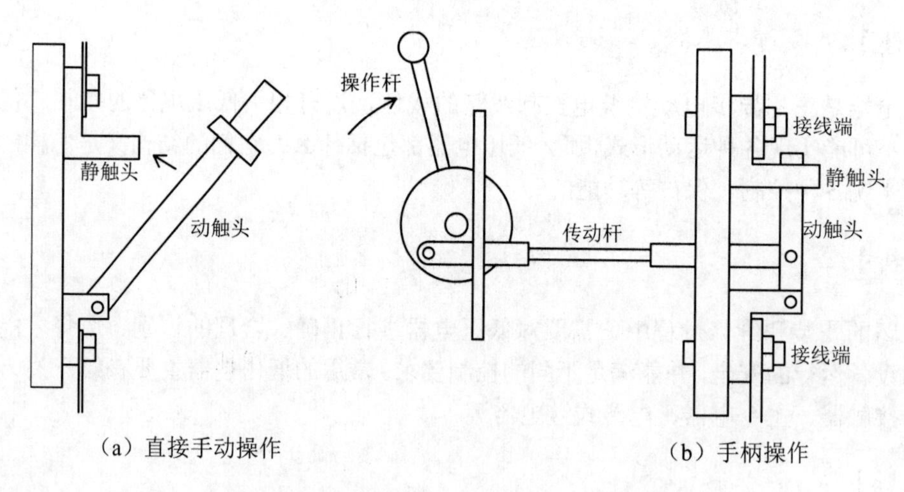

图8-24 HD型单投刀开关示意图及图形符号

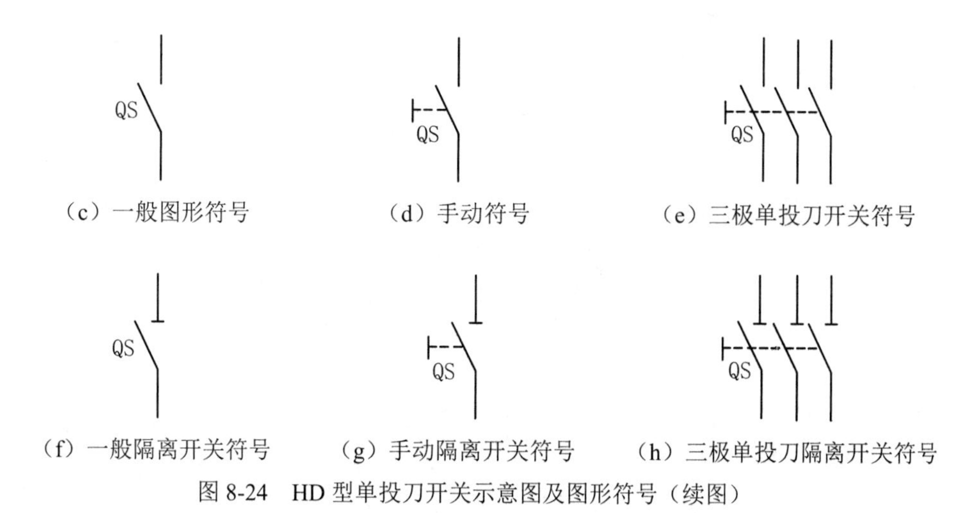

图 8-24　HD 型单投刀开关示意图及图形符号（续图）

单投刀开关的型号含义如下：

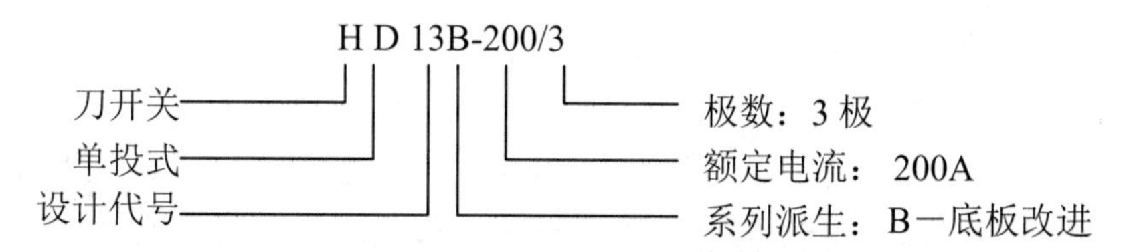

设计代号：11—中央手柄式，12—侧方正面杠杆操作机构式，13—中央正面杠杆操作机构式，14—侧面手柄式。

（2）HS 型双投刀开关。也称转换开关，其作用和单投刀开关类似，常用于双电源的切换或双供电线路的切换等，其示意图及图形符号如图 8-25 所示。由于双投刀开关具有机械互锁的结构特点，因此可以防止双电源的并联运行和两条供电线路同时供电。

（3）HR 型熔断器式刀开关。也称刀熔开关，它实际上是将刀开关和熔断器组合成一体的电器。刀熔开关操作方便并简化了供电线路，在供配电线路上应用很广泛，其工作示意图及图形符号如图 8-26 所示。刀熔开关可以切断故障电流，但不能切断正常的工作电流，所以一般应在无正常工作电流的情况下进行操作。

（4）组合开关。又称转换开关，控制容量比较小，结构紧凑，常用于空间比较狭小的场所，如机床和配电箱等。组合开关一般用于电气设备的非频繁操作、切换电源和负载以及控制小容量感应电动机和小型电器。

组合开关由动触头、静触头、绝缘连杆转轴、手柄、定位机构和外壳等部分组成，其动静触头分别叠装于数层绝缘壳内，当转动手柄时每层的动触片随转轴一起转动，如图 8-27 所示。

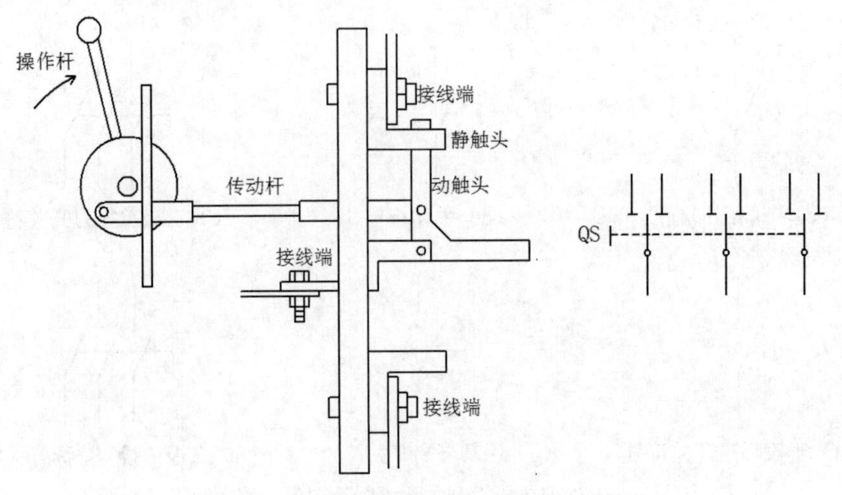

图 8-25　HS 型双投刀开关示意图及图形符号

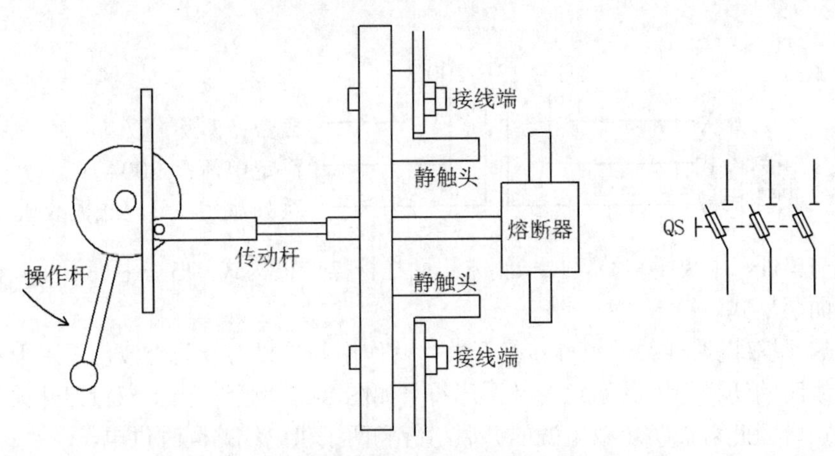

图 8-26　HR 型熔断器式刀开关示意图及图形符号

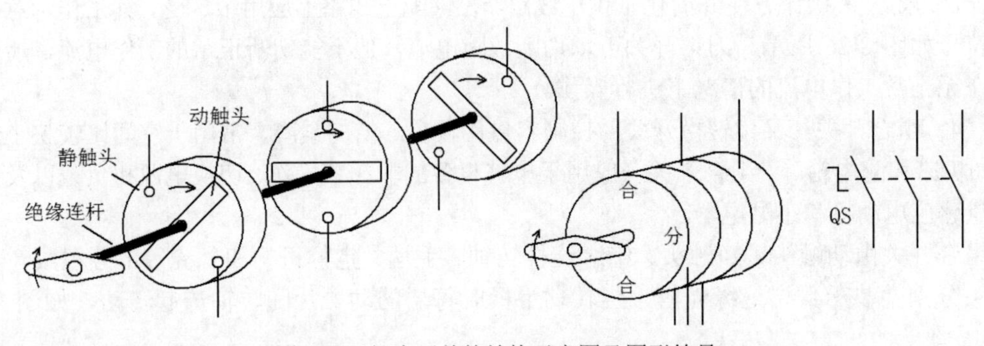

图 8-27　组合开关的结构示意图及图形符号

常用的产品有HZ5系列、HZ10系列和HZ15系列。HZ5系列是类似万能转换开关的产品，其结构与一般转换开关有所不同，组合开关有单极、双极和多极之分。

（5）负荷开关。开启式负荷开关和封闭式负荷开关是一种手动电器，常在电气设备中作隔离电源用，有时也用于直接起动小容量的鼠笼型异步电动机。

1）HK型开启式负荷开关。

HK型开启式负荷开关俗称闸刀或胶壳刀开关，由于它结构简单、价格便宜、使用维修方便，因此得到广泛应用。该开关主要用作电气照明电路和电热电路、小容量电动机电路的不频繁控制开关，也可用作分支电路的配电开关。

胶底瓷盖刀开关由熔丝、触刀、触点座和底座组成，如图8-28（a）所示。此种刀开关装有熔丝，可起短路保护作用。

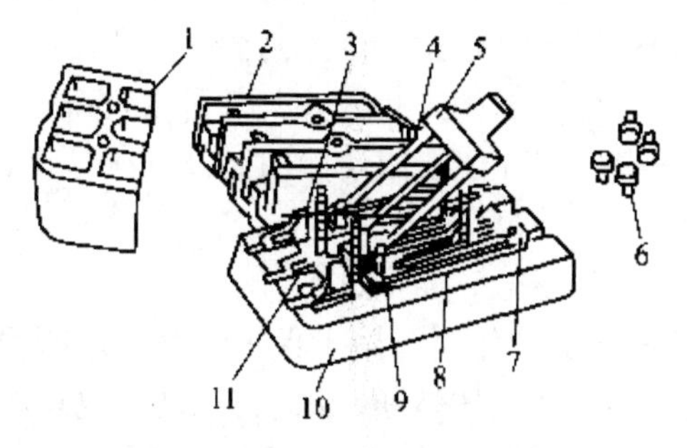

（a）开启式负荷开关

1—上胶盖；2—下胶盖；3—插座；4—触刀；5—操作手柄；6—固定螺母；7—进线端；8—熔丝；9—触点座；10—底座；11—出线端

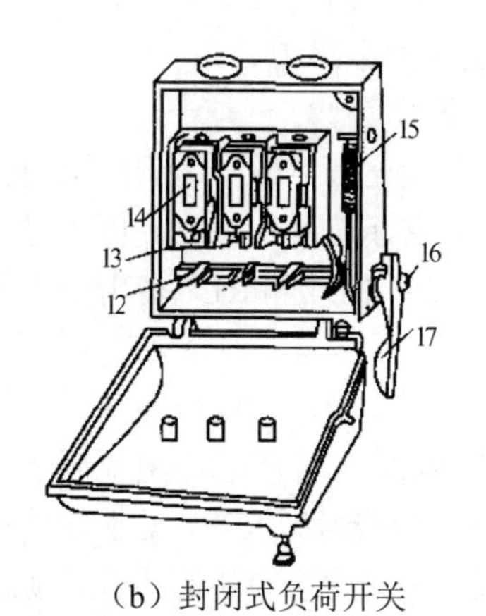

（b）封闭式负荷开关

12—触刀；13—插座；14—熔断器；15—速断弹簧；16—转轴；17—操作手柄

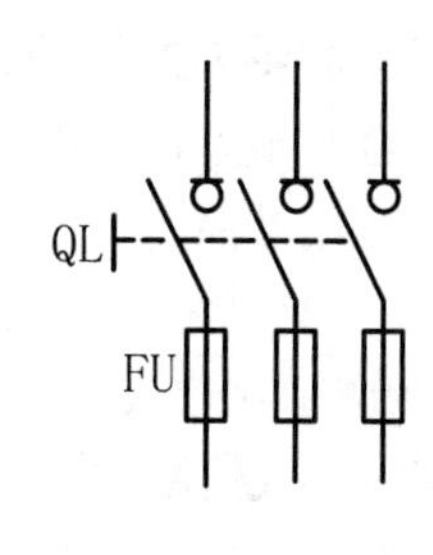

（c）图形文字符号

图8-28　负荷开关

闸刀开关在安装时手柄要向上，不得倒装或平装，以避免由于重力自动下落而引起误动合闸。接线时，应将电源线接在上端，负载线接在下端，这样拉闸后刀开关的刀片与电源隔离，既便于更换熔丝，又可防止可能发生的意外事故。

2）HH 型封闭式负荷开关。

HH 型封闭式负荷开关俗称铁壳开关，主要由钢板外壳、触刀开关、操作机构、熔断器等组成，如图 8-28（b）所示。刀开关带有灭弧装置，能够通断负荷电流，熔断器用于切断短路电流。一般用于小型电力排灌、电热器、电气照明线路的配电设备中，用于不频繁地接通与分断电路，也可以直接用于异步电动机的非频繁全压起动控制。

铁壳开关的操作结构有两个特点：一是采用储能合闸方式，即利用一根弹簧以执行合闸和分闸的功能，使开关的闭合和分断时的速度与操作速度无关，它既有助于改善开关的动作性能和灭弧性能，又能防止触点停滞在中间位置；二是设有联锁装置，以保证开关合闸后便不能打开箱盖，而在箱盖打开后不能再合开关，起到安全保护作用。

HK 型开启式负荷开关和 HH 型封闭式负荷开关都是由负荷开关和熔断器组成，其图形符号也是由手动负荷开关 QL 和熔断器 FU 组成，如图 8-28（c）所示。

二、熔断器

熔断器在电路中主要起短路保护作用，用于保护线路。熔断器的熔体串接于被保护的电路中，熔断器以其自身产生的热量使熔体熔断，从而自动切断电路，实现短路保护及过载保护。熔断器具有结构简单、体积小、重量轻、使用维护方便、价格低廉、分断能力较高、限流能力良好等优点，因此在电路中得到了广泛应用。常见的熔断器有以下几类：

（1）瓷插式熔断器。

瓷插式熔断器如图 8-29（a）所示。常用的产品有 RC1A 系列，主要用于低压分支电路的短路保护，因其分断能力较小，故多用于照明电路和小型动力电路中。

（2）螺旋式熔断器。

螺旋式熔断器如图 8-29（b）所示。熔芯内装有熔丝并填充石英砂，用于熄灭电弧，分断能力强。熔体上的上端盖有一熔断指示器，一旦熔体熔断，指示器马上弹出，可透过瓷帽上的玻璃孔观察到。常用产品有 RL6、RL7 和 RLS2 等系列，其中 RL6 和 RL7 多用于机床配电电路中；RLS2 为快速熔断器，主要用于保护半导体元件。

（3）RM10 型密封管式熔断器。

RM10 型密封管式熔断器为无填料管式熔断器，如图 8-29（c）所示，主要用于供配电系统作为线路的短路保护及过载保护，它采用变截面片状熔体和密封纤维管。由于熔体较窄处的电阻小，在短路电流通过时产生的热量最大，先熔断，因而可产生多个熔断点使电弧分散，以利于灭弧。短路时其电弧燃烧密封纤维管产生高压气体，以便将电弧迅速熄灭。

（4）RT 型有填料密封管式熔断器。

RT 型有填料密封管式熔断器如图 8-29（d）所示。熔断器中装有石英砂，用来冷却和熄灭电弧，熔体为网状，短路时可使电弧分散，由石英砂将电弧冷却熄灭，可将电弧在短路电流达到最大值之前迅速熄灭，以限制短路电流。此为限流式熔断器，常用于大容量电力网或配电设备中。常用产品有 RT12、RT14、RT15 和 RS2 等系列，RS2 系列为快速熔断器，主要用于保护半导体元件。

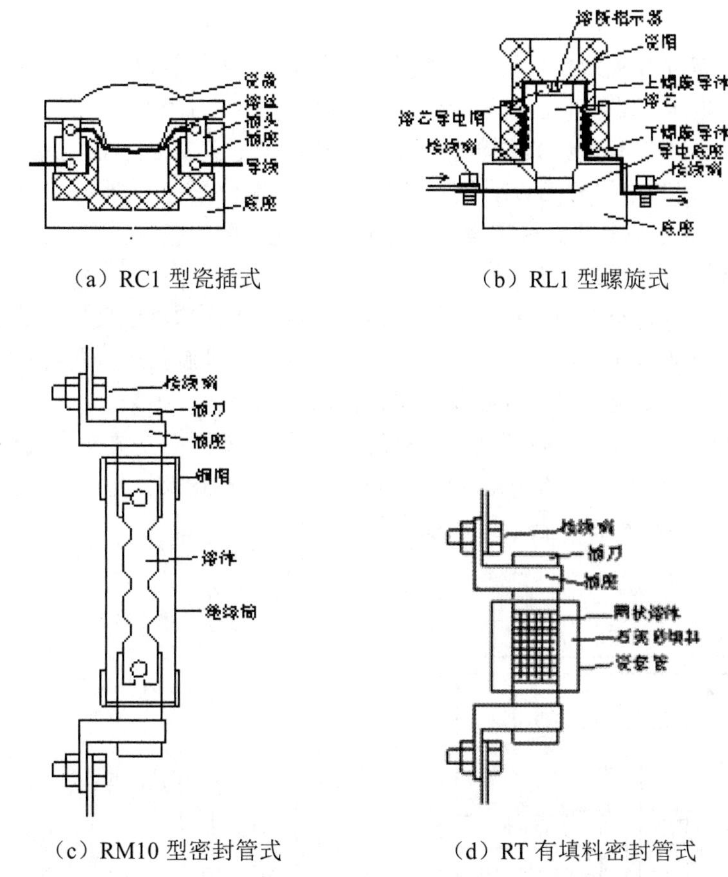

（a）RC1 型瓷插式　（b）RL1 型螺旋式

（c）RM10 型密封管式　（d）RT 有填料密封管式

图 8-29　熔断器类型及其结构形式

随着生产的需要，又研制出了如快速熔断器、可复式熔断器等新型熔断器。

下面介绍熔断器的选择依据。

应根据使用场合和负载性质选择熔断器的类型。

额定电流包括两个电流值：一个是熔体的额定电流，另一个是熔断器的额定电流。选择时先要根据负载情况确定熔体的额定电流，再根据所选熔体的额定电流选择熔断器的额定电流。熔体额定电流的选择要区分负载性质和控制方式，即：

- 对于变压器、电炉和照明等负载，熔体的额定电流应略大于或等于负载电流。
- 对于输配电线路，熔体的额定电流应略大于或等于线路的安全电流。

● 对于电动机负载，熔体的额定电流应等于电动机额定电流的 1.5～2.5 倍。

根据选择的熔体额定电流确定熔断器的额定电流。

熔断器的额定电流应大于熔体的额定电流。例如熔体电流选择为 10A，选用 RL1 系列螺旋式熔断器，则熔断器的规格为 RL1-15，即熔断器的额定电流为 15A。

三、断路器

低压断路器俗称自动开关或空气开关，用于低压配电电路中不频繁的通断控制。在电路发生短路、过载或欠电压等故障时能自动分断故障电路，是一种控制兼保护电器。

断路器的种类繁多，按其用途和结构特点可分为 DW 型框架式断路器、DZ 型塑料外壳式断路器、DS 型直流快速断路器和 DWX 型/DWZ 型限流式断路器等。框架式断路器主要用作配电线路的保护开关，而塑料外壳式断路器除可用作配电线路的保护开关外，还可用作电动机、照明电路、电热电路的控制开关。

下面以塑料外壳式断路器为例简单介绍断路器的结构、工作原理、使用与选用方法。

断路器主要由 3 个基本部分组成，即触头、灭弧系统和各种脱扣器，包括过电流脱扣器、失压（欠电压）脱扣器、热脱扣器、分励脱扣器和自由脱扣器。

图 8-30 所示是断路器工作原理示意图及图形符号。断路器开关是靠操作机构手动或电动合闸的，触头闭合后，自由脱扣机构将触头锁在合闸位置上。当电路发生上述故障时，通过各自的脱扣器使自由脱扣机构动作，自动跳闸以实现保护作用。

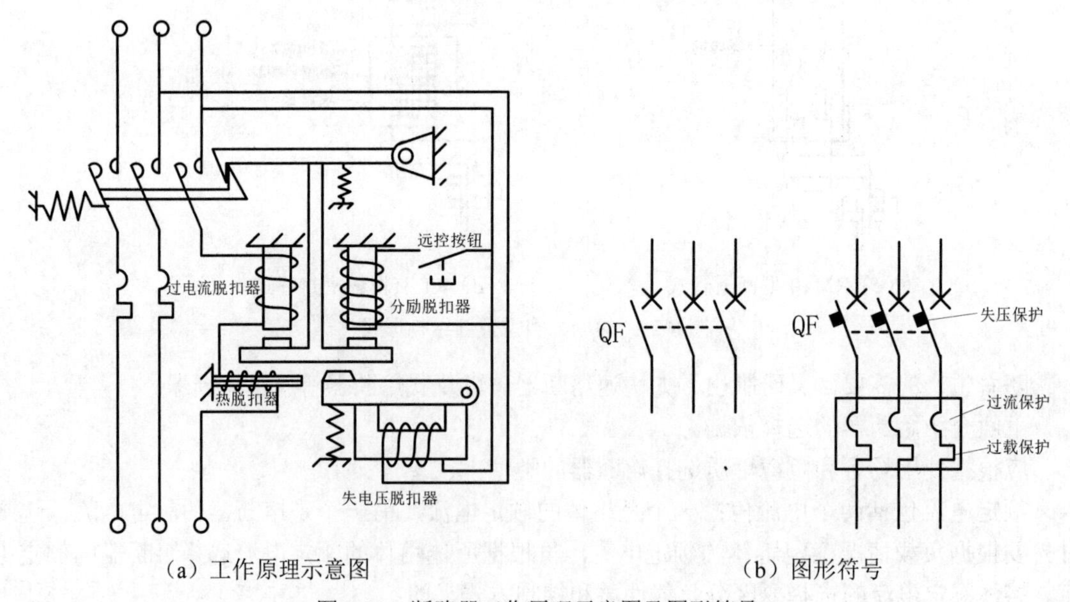

（a）工作原理示意图　　（b）图形符号

图 8-30　断路器工作原理示意图及图形符号

过电流脱扣器用于线路的短路和过电流保护，当线路的电流大于整定的电流值时，过电流脱扣器所产生的电磁力使挂钩脱扣，动触点在弹簧的拉力下迅速断开，实现短路器的跳闸功能。

热脱扣器用于线路的过负荷保护，工作原理和热继电器相同。

失压（欠电压）脱扣器用于失压保护，失压脱扣器的线圈直接接在电源上，处于吸合状态，断路器可以正常合闸；当停电或电压很低时，失压脱扣器的吸力小于弹簧的反力，弹簧使动铁心向上动作使挂钩脱扣，实现断路器的跳闸功能。

分励脱扣器用于远距离跳闸，当在远距离按下按钮时，分励脱扣器得电产生电磁力，使其脱扣跳闸。

不同断路器的保护方式是不同的，使用时应根据需要选用。在图形符号中也可以标注其保护方式，如失压、过负荷、过电流等保护方式。

低压断路器的选择应从以下几个方面考虑：

- 断路器类型的选择：应根据使用场合和保护要求来选择。如一般选用塑壳式；短路电流很大时选用限流型；额定电流比较大或有选择性保护要求时选用框架式；控制和保护含有半导体器件的直流电路时应选用直流快速断路器等。
- 断路器的额定电压、额定电流应大于或等于线路、设备的正常工作电压、工作电流。
- 断路器极限通断能力大于或等于电路最大短路电流。
- 欠电压脱扣器额定电压等于线路额定电压。
- 过电流脱扣器的额定电流大于或等于线路的最大负载电流。

四、接触器

接触器主要用于控制电动机、电热设备、电焊机、电容器组等，能频繁地接通或断开交直流主电路，实现远距离自动控制。它具有低电压释放保护功能，在电力拖动自动控制线路中被广泛应用。

接触器有交流接触器和直流接触器两大类型，下面详细介绍交流接触器。

图 8-31 所示为交流接触器的结构示意图及图形符号。

1. 交流接触器的组成部分

- 电磁机构：电磁机构由线圈、动铁心（衔铁）和静铁心组成。
- 触头系统：交流接触器的触头系统包括主触头和辅助触头。主触头用于通断主电路，有 3 对或 4 对常开触头；辅助触头用于控制电路，起电气联锁或控制作用，通常有两对常开和两对常闭触头。
- 灭弧装置：容量在 10A 以上的接触器都有灭弧装置。对于小容量的接触器，常采用双断口桥形触头以利于灭弧；对于大容量的接触器，常采用纵缝灭弧罩及栅片灭弧结构。
- 其他部件：包括反作用弹簧、缓冲弹簧、触头压力弹簧、传动机构和外壳等。

接触器上标有端子标号，线圈为 A1、A2，主触头 1、3、5 接电源侧，2、4、6 接负荷侧。

辅助触头用两位数表示，前一位为辅助触头顺序号，后一位的 3、4 表示常开触头，1、2 表示常闭触头。

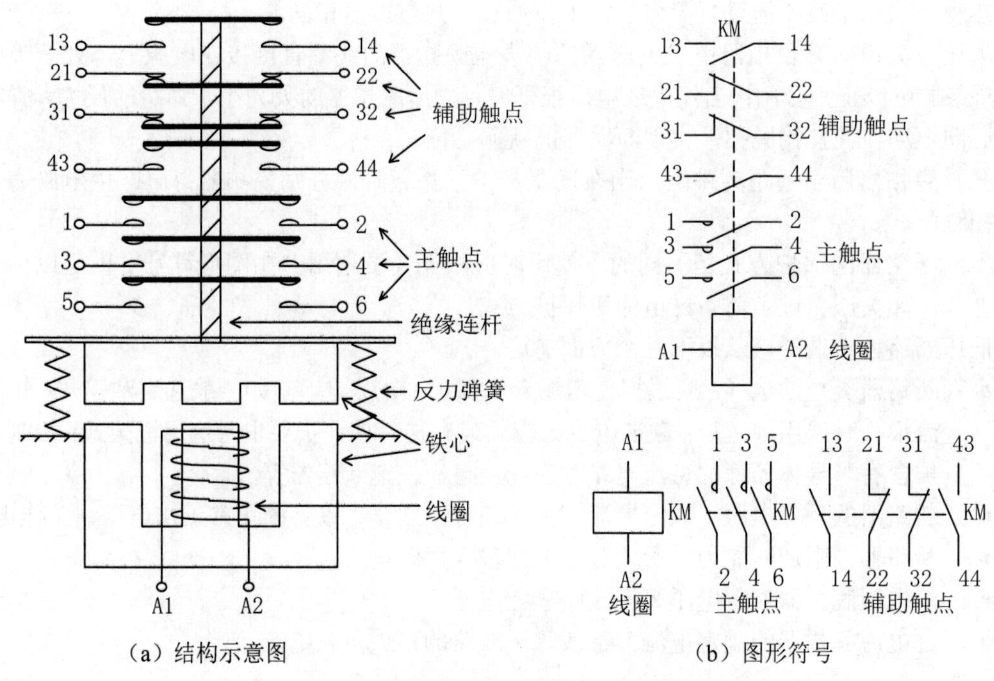

（a）结构示意图　　（b）图形符号

图 8-31　交流接触器的结构示意图及图形符号

接触器的控制原理很简单，当线圈接通额定电压时，产生电磁力，克服弹簧反力，吸引动铁心向下运动，动铁心带动绝缘连杆和动触头向下运动，使常开触头闭合，常闭触头断开。当线圈失电或电压低于释放电压时，电磁力小于弹簧反力，常开触头断开，常闭触头闭合。

2. 接触器的主要技术参数和类型

- 额定电压：接触器的额定电压是指主触头的额定电压。交流有 220V、380V 和 660V，在特殊场合应用的额定电压高达 1140V，直流主要有 110V、220V 和 440V。
- 额定电流：接触器的额定电流是指主触头的额定工作电流。它是在一定的条件（额定电压、使用类别和操作频率等）下规定的，目前常用的电流等级为 10A～800A。
- 吸引线圈的额定电压：交流有 36V、127V、220V 和 380V，直流有 24V、48V、220V 和 440V。
- 机械寿命和电气寿命：接触器是频繁操作电器，应有较高的机械寿命和电气寿命，该指标是产品质量的重要指标之一。
- 额定操作频率：接触器的额定操作频率是指每小时允许的操作次数，一般为 300 次/h、600 次/h 和 1200 次/h。
- 动作值：动作值是指接触器的吸合电压和释放电压。规定接触器的吸合电压大于线圈额定电压的85%时应可靠吸合，释放电压不高于线圈额定电压的70%。

常用的交流接触器有CJ10、CJ12、CJ10X、CJ20、CJX1、CJX2、3TB和3TD等系列。

3. 接触器的选择

- 根据负载性质选择接触器的类型。
- 额定电压应大于或等于主电路工作电压。
- 额定电流应大于或等于被控电路的额定电流。对于电动机负载，还应根据其运行方式适当增大或减小。
- 吸引线圈的额定电压与频率要与所在控制电路的选用电压和频率相一致。

五、主令电器

主令电器用于在控制电路中以开关接点的通断形式来发布控制命令，使控制电路执行对应的控制任务。主令电器应用广泛、种类繁多，常见的有按钮、行程开关、接近开关、万能转换开关、主令控制器、选择开关、足踏开关等。

1. 按钮

按钮是一种最常用的主令电器，其结构简单，控制方便。

（1）按钮的结构、种类及常用型号。

按钮由按钮帽、复位弹簧、桥式触点和外壳等组成，其结构示意图及图形符号如图8-32（a）和（b）所示。触点采用桥式触点，额定电流在5A以下。触点又分常开触点（动断触点）和常闭触点（动合触点）两种。

按钮从外形和操作方式上可以分为平钮和急停按钮，急停按钮也叫蘑菇头按钮，如图8-32（c）所示，除此之外还有钥匙钮、旋钮、拉式钮、万向操纵杆式按钮、带灯式按钮等多种类型。

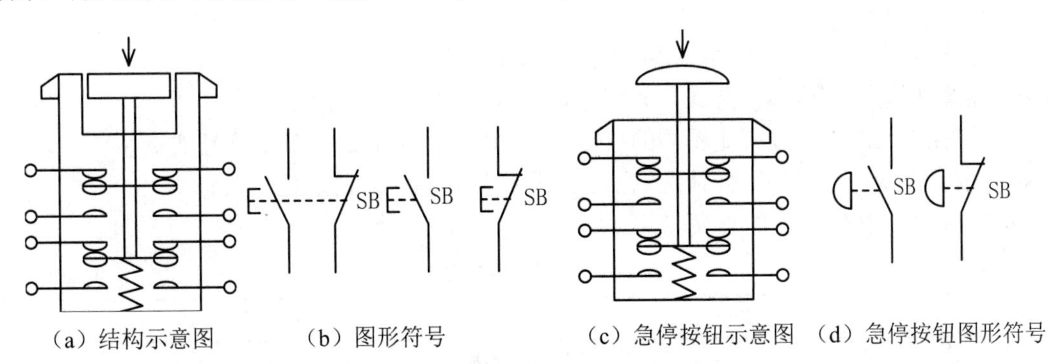

（a）结构示意图　（b）图形符号　（c）急停按钮示意图　（d）急停按钮图形符号

图8-32　按钮的结构示意图及图形符号

从按钮的触点动作方式可以分为直动式按钮和微动式按钮两种，图8-32所示的按钮均为直动式按钮，其触点动作速度和手按下的速度有关。而微动式按钮的触点动作变换速度快，和手按下的速度无关，其动作原理如图8-33所示。动触点由变形簧片组成，当弯形簧片受压向下运动低于平形簧片时，弯形簧片迅速变形，将平形簧片触点弹向上方，实现触点瞬间动作。

小型微动式按钮也叫微动开关，微动开关还可以用于各种继电器和限位开关中，如时间继电器、压力继电器和限位开关等。

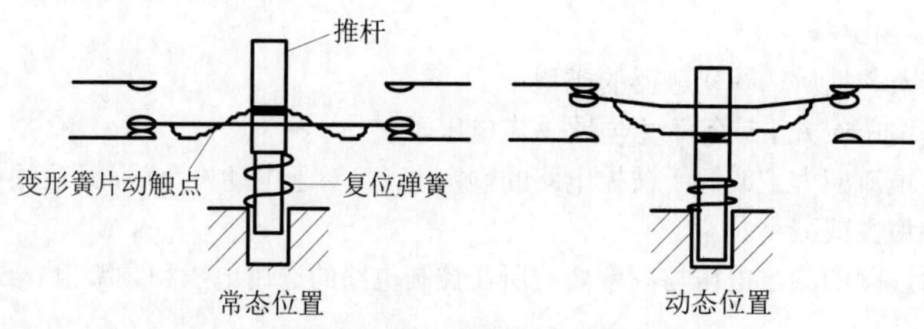

图 8-33　微动式按钮动作原理图

按钮一般为复位式按钮，也有自锁式按钮，最常用的按钮为复位式平按钮，如图 8-32（a）所示，其按钮与外壳平齐，可防止异物误碰。

（2）按钮的颜色。

红色按钮用于“停止”“断电”或“事故”。

绿色按钮优先用于“起动”或“通电”，但也允许选用黑色、白色或灰色按钮。

一按钮同时选用了“起动”与“停止”或“通电”与“断电”，即交替按压后改变功能的，不能用红色按钮，也不能用绿色按钮，而应用黑色、白色或灰色按钮。

按压时运动，抬起时停止运动（如点动、微动），应用黑色、白色、灰色或绿色按钮，最好是黑色按钮，而不能用红色按钮。

用于单一复位功能的，用蓝色、黑色、白色或灰色按钮。

同时有“复位”“停止”与“断电”功能的用红色按钮。灯光按钮不得用作“事故”按钮。

（3）按钮的选择原则。

- 根据使用场合选择控制按钮的种类，如开启式、防水式、防腐式等。
- 根据用途选用合适的形式，如钥匙式、紧急式、带灯式等。
- 按控制回路的需要确定不同的按钮数，如单钮、双钮、三钮、多钮等。
- 按工作状态指示和工作情况的要求选择按钮及指示灯的颜色。

表 8-2 给出了按钮颜色的含义。

表 8-2　按钮颜色的含义

颜色	含义	举例
红	处理事故	紧急停机 扑灭燃烧
	“停止”或“断电”	正常停机 停止一台或多台电动机 装置的局部停机 切断一个开关 带有“停止”或“断电”功能的复位

续表

颜色	含义	举例
绿	“起动”或“通电”	正常起动 起动一台或多台电动机 装置的局部起动 接通一个开关装置（投入运行）
黄	参与	防止意外情况 参与抑制反常的状态 避免不需要的变化（事故）
蓝	上述颜色未包含的任何指定用意	凡红、黄和绿色未包含的用意皆可用蓝色
黑、灰、白	无特定用意	除单功能的“停止”或“断电”按钮外的任何功能

2. 行程开关

行程开关又叫限位开关，它的种类很多，按运动形式可分为直动式、微动式、转动式等。

行程开关的工作原理和按钮相同，区别在于它不是靠手的按压，而是利用生产机械运动的部件碰压而使触点动作来发出控制指令的。它用于控制生产机械的运动方向、速度、行程大小或位置等，其结构形式多种多样。

图 8-34 所示为几种操作类型的行程开关动作原理示意图及图形符号。

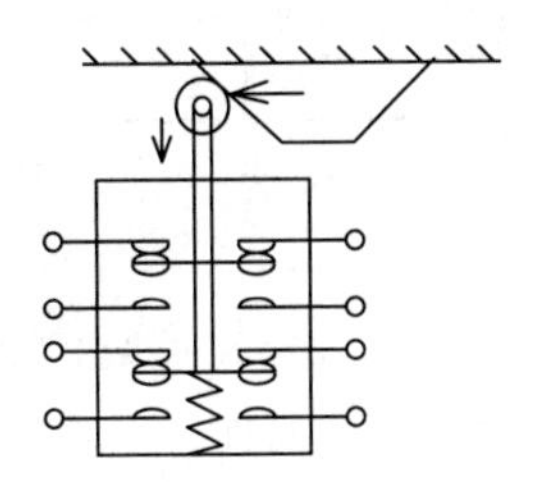

（a）直动式行程开关示意图

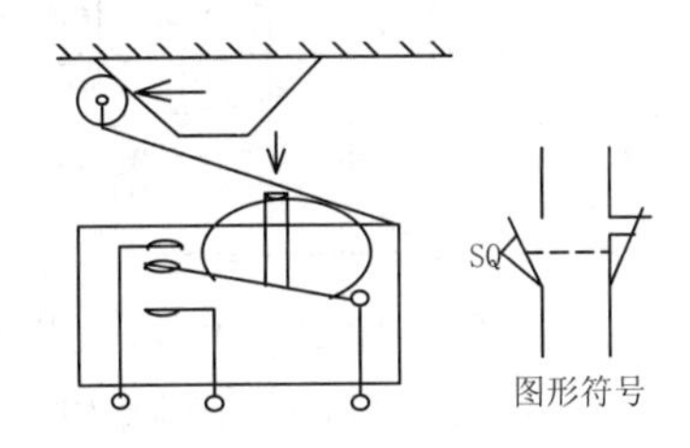

（b）微动式行程开关示意图及图形符号

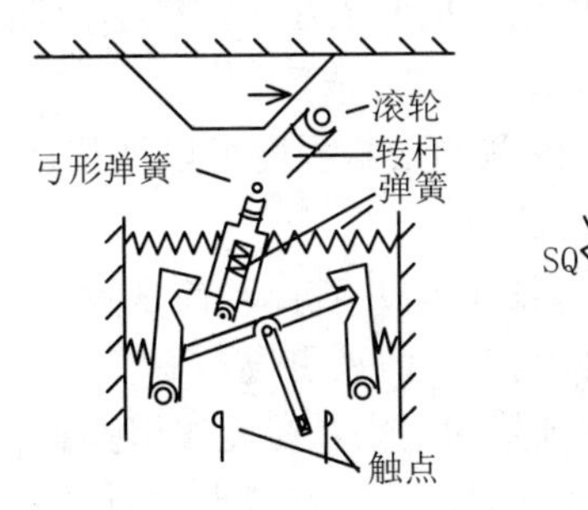

（c）旋转式双向机械碰压行程开关示意图及图形符号

图 8-34　行程开关结构示意图及图形符号

行程开关的主要参数有形式、动作行程、工作电压和触头的电流容量。目前国内生产的行程开关有 LXK3、3SE3、LXl9、LXW 和 LX 等系列。

常用的行程开关有 LX19、LXW5、LXK3、LX32 和 LX33 等系列。

六、电磁式继电器

在控制电路中用的继电器大多数是电磁式继电器。电磁式继电器具有结构简单、价格低廉、使用维护方便、触点容量小（一般在 5A 以下）、触点数量多且无主辅之分、无灭弧装置、体积小、动作迅速准确、控制灵敏、可靠等特点，广泛地应用于低压控制系统中。常用的电磁式继电器有电流继电器、电压继电器、中间继电器和各种小型通用继电器等。

电磁式继电器的结构和工作原理与接触器相似，主要由电磁机构和触点组成。电磁式继电器也有直流和交流两种。图 8-35 所示为直流电磁式继电器结构示意图，在线圈两端加上电压或通入电流产生电磁力，当电磁力大于弹簧反力时吸动衔铁使常开常闭接点动作；当线圈的电压或电流下降或消失时衔铁释放，接点复位。

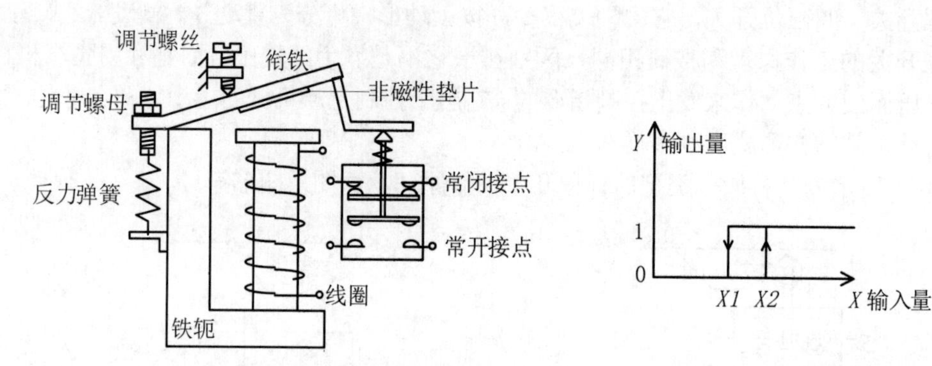

（a）直流电磁式继电器的结构示意图　　（b）继电器输入－输出特性

图 8-35　直流电磁式继电器的结构示意图及输入－输出特性

1. 电磁式继电器的整定

继电器的吸合值和释放值可以根据保护要求在一定范围内调整，现以图 8-35 所示的直流电磁式继电器为例进行说明。

（1）转动调节螺母，调整反力弹簧的松紧程度可以调整动作电流（电压）。弹簧反力越大动作电流（电压）就越大，反之就越小。

（2）改变非磁性垫片的厚度。非磁性垫片越厚，衔铁吸合后磁路的气隙和磁阻就越大，释放电流（电压）也就越大，反之就越小，而吸引值不变。

（3）调节螺丝，可以改变初始气隙的大小。在反作用弹簧力和非磁性垫片厚度一定时，初始气隙越大，吸引电流（电压）就越大，反之就越小，而释放值不变。

2. 电磁式继电器的特性

继电器的主要特性是输入－输出特性，又称为继电特性，如图 8-35（b）所示。

在继电器输入量 X 由 0 增加至 $X2$ 之前，输出量 Y 为 0。当输入量增加到 $X2$ 时，继电器吸合，输出量 Y 为 1，表示继电器线圈得电，常开接点闭合，常闭接点断开。当输入量继续增大时，继电器动作状态不变。

当输出量 Y 为 1 的状态下，输入量 X 减小，当小于 $X2$ 时 Y 值仍不变，当 X 再继续减小至小于 $X1$ 时，继电器释放，输出量 Y 变为 0，X 再减小，Y 值仍为 0。

在继电特性曲线中，$X2$ 称为继电器吸合值，$X1$ 称为继电器释放值。$k=X1/X2$，称为继电器的返回系数，它是继电器的重要参数之一。

返回系数 k 值可以调节，不同场合对 k 值的要求不同。例如一般控制继电器要求 k 值低些，在 0.1～0.4 之间，这样继电器吸合后输入量波动较大时不致引起误动作。保护继电器要求 k 值高些，一般在 0.85～0.9 之间。k 值是反映吸力特性与反力特性配合紧密程度的一个参数，一般 k 值越大，继电器灵敏度越高，k 值越小，灵敏度越低。

3. 常见的几种继电器

（1）中间继电器。

中间继电器是最常用的继电器之一，它的结构和接触器基本相同，如图 8-36（a）所示，其图形符号如图 8-36（b）所示。

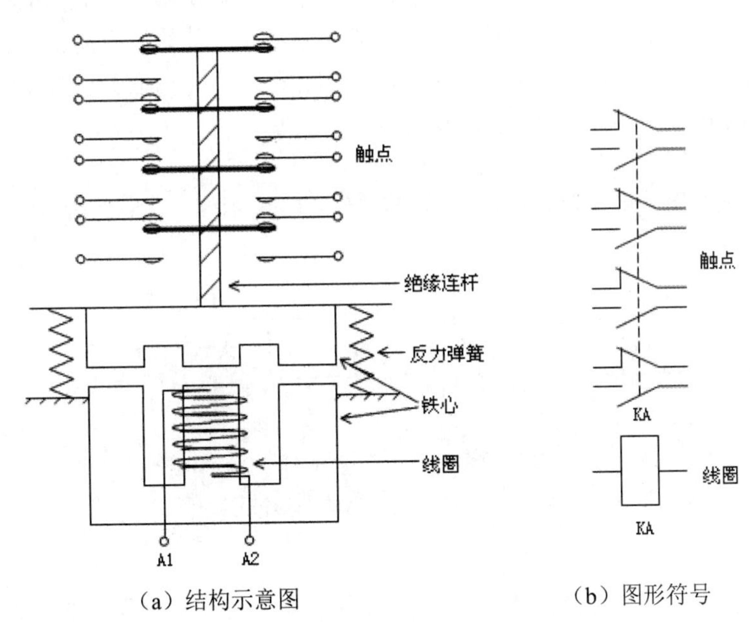

（a）结构示意图　　（b）图形符号

图 8-36　中间继电器的结构示意图及图形符号

中间继电器在控制电路中起逻辑变换和状态记忆的作用，并用于扩展接点的容量和数量。另外，在控制电路中还可以调节各继电器、开关之间的动作时间以防止电路误动作。中间继电器实质上是一种电压继电器，它是根据输入电压的有或无而动作的，一般触点对数多，触点容量额定电流为 5A～10A 左右。中间继电器体积小、动作灵敏度高，一般不用于直接控制电路的负荷，但当电路的负荷电流在 5A～10A 以下时，也可代替接触器起控制负荷的作用。中间继电器的工作原理和接触器一样，触点较多，一般为四常开触点和四常闭触点。常用的中间继电器型号有 JZ7、JZ14 等。

（2）电流继电器。

电流继电器的输入量是电流，它是根据输入电流大小而动作的继电器。电流继电器的线圈串入电路中以反映电路电流的变化，其线圈匝数少、导线粗、阻抗小。电流继电器可分为欠电流继电器和过电流继电器。

欠电流继电器用于欠电流保护或控制，如直流电动机励磁绕组的弱磁保护、电磁吸盘中的欠电流保护、绕线式异步电动机起动时电阻的切换控制等。欠电流继电器的动作电流整定范围为线圈额定电流的 30%～65%。需要注意的是在电路正常工作电流正常不欠电流时，欠电流继电器处于吸合动作状态，常开接点处于闭合状态，常闭接点处于断开状态；当电路出现不正常现象或故障现象导致电流下降或消失时，继电器中流过的电流小于释放电流而动作，所以欠电流继电器的动作电流为释放电流而不是吸合电流。

过电流继电器用于过电流保护或控制，如起重机电路中的过电流保护。过电流继电器在电路正常工作时流过正常工作电流，正常工作电流小于继电器所整定的动作电流，继电器不动作，当电流超过动作电流整定值时才动作。过电流继电器动作时其常开接点闭合，常闭接点断开。过电流继电器整定范围为(110%～400%)额定电流，其中交流过电流继电器为(110%～400%)IN，直流过电流继电器为(70%～300%)IN。

常用的电流继电器型号有 JL12、JL15 等。

电流继电器作为保护电器时，其图形符号如图 8-37 所示。

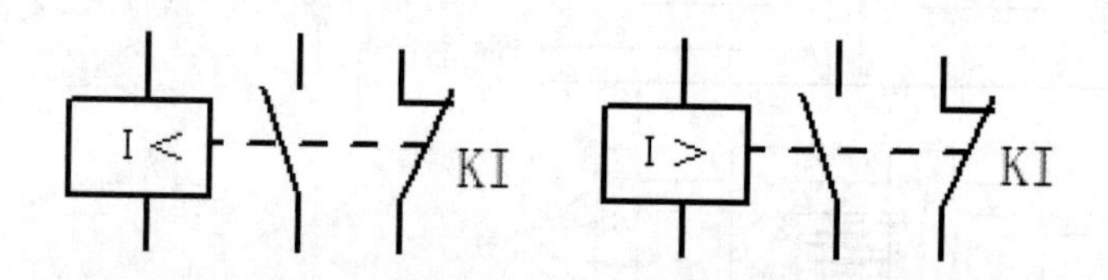

（a）欠电流继电器　　（b）过电流继电器

图 8-37　电流继电器的图形符号

（3）电压继电器。

电压继电器的输入量是电路的电压大小，其根据输入电压大小而动作。与电流继电器类似，电压继电器也分为欠电压继电器和过电压继电器两种。过电压继电器动作电压范围为(105%～120%)UN，欠电压继电器吸合电压动作范围为(20%～50%)UN，释放电压调整范围为(7%～20%)UN，零电压继电器当电压降低至(5%～25%)UN 时动作，它们分别起过压、欠压、零压保护。电压继电器工作时并联在电路中，因此线圈匝数多、导线细、阻抗大，反映电路中电压的变化，用于电路的电压保护。

电压继电器常用在电力系统继电保护中，在低压控制电路中使用较少。

电压继电器作为保护电器时，其图形符号如图 8-38 所示。

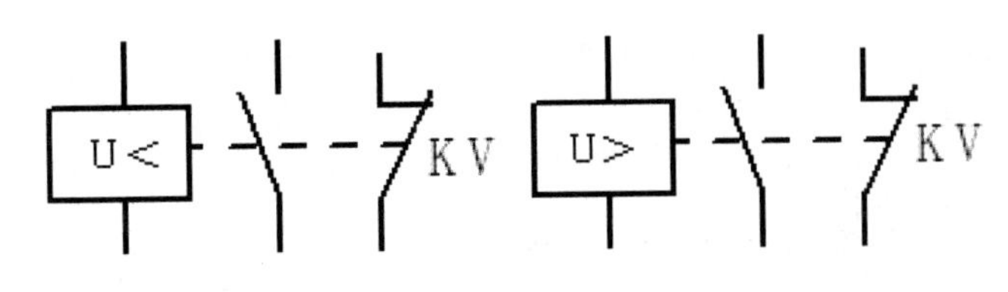

（a）欠电压继电器　　（b）过电压继电器

图 8-38　电压继电器的图形符号

（4）时间继电器。

时间继电器在控制电路中用于时间的控制，其种类很多，按其动作原理可分为电磁式、空气阻尼式、电动式和电子式等；按延时方式可分为通电延时型和断电延时型。下面以 JS 系列空气阻尼式时间继电器为例说明其工作原理。

空气阻尼式时间继电器是利用空气阻尼原理获得延时的，它由电磁机构、延时机构和触头系统三部分组成。电磁机构为直动式双 E 型铁心，触头系统借用 LX5 型微动开关，延时机构采用气囊式阻尼器。

空气阻尼式时间继电器可以做成通电延时型，也可改成断电延时型，电磁机构可以是直流的，也可以是交流的，如图 8-39 所示。

现以通电延时型时间继电器为例介绍其工作原理。

图 8-39（a）所示是通电延时型时间继电器的线圈不得电时的情况，当线圈通电后，动铁心吸合，带动 L 型传动杆向右运动，使瞬动接点受压，其接点瞬时动作。活塞杆在塔形弹簧的作用下，带动橡皮膜向右移动，弱弹簧将橡皮膜压在活塞上，橡皮膜左方的空气不能进入气室，形成负压，只能通过进气孔进气，因此活塞杆只能缓慢地向右移动，其移动的速度和进气孔的大小有关（通过延时调节螺丝调节进气孔的大小可以改变延时时间）。经过一定的延时后，活塞杆移动到右端，通过杠杆压动微动开关（通电延时接点），使其常闭触头断开，常开触头闭合，起到通电延时作用。

当线圈断电时，电磁吸力消失，动铁心在反力弹簧的作用下释放，并通过活塞杆将活塞推向左端，这时气室中的空气通过橡皮膜和活塞杆之间的缝隙排掉，瞬动接点和延时接点迅速复位，无延时。

如果将通电延时型时间继电器的电磁机构反向安装，则可以改为断电延时型时间继电器，如图 8-39（c）所示。线圈不得电时，塔形弹簧将橡皮膜和活塞杆推向右侧，杠杆将延时接点压下（注意，原来通电延时的常开接点现在变成了断电延时的常闭接点，原来通电延时的常闭接点现在变成了断电延时的常开接点），当线圈通电时，动铁心带动 L 型传动杆向左运动，使瞬动接点瞬时动作，同时推动活塞杆向左运动，如前所述，活塞杆向左运动不延时，延时接点瞬时动作。线圈失电时动铁心在反力弹簧的作用下返回，瞬动接点瞬时动作，延时接点延时动作。

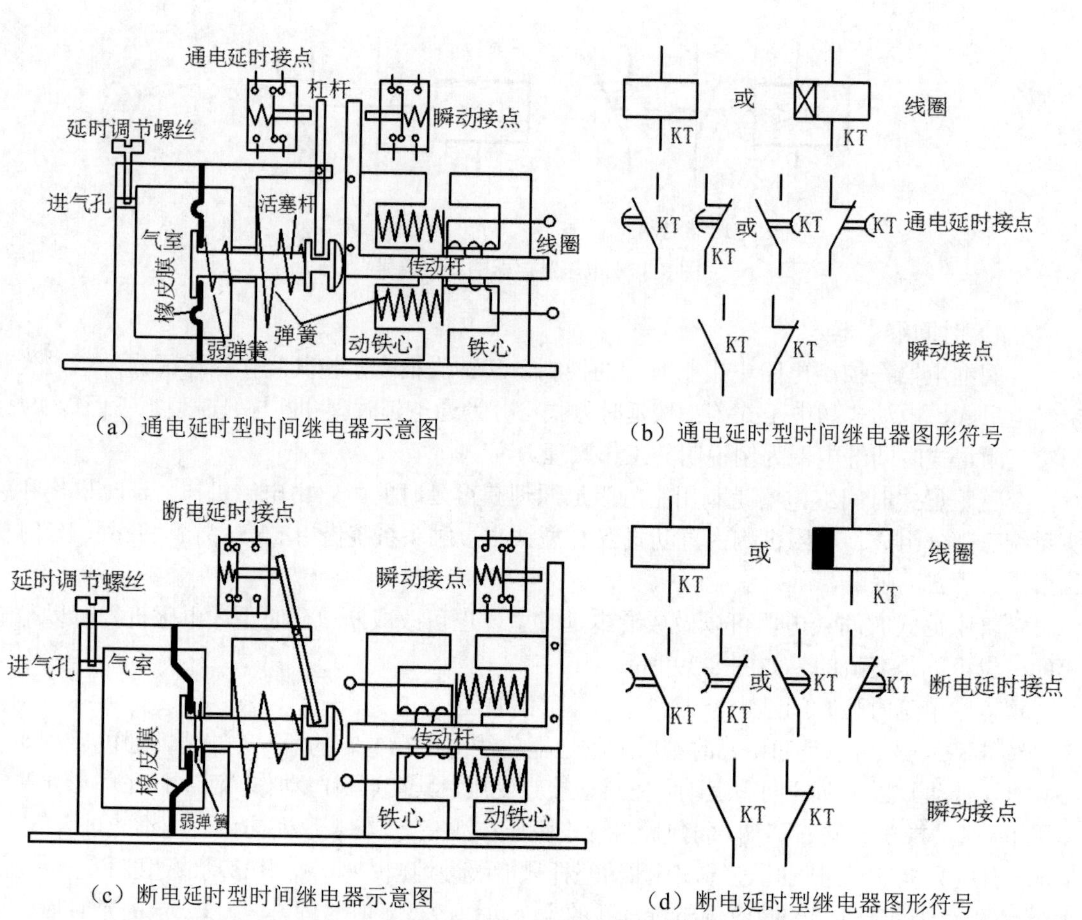

（a）通电延时型时间继电器示意图

（b）通电延时型时间继电器图形符号

（c）断电延时型时间继电器示意图

（d）断电延时型继电器图形符号

图 8-39　空气阻尼式时间继电器示意图及图形符号

时间继电器线圈和延时触点的图形符号都有两种画法，线圈中的延时符号可以不画，触点中的延时符号可以画在左边也可以画在右边，但是圆弧的方向不能改变，如图 8-39（b）和（d）所示。

空气阻尼式时间继电器的优点是结构简单、延时范围大、寿命长、价格低廉，且不受电源电压及频率波动的影响，缺点是延时误差大、无调节刻度指示，一般适用于延时精度要求不高的场合。常用的产品有 JS7-A、JS23 等系列，其中 JS7-A 系列的主要技术参数为延时范围，分 0.4～60s 和 0.4～180s 两种，操作频率为 600 次/h，触头容量为 5A，延时误差为±15%。在使用空气阻尼式时间继电器时，应保持延时机构的清洁，防止因进气孔堵塞而失去延时作用。

时间继电器在选用时应根据控制要求选择其延时方式，根据延时范围和精度选择继电器的类型。

（5）热继电器。

热继电器主要是用于电气设备（主要是电动机）的过负荷保护。热继电器是一种利用电流热效应原理工作的电器，它具有与电动机容许过载特性相近的反时限动作特性，主要与接触器配合使用，主要用于对三相异步电动机的过负荷和断相保护。

三相异步电动机在实际运行中常会遇到因电气或机械原因等引起的过电流（过载和断相）现象。如果过电流不严重，持续时间短，绕组不超过允许温升，这种过电流是允许的；如果过电流情况严重，持续时间较长，则会加快电动机绝缘老化，甚至烧毁电动机，因此在电动机回路中应设置电动机保护装置。常用的电动机保护装置种类很多，使用最多、最普遍的就是热继电器。目前，双金属片式热继电器均为三相式，有带断相保护和不带断相保护两种。

1）热继电器的工作原理。

图 8-40（a）所示是双金属片式热继电器的结构示意图，图 8-40（b）所示是其图形符号。由图可见，热继电器主要由双金属片、热元件、复位按钮、传动杆、拉簧、调节旋钮、复位螺丝、触点和接线端子等组成。

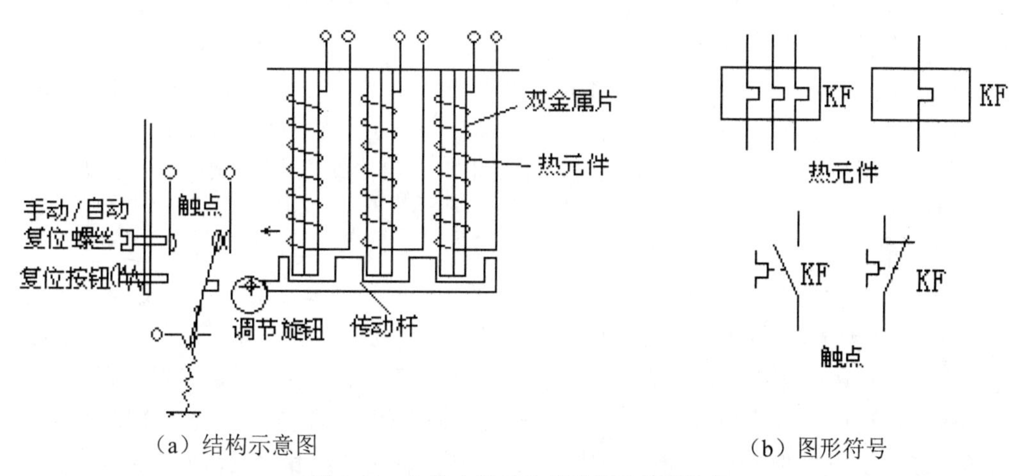

（a）结构示意图　　（b）图形符号

图 8-40　热继电器结构示意图及图形符号

双金属片是一种将两种线膨胀系数不同的金属用机械辗压方法使之形成一体的金属片。膨胀系数大的（如铁镍铬合金、铜合金、高铝合金等）称为主动层，膨胀系数小的（如铁镍类合金）称为被动层。由于两种线膨胀系数不同的金属紧密地贴合在一起，当产生热效应时，使得双金属片向膨胀系数小的一侧弯曲，由弯曲产生的位移带动触头动作。

热元件一般由铜镍合金、镍铬铁合金、铁铬铝合金等电阻材料制成，其形状有圆丝、扁丝、片状和带材几种。热元件串接于电动机的定子电路中，通过热元件的电流就是电动机的工作电流（大容量的热继电器装有速饱和互感器，热元件串接在其二次回路中）。当电动机正常运行时，其工作电流通过热元件产生的热量不足以使双金属片变形，热继电器不会动作。当电动机发生过电流且超过整定值时，双金属片的热量增大而发生弯曲，经过一定时间后使触点动作，通过控制电路切断电动机的工作电源。同时，热元件也因失电而逐渐降温，经过一段时间的冷却，双金属片恢复到原来的状态。

热继电器动作电流的调节是通过旋转调节旋钮来实现的。调节旋钮是一个偏心轮，旋转调节旋钮可以改变传动杆和动触点之间的传动距离，距离越长动作电流就越大，反之动作电流就越小。

热继电器复位方式有自动复位和手动复位两种，将复位螺丝旋入，使常开的静触点向动触点靠近，这样动触点在闭合时处于不稳定状态，在双金属片冷却后动触点返回，为自动复位方式。如将复位螺丝旋出，触点不能自动复位，为手动复位方式。在手动复位方式下，需要在双金属片恢复原状时按下复位按钮才能使触点复位。

2）热继电器的选择原则。

热继电器主要用于电动机的过载保护，使用中应考虑电动机的工作环境、起动情况、负载性质等因素，具体应按以下几个方面来选择：

- 热继电器结构形式的选择：星形接法的电动机可选用两相或三相结构热继电器，三角形接法的电动机应选用带断相保护装置的三相结构热继电器。
- 热继电器的动作电流整定值一般为电动机额定电流的 1.05～1.1 倍。
- 对于重复短时工作的电动机（如起重机电动机），由于电动机不断重复升温，热继电器双金属片的温升跟不上电动机绕组的温升，电动机将得不到可靠的过载保护，因此不宜选用双金属片热继电器，而应选用过电流继电器或能反映绕组实际温度的温度继电器来进行保护。

（6）速度继电器。

速度继电器又称为反接制动继电器，主要用于三相鼠笼型异步电动机的反接制动控制。图 8-41 所示为速度继电器的原理示意图及图形符号，它主要由转子、定子和触头三部分组成。转子是一个圆柱形永久磁铁，定子是一个鼠笼型空心圆环，由硅钢片叠成并装有鼠笼型绕组。其转子的轴与被控电动机的轴相连接，当电动机转动时转子（圆柱形永久磁铁）随之转动产生一个旋转磁场，定子中的鼠笼型绕组切割磁力线而产生感应电流和磁场，两个磁场相互作用，使定子受力而跟随转动，当达到一定转速时，装在定子轴上的摆锤推动簧片触点运动，使常闭触点断开，常开触点闭合。当电动机转速低于某一数值时，定子产生的转矩减小，触点在簧片作用下复位。

常用的速度继电器有 JY1 型和 JFZ0 型两种。其中 JY1 型可在 700～3600 r/min 范围工作，JFZ0-1 型适用于 300～1000r/min，JFZ0-2 型适用于 1000～3000r/min。

一般速度继电器都具有两对转换触点，一对用于正转时动作，另一对用于反转时动作。触点额定电压为 380V，额定电流为 2A。通常速度继电器的动作转速为 130r/min，复位转速在 100r/min 以下。

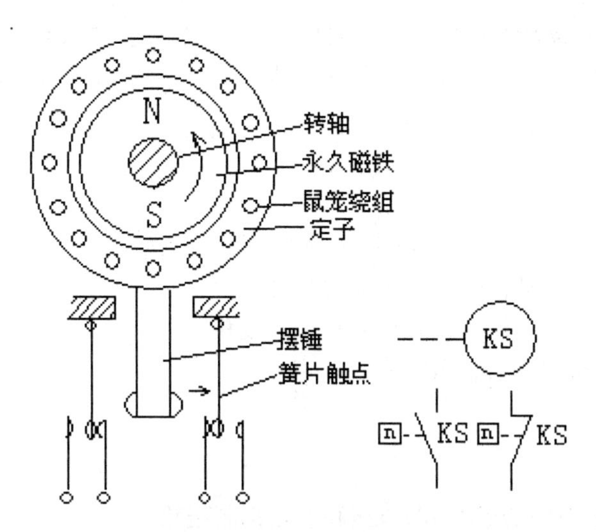

图 8-41　速度继电器的原理示意图及图形符号

【任务实施】

（1）带领学生去实训室，展示各种常见的低压电器。通过实物与教材讲解的对比，增加对低压电器的感性认识，掌握其铭牌数据、外部结构特点、工作原理等知识点。

（2）对相应的低压电器进行通电试验，观察其动作原理；分组拆转各类低压电器，进一步熟悉其结构；在小组内进行低压电器的安装竞赛，提高学生的学习积极性。

（3）带领学生参观常见机床的配电箱，小组讨论配电箱中低压电器的种类、型号及作用，观察它们是如何配套使用的，并书写参观实习报告。

任务四　小型三相异步电动机控制线路的安装与调试

【任务描述】

在生产生活中有很多电力拖动的例子，通过观察我们可以发现，这些机构的动作形式可能不一样，有点动、连动、正反转、多速等多种形式。那么这么多控制形式是如何实现的呢？低压电器又是如何组合在一起来实现对电动机的控制和保护的呢？

【任务分析】

在生产实践中，由于各种生产机械的工作性质和加工工艺的不同，使得它们对电动机的控制要求不同，需用的电器类型和数量不同，构成的控制线路也就不同，有的比较简单，有的则相当复杂。但任何复杂的控制线路都是由一些基本控制线路有机地组合起来的。电动机常见的基本控制线路有：点动控制线路、正转控制线路、正反转控制线路、位置控制线路、多台电动机的顺序控制线路、多地控制线路、降压启动控制线路、制动控制线路和调速控制线路等。本次任务是就几个典型的线路进行学习。

【任务目标】

- 掌握三相异步电动机的点动控制电路和连续控制线路。
- 掌握三相异步电动机的正反转控制线路。
- 掌握三相异步电动机 Y-Δ 减压起动控制线路。
- 熟练控制线路安装的基本操作。

【相关知识】

一、三相异步电动机的点动控制电路和连续控制线路

1. 点动控制电路

按图 8-42 所示的电路连接线路，注意连接线路时确保走线要横平竖直，要先设计好线的路径。一般原则是先做好主电路，再做辅助电路。做好电路后，确保无短路、断路点存在，通电前可用万用表在输入端进行测量，观察电阻值大小。经指导教师检查无误后，按下列步骤进行实验：

（1）转动控制盘上的组合开关，使电源接通。

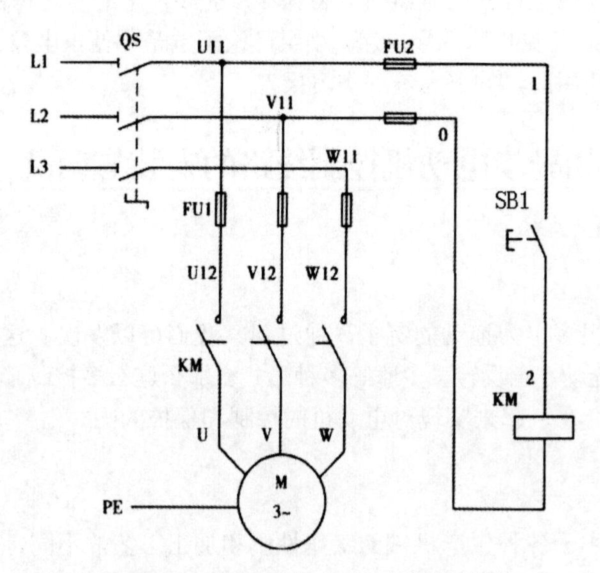

图 8-42　三相电动机点动运行的控制图

（2）再按下控制盘上的起动按钮 SB1，对电动机 M 进行点动操作，比较按下 SB1 和松

开 SB1 时电动机的运转情况。

（3）选 KM1 的一对常开辅助触点，用两条线分别接 SB1 的常开触点，再按下 SB1 并松开，观察电动机的运行情况，此时如何让电动机停下来？需要如何处理？

（4）关闭组合开关，断开电源。

2. 三相异步电动机连续运行的控制电路

保持主电路不变，按图 8-43 所示的电路连接线路，接线原则同上次连接，注意开关、接触器的输入输出端，不要混淆。一定要先设计好导线的分布。经检查无误后，接通电源进行实验：

（1）接通电源开关，按下起动按钮 SB1，松开后观察电动机的运行情况。

（2）按下按钮 SB2，松开后观察电动机的运行情况。

（3）关闭电源。

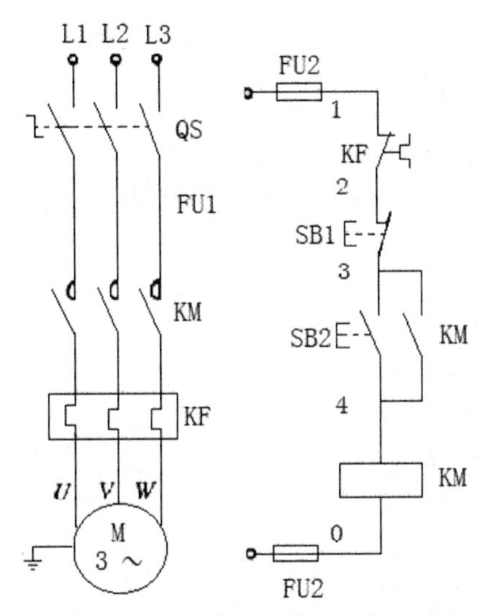

图 8-43　三相电动机的连续运行控制图

二、三相异步电动机的正反转控制线路

（1）开关正反转控制电路。按图 8-44 所示的电路连接线路，注意连接线路时确保走线要横平竖直，要先设计好线的路径。一般原则是先做好主电路，再做辅助电路。做好电路后，确保无短路、断路点存在，通电前可用万用表在输入端进行测量，观察电阻值大小。

（2）按钮、接触器双重互锁可逆运行控制电路。按图 8-45 所示的电路连接线路，接线原则同上次连接，注意开关、接触器的输入输出端，不要混淆。一定要先设计好线的分布。

三、三相异步电动机 Y-Δ 减压起动控制

电动机 Y-△减压起动控制方法只适用于正常工作时定子绕组为三角形（△）连接的电动

机。这种方法既简单又经济，使用较为普遍，但其起动转距只有全压起动时的 1/3，因此只适用于空载或轻载起动。

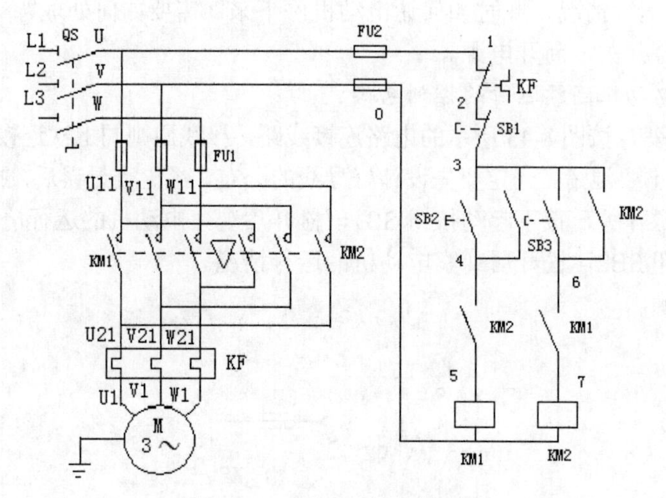

图 8-44　开关正反转控制电路

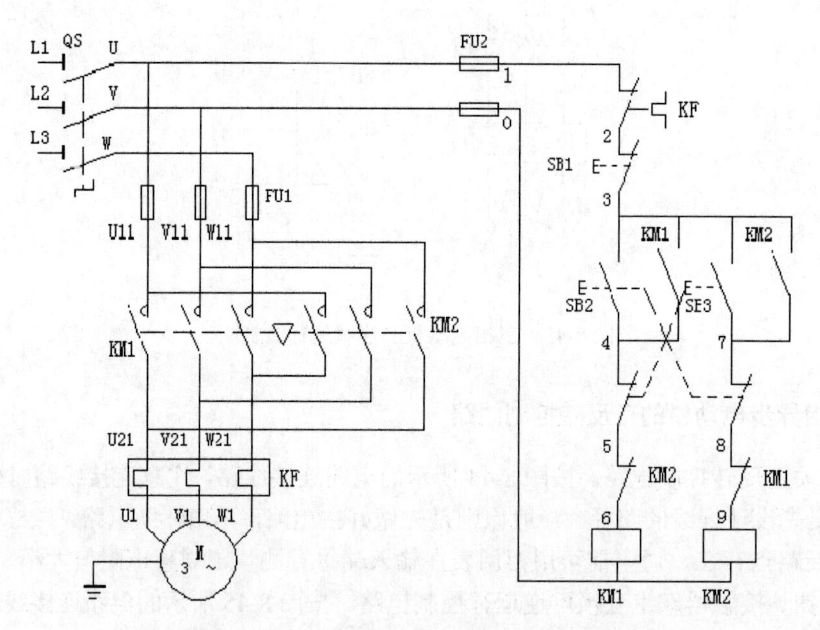

图 8-45　按钮、接触器双重互锁可逆运行控制电路

1. 手动控制 Y-Δ 减压起动

手动控制 Y-Δ 减压起动电路如图 8-46 所示。

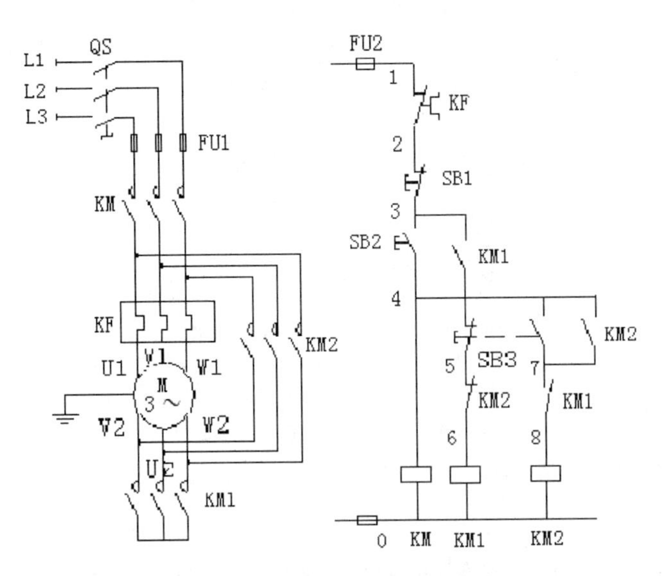

图 8-46　手动控制 Y-Δ 减压起动

下面给出电路的动作原理。

电动机 Y 连接减压起动：

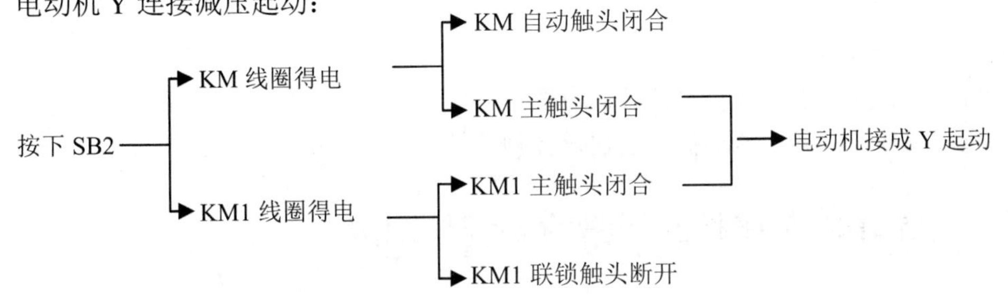

电动机 Δ 连接全压运行：

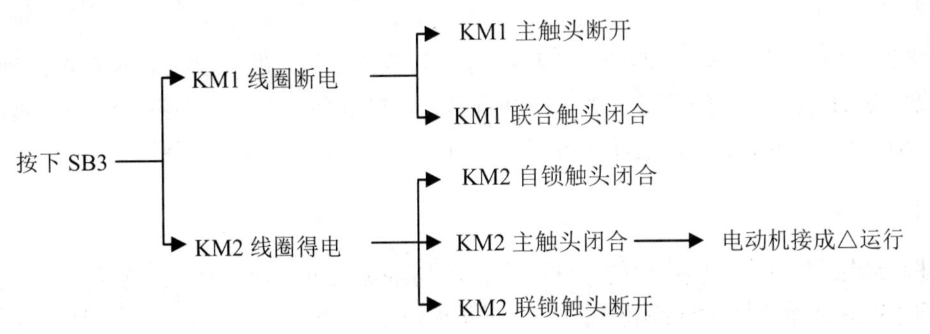

2. 自动控制 Y-Δ 减压起动

利用时间继电器可以实现 Y-Δ 减压起动的自动控制，典型电路如图 8-47 所示，动作原理分析略，请读者自行分析。

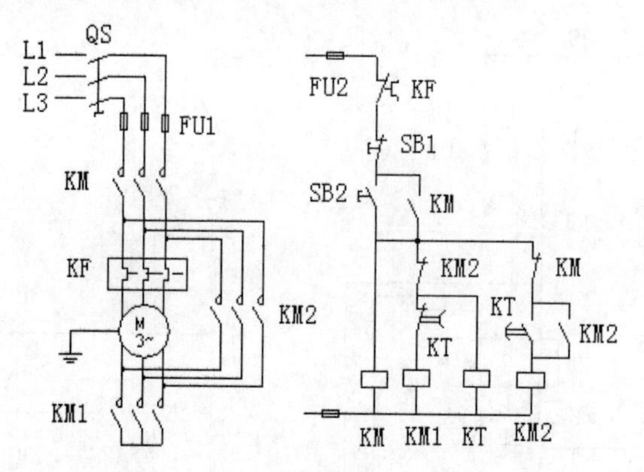

图 8-47 自动控制 Y-△减压起动

【任务实施】

结合项目七中的低压配电盘的安装步骤和工艺要求等，3～4 名学生为一小组完成以下任务：

（1）设计实现三相笼型异步电动机自动往返控制的电气原理图。

（2）绘制三相笼型异步电动机自动往返控制的位置图、接线图。

（3）选择器件。

（4）连接所需设备。

（5）自检后让实习老师检查，然后通电试车。

（6）完成三相笼型异步电动机自动往返控制系统的设计、制作、调试报告。

任务五　CA6140 车床控制线路的安装与调试

【任务描述】

由于各类机床型号不止一种，即使同一种型号，制造商不同，其控制电路也存在差别。只有通过典型的机床控制线路的学习，进行归纳推敲，才能抓住各类机床的特殊性与普遍性。那么对于一台机床，我们应该怎么进行分析呢？分析过程中又应该注意什么呢？

【任务分析】

在现代机械制造中加工机械零件的方法很多，除切削加工外，还有铸造、锻造、焊接、冲压、挤压等，但凡属精度要求较高和表面粗糙度要求较细的零件，一般都需要在机床上用切削的方法进行最终加工。在一般的机器制造中，机床所担负的加工工作量占机器总制造工作量的 40%～60%，机床在国民经济现代化的建设中起着重要作用。本次任务通过对 CA6140 车床线路图的分析和讨论来了解分析机床电路的一般方法和特点。

【任务目标】

- 掌握机床控制线路的基本方法。
- 能正确分析电气原理图。
- 掌握 CA6140 车床的电气工作原理。
- 熟悉 CA6140 常见故障的处理方法。

【相关知识】

车床是用车刀对旋转的工件进行车削加工的机床，在车床上还可以用钻头、扩孔钻、铰刀、丝锥、板牙和滚花工具等进行相应的加工。车床主要用于加工轴、盘、套和其他具有回转表面的工件，是一种应用广泛的金属切削机床，能够车削外圆、内圆、端面、螺纹、螺杆和定型表面等。

电气控制线路的分析方法有以下两种：

- 结合典型控制线路分析电路：化整为零→集零为整。
- 结合基础理论分析电路：正反转、调速、低压电器元件、交直流电源。与电路分析、电子技术、电机拖动等课程所学的内容相关。

分析电路的步骤如下：

（1）电路图中的说明和备注：了解电路的具体功能。

（2）分清电路的各个部分：主电路、控制电路、辅助电路。

（3）化整为零：先分析主电路：从下往上，从用电设备到电源；再分析控制电路：从上往下，从左往右；最后分析辅助电路、保护环节等。

（4）集零为整：三部分合并，研究整体。

下面以常用的 CA6140 型车床为例来分析机床的电气控制线路。

一、CA6140 型卧式车床的主要运动形式

CA6140 车床的外形结构如图 8-48 所示，主要由主轴箱、进给箱、溜板箱、刀架、丝杠、光杠、床身、尾架等部分组成。

车床的主运动为工件的旋转运动，它是由主轴通过卡盘或顶尖带动工件旋转的。

车床的进给运动是溜板带动刀架的纵向或横向直线运动。

溜板箱把丝杠或光杠的转动传递给刀架部分，变换溜板箱外的手柄位置，经刀架部分使车刀做纵向或横向进给。

车床的辅助运动有刀架的快速移动、尾架的移动和工件的夹紧与放松。

二、电力拖动的特点及控制要求

（1）M1 主轴电动机为三相笼型异步电动机，为满足调速要求采用机械变速，采用直接

起动，由机械换向实现正反转，齿轮箱进行机械有级调速。

（2）M2 冷却泵电动机。车削加工时，由于刀具与工件温度高，所以需要冷却。应在主轴电动机起动后才可起动；当主轴电动机停止时，应立即停止。

（3）M3 刀架快移电动机。为实现溜板箱的快速移动，采用点动控制。

（4）电路应具有必要的保护环节和安全可靠的照明和信号指示。

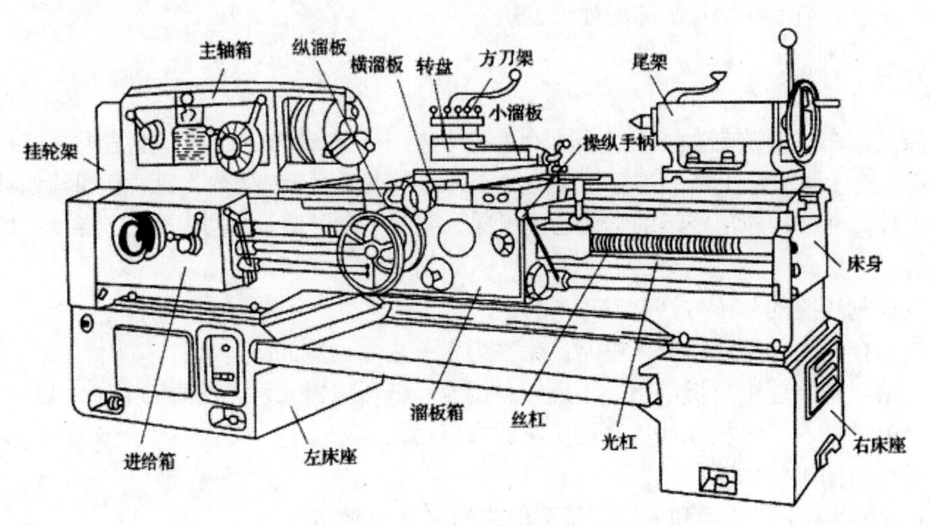

图 8-48　CA6140 外形结构图

三、电气控制线路分析

图 8-49 所示为 CA6140 型卧式车床电路图，分为主电路、控制电路和照明电路三部分。

1．主电路分析

主电路中共有三台电动机。

将钥匙开关 SB 向右转动，再闭合断路器 QF 引入三相电源。

（1）M1 为主轴电动机，带动主轴旋转和刀架的进给运动。由接触器 KM 控制，熔断器 FU 实现短路保护，热继电器 FR1 实现过载保护。

（2）M2 为冷却泵电动机，输送冷却液。由中间继电器 KA1 控制，热继电器 FR2 实现过载保护。

（3）M3 为刀架快速移动电动机。由中间继电器 KA2 控制，熔断器 FU1 实现对电动机 M2、M3 和控制变压器 TC 的短路保护。

2．控制电路分析

控制电路的电源由控制变压器 TC 的二次侧输出 110V 电压提供。

在正常工作时，位置开关 SQ1 的常开触头处于闭合状态。但当床头皮带罩被打开后，SQ1 常开触头断开，将控制电路切断，保证人身安全。

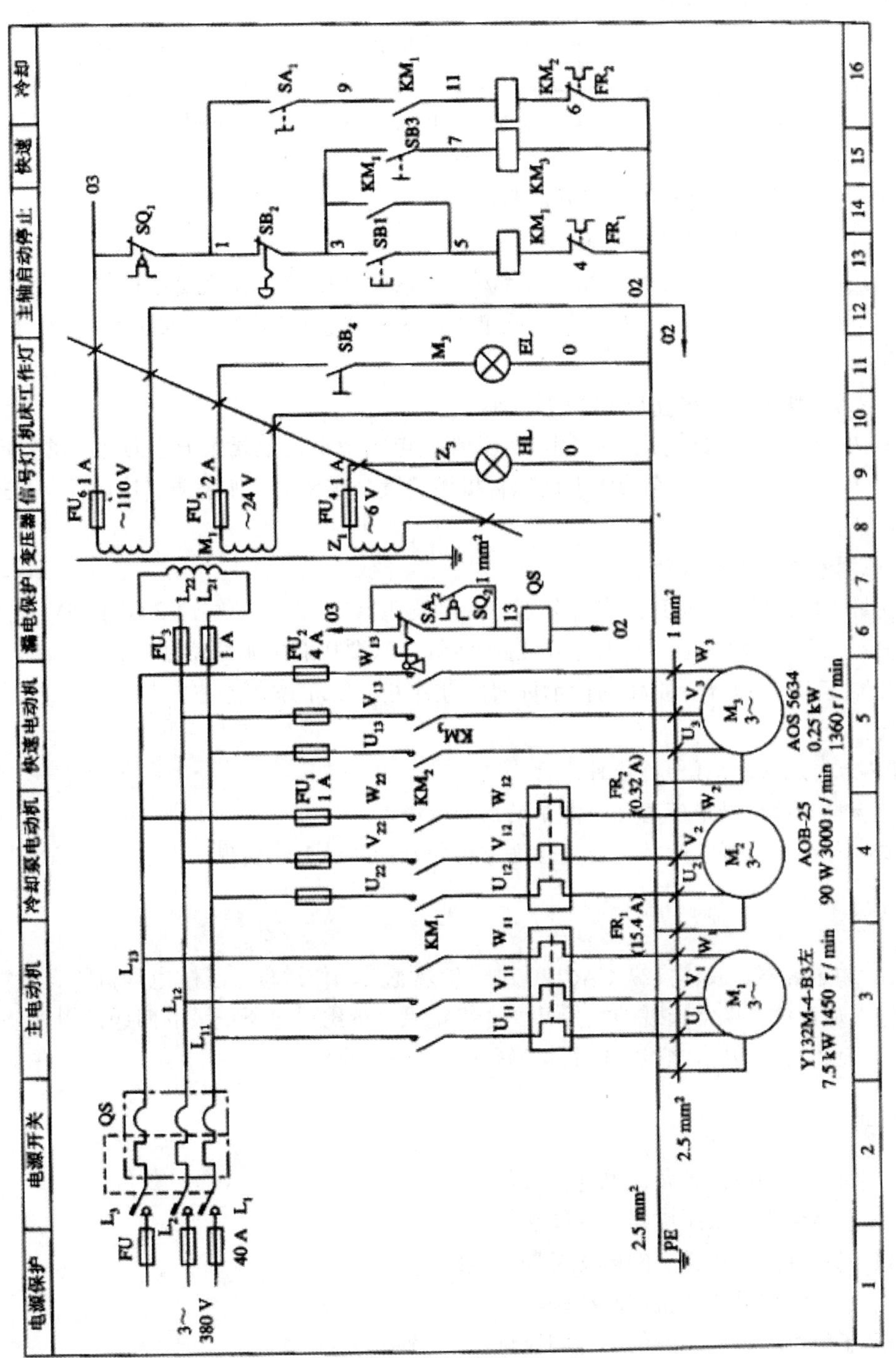

图 8-49　CA6140 型卧式车床电路图

（1）主轴电动机 M1 的控制。

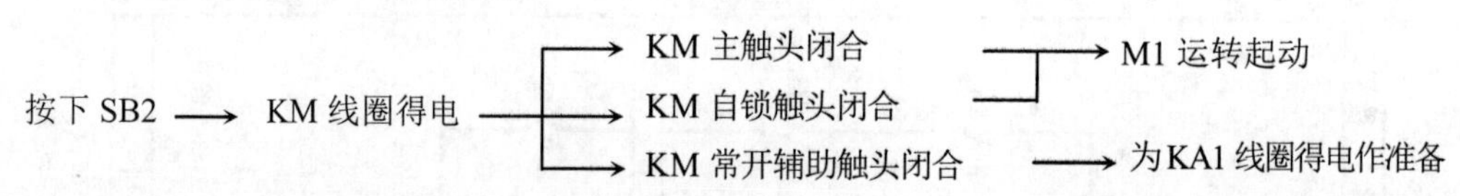

主轴的正反转是采用多片摩擦离合器实现的。

（2）冷却泵电动机 M2 的控制。

由电路图可见，主轴电动机 M1 与冷却泵电动机 M2 之间实现顺序控制。只有当电动机 M1 起动运转后，合上转换开关 SA，中间继电器 KA1 线圈才会得电，其主触头闭合，使电动机 M2 释放冷却液。

（3）刀架快速移动电动机 M3 的控制。

刀架快速移动的电路为点动控制，因此在主电路中未设过载保护。刀架移动方向（前、后、左、右）的改变是由进给操作手柄配合机械装置来实现的。如果需要快速移动，按下按钮 SB3 即可。

3. 照明和信号电路分析

照明灯 EL 和指示灯 HL 的电源分别由控制变压器 TC 二次侧输出 24V 和 6V 电压提供。照明灯 EL 开关为 SA，指示灯 HL 为电源指示灯，只要接通电源灯就会亮。

熔断器 FU3 和 FU4 分别作为指示灯 HL 和照明灯 EL 的短路保护。

注意：

①PE 为接地点，XB 为连接件。

②三台电动机的功率不同，冷却泵的功率较小。

③本型号的车床加工时转速的变化通过齿轮箱的机械变速实现。

【任务实施】

（1）通过观察、具体操纵 CA6140 进一步熟悉其动作过程，了解电动机的运动情况，学生向操作人员请教车床常出现的故障并作详细记录；分组讨论所记录的问题，提出解决方案。

（2）设置典型故障，学生分组讨论解决，注意安全。

【项目总结】

（1）掌握三相电源、负载的连接及相关计算。

（2）会拆装常见低压电器，并能熟练使用。

（3）能识读、分析常用的电动机控制线路。

（4）熟悉常用的电动机控制线路。

（5）了解机床控制线路的安装与调试。

【项目训练】

通过本项目的学习回答以下问题：

（1）什么是三相交流电，都可以用什么方式表达？

（2）三相四线制和三相五线制供电线路有哪些不同？

（3）简述三相四线制供电线路的特点并举例说明。

（4）Y 形连接对称负载每相阻抗 $Z = 8 + j6\Omega$，线电压为 220V，试求各相电流。

（5）正序三相对称 Y 连接电源向对称△形负载供电，每相阻抗 $Z = 12 + j8\Omega$。若负载相电流 $\dot{I}_{\text{a}} = 14.42\angle 86.31^{\circ}\text{A}$，试求线电流及电源相电压。

（6）若已知对称△形连接负载的相电流为 $\dot{I}_{\text{ab}} = 10\angle -40^{\circ}\text{A}$ 和 $\dot{I}_{\text{bc}} = 10\angle 80^{\circ}\text{A}$，问相序如何？

（7）三相电动机的输出功率为 3.7kW，效率 80%，$\lambda = 0.8$，线电压为 220V，求电流。

（8）对称 Y-Y 三相电路，线电压为 208V，负载吸收的平均功率为 12kW，$\lambda = 0.8$（滞后），试求负载每相的阻抗。

（9）简述 CJ20-10 交流接触器的作用、结构与工作原理，查阅其他型号的交流接触器并进行比较。

（10）电磁式继电器有哪几类，简要说明它们的作用。

（11）热继电器的选择依据有哪些？

（12）比较图 8-27 和图 8-28 的主电路部分，分析它们的保护环节是否完全相同，并分析原因。

（13）说明两种正反转线路的不同点、分别使用于什么场合，并举例说明。

（14）在安装自动控制的 Y-△降压起动的控制线路的时候，如果按下起动按钮后电路不能进到△状态运行，结合实际分析可能出现的故障并进行排除。

（15）简要说明 CA6140 的电气保护环节的种类。

（16）CA6140 电气控制线路中有几台电动机，都起什么作用？

（17）CA6140 车床中，若主轴电动机 M1 只能点动，则可能的故障原因有哪些？在此情况下，冷却泵电动机能否正常工作？